国家出版基金资助项目

Projects Supported by the National Publishing Fund

国家出版基金项目
NATIONAL PUBLICATION FOUNDATION

钢铁工业协同创新关键共性技术丛书

主编 王国栋

块体纳米/亚微米晶钢的制备

Fabrication of Bulk Nano/Submicron-Grained Steels

杜林秀 吴红艳 蓝慧芳 孙国胜 著

U0318945

北 京

冶 金 工 业 出 版 社

2021

内 容 提 要

本书以作者所在研究团队多年来在块体纳米晶钢制备和组织性能控制方面的研究成果为基础，系统介绍了利用形变和相变进行微合金钢组织纳米化的机理及制备技术，奥氏体的超细化及其在微合金钢组织纳米化中的作用，利用冷轧马氏体形变及退火工艺制备低碳纳米晶钢的机理，通过亚稳态奥氏体形变诱导马氏体相变及其逆相变的耦合作用制备纳米/亚微米晶不锈钢的机理和制备技术，以及块体纳米/亚微米晶钢的力学行为等。

本书可供材料、冶金、机械、化工等领域的科研人员及高等院校相关专业师生参考。

图书在版编目（CIP）数据

块体纳米/亚微米晶钢的制备/杜林秀等著 . —北京：
冶金工业出版社，2021. 5
（钢铁工业协同创新关键共性技术丛书）
ISBN 978-7-5024-8859-8

Ⅰ. ①块… Ⅱ. ①杜… Ⅲ. ①钢—超细晶粒—制备
Ⅳ. ①TG142. 1

中国版本图书馆 CIP 数据核字（2021）第 136007 号

出 版 人　苏长永
地　　　址　北京市东城区嵩祝院北巷 39 号　邮编　100009　电话　（010）64027926
网　　　址　www.cnmip.com.cn　电子信箱　yjcbs@cnmip.com.cn
责任编辑　卢　敏　美术编辑　彭子赫　版式设计　孙跃红
责任校对　李　娜　责任印制　禹　蕊
ISBN 978-7-5024-8859-8
冶金工业出版社出版发行；各地新华书店经销；北京捷迅佳彩印刷有限公司印刷
2021 年 5 月第 1 版，2021 年 5 月第 1 次印刷
710mm×1000mm　1/16；17.75 印张；341 千字；264 页
86.00 元

冶金工业出版社　投稿电话　（010）64027932　投稿信箱　tougao@cnmip.com.cn
冶金工业出版社营销中心　电话　（010）64044283　传真　（010）64027893
冶金工业出版社天猫旗舰店　yjgycbs.tmall.com
（本书如有印装质量问题，本社营销中心负责退换）

《钢铁工业协同创新关键共性技术丛书》
总　　序

　　钢铁工业作为重要的原材料工业，担任着"供给侧"的重要任务。钢铁工业努力以最低的资源、能源消耗，以最低的环境、生态负荷，以最高的效率和劳动生产率向社会提供足够数量且质量优良的高性能钢铁产品，满足社会发展、国家安全、人民生活的需求。

　　改革开放初期，我国钢铁工业处于跟跑阶段，主要依赖于从国外引进生产线和技术。经过40多年的改革、创新与发展，我国已经具有10多亿吨的产钢能力，产量超过世界钢产量的一半，钢铁工业发展迅速。我国钢铁工业技术水平不断提高，在激烈的国际竞争中，目前处于"跟跑、并跑、领跑"三跑并行的局面。但是，我国钢铁工业技术发展当前仍然面临以下四大问题。一是钢铁生产资源、能源消耗巨大，污染物排放严重，环境不堪重负，迫切需要实现工艺绿色化。二是生产装备的稳定性、均匀性、一致性差，生产效率低。实现装备智能化，达到信息深度感知、协调精准控制、智能优化决策、自主学习提升，是钢铁行业迫在眉睫的任务。三是产品质量不够高，产品结构失衡，高性能产品、自主创新产品供给能力不足，产品优质化需求强烈。四是我国钢铁行业供给侧发展质量不够高，服务不到位。必须以提高发展质量和效益为中心，以支撑供给侧结构性改革为主线，把提高供给体系质量作为主攻方向，建设服务型钢铁行业，实现供给服务化。

　　我国钢铁工业在经历了快速发展后，近年来，进入了调整结构、转型发展的阶段。钢铁企业必须转变发展方式、优化经济结构、转换增长动力，坚持质量第一、效益优先，以供给侧结构性改革为主线，推动经济发展质量变革、效率变革、动力变革，提高全要素生产率，使中国钢铁工业成为"工艺绿色化、装备智能化、产品高质化、供给服务化"的全球领跑者，将中国钢铁工业建设成世界领先的钢铁工业集群。

2014 年 10 月，以东北大学和北京科技大学两所冶金特色高校为核心，联合企业、研究院所、其他高等院校共同组建的钢铁共性技术协同创新中心通过教育部、财政部认定，正式开始运行。

自 2014 年 10 月通过国家认定至 2018 年年底，钢铁共性技术协同创新中心运行 4 年。工艺与装备研发平台围绕钢铁行业关键共性工艺与装备技术，根据平台顶层设计总体发展思路，以及各研究方向拟定的任务和指标，通过产学研深度融合和协同创新，在采矿与选矿、冶炼、热轧、短流程、冷轧、信息化智能化等六个研究方向上，开发出了新一代钢包底喷粉精炼工艺与装备技术、高品质连铸坯生产工艺与装备技术、炼铸轧一体化组织性能控制、极限规格热轧板带钢产品热处理工艺与装备、薄板坯无头/半无头轧制+无酸洗涂镀工艺技术、薄带连铸制备高性能硅钢的成套工艺技术与装备、高精度板形平直度与边部减薄控制技术与装备、先进退火和涂镀技术与装备、复杂难选铁矿预富集-悬浮焙烧-磁选（PSRM）新技术、超级铁精矿与洁净钢基料短流程绿色制备、长型材智能制造、扁平材智能制造等钢铁行业急需的关键共性技术。这些关键共性技术中的绝大部分属于我国科技工作者的原创技术，有落实的企业和生产线，并已经在我国的钢铁企业得到了成功的推广和应用，促进了我国钢铁行业的绿色转型发展，多数技术整体达到了国际领先水平，为我国钢铁行业从"跟跑"到"领跑"的角色转换，实现"工艺绿色化、装备智能化、产品高质化、供给服务化"的奋斗目标，做出了重要贡献。

习近平总书记在 2014 年两院院士大会上的讲话中指出，"要加强统筹协调，大力开展协同创新，集中力量办大事，形成推进自主创新的强大合力"。回顾 2 年多的凝炼、申报和 4 年多艰苦奋战的研究、开发历程，我们正是在这一思想的指导下开展的工作。钢铁企业领导、工人对我国原创技术的期盼，冲击着我们的心灵，激励我们把协同创新的成果整理出来，推广出去，让它们成为广大钢铁企业技术人员手中攻坚克难、夺取新胜利的锐利武器。于是，我们萌生了撰写一部系列丛书的愿望。这套系列丛书将基于钢铁共性技术协同创新中心系列创新成果，以全流程、绿色化工艺、装备与工程化、产业化为主线，结合钢铁工业生产线上实际运行的工程项目和生产的优质钢材实例，系统汇集产学研协同创新基础与应用基础研究进展和关键共性技术、前沿引领技术、现代工程技术创新，为企业技术改造、转型升级、高质量发展、规划未来发展蓝图提供参考。这一想法得到了企业广大同仁的积极响应，全力支持及密切配合。冶金工业出版社的领导和编辑同志特地来到学校，热心指导，提出建议，商量出版等具体事宜。

国家的需求和钢铁工业的期望牵动我们的心，鼓舞我们努力前行；行业同仁、出版社领导和编辑的支持与指导给了我们强大的信心。协同创新中心的各位首席和学术骨干及我们在企业和科研单位里的亲密战友立即行动起来，挥毫泼墨，大展宏图。我们相信，通过产学研各方和出版社同志的共同努力，我们会向钢铁界的同仁们、正在成长的学生们奉献出一套有表、有里、有分量、有影响的系列丛书，作为我们向广大企业同仁鼎力支持的回报。同时，在新中国成立70周年之际，向我们伟大祖国70岁生日献上用辛勤、汗水、创新、赤子之心铸就的一份礼物。

中国工程院院士 王一德

2019 年 7 月

前　言

　　晶粒细化能够同时提高材料的强度和韧性，还可以改善材料的塑性。组织细化一直是人们在材料强韧化理论研究以及相关产品开发中所关注的重点。经过研究者们长期不懈的努力，在钢铁材料领域，对于大多数的结构钢而言，目前已经实现了晶粒尺寸在几个微米，甚至亚微米的热轧产品的工业化生产和应用，产生了巨大的经济效益和社会效益。这是钢铁材料领域取得的巨大成就，同时也使人们看到了钢铁材料组织进一步细化至纳米尺度及其工程应用的可能性，因而激发了人们进行纳米晶钢研究的热情。

　　当材料的微观组织细化至纳米尺度之后，其电学、磁学、光学以及热学等诸多物理性能将会呈现出新的特性。对于大多数钢铁材料的研究者们来说，组织纳米化使材料强度大幅度提高，或者说使钢铁材料在强度方面的巨大潜力进一步得到挖掘，并使之在工程结构领域得到应用，是令人憧憬和激动且意义重大的科学技术发展的美好前景。

　　对于结构材料来说，高效且经济的制备技术、优良的综合力学性能和使役性能是必须具备的基本条件，其中力学性能和大多数的使役性能均与微观组织相关，也就是说需要通过微观组织的调控来实现对力学性能和使役性能的控制。在早期的块体纳米材料的制备技术当中，等通道挤压、叠压轧制等强烈塑性变形的方法在实现高效和经济的制备方面似乎存在一定困难，而且这样的工艺在微观组织调控方面可以利用的手段也比较有限。作者所在团队在长期的钢铁材料组织细化、钢材强韧化理论研究和产品开发工作的基础上，提出了利用形变和相变的原理对结构钢进行组织纳米化的技术思路，并做了大量相关的研究工作。对于微合金结构钢来说，所采用的技术路线是首先使奥氏体细化至几微米甚至亚微米尺度，然后通过变形和冷却过程的相变使转变产物细化至纳米尺度，其可能制备的产品是各类热轧板带钢。这一技术思路涉及奥氏体晶粒的超细化，超细化奥氏体的稳定性及变形行为，超细奥氏体的形变诱导相变及冷却过程的相变行为等理论问题。对于亚稳态奥氏体不锈钢来说，冷变形或深冷变形过程中奥氏体会转变为马氏体，重新加热后马氏体又会转变为奥氏体，利用二者的耦合作用就可以获得纳米尺度奥氏体组织，其可能制备的产品是冷轧不锈钢带钢。这一技术思路涉及奥氏体的形变诱导马氏体相变，形变冷加工态的马氏体加热过程重新奥氏体化，冷加工态奥氏体的再结晶等理论问题。从目前的研究进展情况来看，微合金结构钢的纳米晶化实验室制备和组织调控取得了重要进展，但是工艺比较复杂，工业化生产和应用尚有相当的距离。亚稳态奥氏体不锈钢组织纳米化冷轧带钢产品的工业化和应用已经呈现出现实的可行性，真正意义上的纳米不锈钢在工程结构上的应用指日可待。此外，研究工作还表明，在纳米组织中引入适当数量的亚微米或微米尺度的晶粒有助于改善材料的综合力学性能，所以目前的工作不仅限于单纯的组织纳米化，还包括多尺度的微观组织调控方面。

　　本书是作者所在团队针对上述两类钢铁材料进行的组织纳米化制备和组织性能调控阶段研究工作的总结。此外，本书也介绍了本团队在利用冷轧马氏体退火工艺进行低碳钢组织纳米化的工作，以及国内外在这方面的一些研究进展。全书由杜林秀、吴红艳、蓝慧芳、孙国胜共同撰写，高秀华教授、高彩茹副教授、邱春林副教授，以及哈尔滨工业大学（威海）的姚圣杰教授参与了本书的工作，并做出了重要贡献。博士研究生赵苗苗、硕士研究生张梅、熊明鲜、周忠尚、艾峥嵘、李美玲等同学也对本书的工作做出了重要贡献。

　　作者特别感谢东北大学王国栋院士对本项研究工作和本书的撰写所给予的指导和帮助，感谢轧制技术及连轧自动化国家重点实验室诸多老师及工程技术人员多年来的热情帮助和大力支持，感谢 2011 钢铁共性技术协同创新中心对本项研究工作的支持，以及国家出版基金对本书出版的资助。

　　由于作者水平有限，时间仓促，书中不足和错误之处在所难免，殷切希望读者批评指正。

杜林秀

2021 年 1 月

目　　录

1 概　　述

1.1　引言

　　钢铁是构建现代文明的基础材料。钢铁材料的生产能力决定了一个国家的工业化程度，也是体现一个国家综合国力的指标之一。钢铁生产技术在过去的 100 多年里得到了高速发展，粗钢产量迅猛增加，2019 年仅中国的粗钢产量就达到了近 10 亿吨。与此同时，钢铁材料科学研究在各国科学家的努力下也取得了大量的极为重要的研究成果。铁碳二元平衡相图的制定、奥氏体等温转变曲线的绘制、位错理论的提出、Hall-Petch 关系式的建立、微合金化原理的提出、控轧控冷技术的发明等都大大推动了钢铁材料科学技术的进步。因此，20 世纪被称为钢铁材料的世纪。进入 21 世纪后，尽管受到了来自有色金属、复合材料及高分子材料等多种材料的竞争，钢铁材料作为国民经济建设基础材料的主导地位仍然没有改变。经济建设的高速发展和社会的进步，对钢铁材料的服役性能提出了更高的要求，汽车轻量化、高速铁路、深海开发、油气输送、重载桥梁等领域都迫切需求在节能减排、节约成本的基础上开发出新一代的优质钢铁材料。

　　"超细晶、高纯净度、高均匀性"是新一代钢铁材料的 3 个主要特征，其中"组织细化理论"是研发新一代钢铁材料的核心技术之一[1]。在众多强化机制中，细晶强化是钢铁材料最主要的强韧化机制。多晶材料中晶界处原子排列极为不规则，且大角度晶界两边的晶粒取向存在明显差异。晶粒越细小，组织中晶界面积越大，对位错滑移运动的阻碍作用越大，这会增大材料变形时所需的切应力，因此提高了材料的屈服强度。细晶韧化同样得益于组织中晶界面积的增大。晶界对塑性变形和裂纹扩展的阻力较大，所以能够有效阻碍塑性变形和微裂纹穿过晶界，而且当裂纹穿过晶界后其扩展方向将发生改变。这种情况比裂纹在晶内扩展时所消耗的能量更多。因此，钢材的晶粒越细小，晶界密度越高，其强度和韧性也越高。

　　对于结构钢来说，控制轧制和控制冷却是晶粒细化和提高强韧性最有效的手段。20 世纪 80 年代，Yada 等[2]在 C-Mn 钢中发现了形变诱导相变的现象，并在实验室条件下成功地将 C-Mn 钢铁素体晶粒细化至 $2 \sim 3 \mu m$。钢材热加工过程的形变和相变为热轧钢材的组织超细化提供了理论上的可行性，而现代化、智能化的钢材生产线则为超细晶钢材生产提供了现实的技术装备条件。20 世纪末到 21 世纪初的几年间，我国启动了国家钢铁领域首个"973"重大基础研究项目——"新一代钢铁材料的重大基础研究"。在这一重大项目中，我国科学家对钢材轧制过程中钢材晶粒细化的重大基础理论和生产技术进行了系统的研究，成功地将结构钢的晶粒尺寸细化到几微米的尺度并实现了工业化生产和应用，大幅度地提升了钢材产品的力学性能，极大地促进了钢铁工业的技术进步[1,3,4]。

　　金属材料晶粒尺寸细化到纳米尺度之后在性能上所表现出的特殊性很早就引起了人们的注意。德国科学家 Gleiter 等[5]于 20 世纪 80 年代初成功制备出铁纳米粉末，并率先提出了"纳米晶体材料"的概念。从力学性能上来看，纳米晶金属材料通常具有优异的强韧性、耐磨性、低温超塑性，此外在物理性能和生物相容性上也具有独特的性质[6~9]，因此应用前景广阔。最新的研究成果[10,11]表明，纳米晶金属材料不仅具有超高的强度和硬度，还具有极高的热稳定性和抗辐射性，展示了发展高温纳米晶金属材料的可行性。纳米晶金属材料的研究与制备不仅是材料研究者长期以来青睐的研究热点领域之一，而且具有优异性能的纳米晶金属材料，特别是纳米晶钢铁材料毫无疑问地将在人类社会的发展和经济建设中发挥重要的作用。

1.2　纳米晶金属材料的制备

　　一般来讲，三维空间中至少有一维处于纳米尺度范围（1~100nm）的材料即可称之为纳米晶材料。目前，纳米晶金属材料的制备主要分为两大类：表面纳米化和块体纳米化。表面纳米化制备技术包括表面涂覆或沉积技术和表面纳米化等[12]。表面纳米化为纳米技术与常规金属材料的结合提供了可行的途径，工业上易实现，有着巨大的开发应用潜力。块体纳米化制备一直是非常具有挑战性的难题，目前大部分的研究仅限于实验室阶段。块体纳米晶金属材料常用的制备方法包括剧烈塑性变形、冷轧及退火、快速相变轧制过程等[13]。本节主要介绍几种常见的表面纳米化和块体纳米化制备技术。

1.2.1　表面纳米化

　　"金属材料表面纳米化"这一概念，是由卢柯院士和吕坚教授于 20 世纪末提出的[14]。他们经过深入系统的研究，发明了表面机械研磨处理（Surface Mechanical Attrition Treatment，SMAT）技术。SMAT 是一种行之有效的可实现金属材料表面纳米化的方法，其原理[14]如图 1-1 所示。试样一般固定在装置的顶部，利用外加载荷使大量的弹丸高速转动，并随机与试样表面发生碰撞，通过弹丸重复、多向和高频的撞击试样表面致其发生剧烈塑性变形而形成纳米晶表层。利用 SMAT 方法制备的材料一般具有以下特征[12]：晶粒尺寸沿厚度方向呈梯度分布；纳米晶表层与粗晶基体间没有明显的边界，因此在使用过程中不会发生剥落和分离；材料的外形没有发生明显的变化。SMAT 技术工艺相对简单、应用性强且成本低，因此已广泛应用于多种金属材料的表面纳米化处理，如纯 Fe、纯 Cu、Al 合金、奥氏体不锈钢等。大量的研究发现其细化机理主要与金属材料的层错能（Stacking Fault Energy，SFE）有关。纯 Fe 具有较高的 SFE，约为 $200mJ/m^2$，其晶粒细化过程包括：稠密位错墙和位错缠结的出现；位错墙和位错缠结转变成小角度亚晶界；亚晶界演变成大角度晶界；进一步塑性变形，则在细小的亚晶或晶粒内重新形成位错墙和位错缠结[15]。如此反复，便达到了细化晶粒的目的。纯 Cu 具有中等的 SFE，约为 $78mJ/m^2$，其细化机理与纯 Fe 不同，主要包括：等轴状位错胞的生成、孪晶和小角度亚晶界的形成、大角晶界的演变[16]。对于 SFE 较低的金属材料而言，如 304 不锈钢（SFE 约为 $17mJ/m^2$），其晶粒细化机制从位错机制转变为机械孪生，主要利用不同方向孪晶的交叉作用达到晶粒细化的目的[17]。

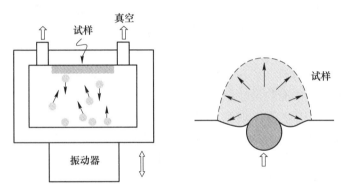

图 1-1　SMAT 技术的原理示意图

1.2.2　块体纳米化

1.2.2.1　剧烈塑性变形

剧烈塑性变形（Severe Plastic Deformation，SPD）是近年来发展较快、研究较为广泛的一类制备纳米晶金属材料的方法。通过对坯料施加纯剪切或扭转变形的方法，引入极大的应变量（应变通常大于 4，而传统的塑性变形很难实现大于 1 的真应变），从而获得块体纳米晶组织。但是，绝大多数 SPD 工艺可加工的工件尺寸一般较小而且形状固定，对设备要求严格，工艺较复杂，生产效率低，因此很难实现工业化生产。

　　A　等径角挤压

等径角挤压（Equal Channel Angular Pressing，ECAP），是一种在纯剪切应变状态下对试样进行剧烈塑性变形的方法。这种方法最初由 Segal 等[18]发明，后来

Valiev 等[19] 率先将这种技术应用到纳米/亚微米金属材料的制备，引发了各国研究人员的关注。ECAP 工艺是目前应用最为广泛的一种 SPD 技术，其工艺示意图[20] 如图 1-2 所示。ECAP 的原理如下：坯料在外加载荷的作用下通过呈一定夹角（常见内角 φ 为 90° 或 120°）的两个具有相同横截面积的通道，在两通道的相交处，坯料会产生近似理想的纯剪切变形，从而实现晶粒细化。坯料的横截面在变形过程中几乎不发生变化，因此允许重复挤压，得到很大的累积应变。受模具的限制，该方法可使用的坯料横截面一般为圆形或方形，横截面直径或对角线一般不大于 20mm，坯料长度 70~100mm。对于强度低、延展性好的金属材

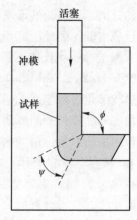

图 1-2　ECAP 工艺示意图

料，如纯 Cu、纯 Ni 等，挤压过程可在室温实现。Mishin 等[21] 利用 ECAP 将纯 Cu 晶粒尺寸细化至 210nm 左右，并对其晶界分布特征等进行了研究。Neishi 等[22] 利用此方法成功制备了平均晶粒尺寸约为 300nm 的纯 Ni。对于强度较高、延展性相对较差的材料，该方法需要在高温进行。Shin 等[23] 利用该方法在 350℃成功将普通低碳钢的晶粒尺寸细化至 200~300nm。郑志军[24] 利用 ECAP 技术在 500℃经 8 道次挤压制备出纳米晶 304 不锈钢，并对其腐蚀性能进行了研究。Huang 等[25] 成功制备具有纳米晶组织的奥氏体不锈钢，其中包含马氏体和奥氏体两相，其平均晶粒尺寸分别是 74nm 和 31nm。

B　高压扭转

高压扭转（High Pressure Torsion，HPT）最初是由 Bridgman[26] 提出的，也是 SPD 技术中研究较早且发展较为迅速的方法之一。HPT 工艺示意图[27] 如图 1-3 所示，将材料置于冲头和模具之间，对试样施加几千兆帕的静水压力，与此同时让模具以一定速度旋转，在摩擦力的作用下引入剪切应变，促使材料发生轴向压缩和切向剪切变形，从而实现晶粒细化。Valiev 等[28] 利用 HPT 技术成功制备出晶粒尺寸为 200~300nm 的亚微米晶 Al、Mg 合金。Wadsack 等[29] 利用该方法处理纯 Cr，成功制备出晶粒尺寸为 50~500nm 的超细晶组织，并发现其硬度得到大幅度提升。采用 HPT 工艺制备的试样多为盘状，直径在 10~20mm，厚度在 0.2~0.5mm，尺寸较小。由于变形过

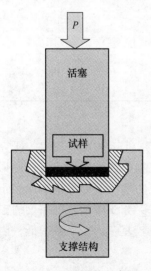

图 1-3　HPT 工艺示意图

程中需要的压力过大，对设备要求较高，因此严重限制了其工业应用的可能。

C 累积叠轧

为了克服 ECAP 工艺生产效率低和 HPT 技术制备的试样尺寸小的不足，日本的 Saito 等[30]研究开发利用累积叠轧（Accumulative Roll-bonding，ARB）的方法制备纳米/亚微米晶金属材料。顾名思义，累计叠轧就是将材料不断的堆叠和轧制的过程。ARB 工艺示意图[30]如图 1-4 所示，先将两片轧板经表面处理后整齐叠放，然后在一定温度下进行轧制，使其自动焊合，随后重复进行裁剪、叠放、轧制的工序，最终获得超细晶组织。Tsuji 和 Saito 对此工艺在不同金属材料上的应用进行大量的研究，如经 6 道次成功制备出平均晶粒尺寸约为 670nm 的 1100Al 合金[31]；经过 3 道次叠轧将 IF 钢的晶粒尺寸细化至 300nm 左右，并对其织构演变进行了研究[32]。这种工艺方法具有明显的优势，即不需要特殊的设备和技术，在传统的轧制设备即可实现，因此被认为有很大的工业化生产的潜力。但随着叠轧次数的增多，板材的表面质量会下降，且由于变形过程中会产生很大的累积塑性应变，导致板材易产生边裂。

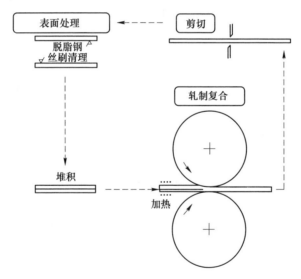

图 1-4 ARB 工艺示意图

D 多向锻造

多向锻造（Multi-Directional Forging，MDF）是由 Salishchev 等[33]提出的一种制备块体超细晶金属材料的方法。MDF 的工艺示意图[34]如图 1-5 所示，其原理类似于多方向自由锻造。MDF 工艺通常在 $(0.1 \sim 0.5)T_m$（T_m 是材料的熔点）温度范围内进行，因此压缩阻力较小，适用于脆性材料超细晶组织的制备。MDF 工艺被广泛应用于多种合金超细晶组织的获得，如纯 Ti 及其合金、Mg 合金、Ni 基合金等[35,36]。Tikhonova 等[37]在室温将该方法应用在 S304H 不锈钢中，成功制备平均晶粒尺寸约为 30nm 的等轴纳米晶组织，大幅提高了其屈服强度和硬度。Zherebtsov 等人利用 MDF 工艺[38] 成功制备出大尺寸规格的超细晶 Ti-6Al-4V 合金，平均晶粒尺寸在 400nm 左右。但由于变形温度不易控制、变形量相对较小，导致变形组织不均匀，因此这种方法组织细化效果一般[24]。

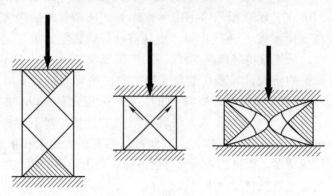

图 1-5　MDF 工艺示意图

1.2.2.2　冷轧及退火

相比于前面提到的制备块体纳米晶钢的 SPD 工艺，冷轧及退火的工艺方案显得更加简单方便。同时，后者不需要特殊的设备及工艺技术，利用传统的轧制及退火设备即可实现纳米晶钢的制备，因此更加适应于工业生产，有非常大的生产大规格纳米晶钢板的潜力。Tsuji[39] 利用板条马氏体冷轧及退火的工艺成功制备出块状纳米晶低碳钢，而且发现其具有优异的力学性能。实验钢初始组织主要是板条马氏体，经过 50% 的冷轧压下，形成了厚度约为 60nm 的薄片状位错胞组织，且沿轧向被拉长；随后将冷轧组织在 500℃ 退火 30min，最终形成了等轴的亚微米级铁素体晶粒（平均晶粒尺寸为 180nm）+少量回火马氏体+均匀分布的纳米碳化物析出的混合组织，如图 1-6 所示。

近年来，国内外研究人员利用冷轧及逆相变退火的方式制备大尺寸规格纳米/亚微米晶奥氏体不锈钢的研究颇多。奥氏体不锈钢的 M_s 点（马氏体相变点）一般在 0℃ 以下，因此不能通过常规热处理的方式对其强化。按照奥氏体的机械稳定性，可将奥氏体不锈钢分为亚稳态和稳态两种。前者在 M_d 点（形变诱导马氏体相变点）以下进行变形时奥氏体易发生马氏体相变，研究人员多利用此特性对亚稳态奥氏体不锈钢进行组织超细化，以提高其屈服强度。Schino 等[40] 提出利用冷轧及退火的方式制备超细晶奥氏体不锈钢需满足以下两点：（1）冷轧变形过程中，亚稳态奥氏体需全部转变成马氏体；（2）在低温下进行逆相变退火，防止晶粒长大。在此基础上，Ma 等[41] 利用反复的冷轧和退火（如图 1-7 所示）的

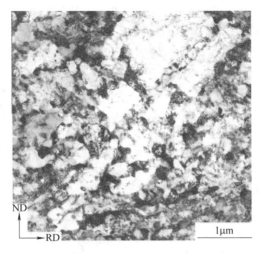

图 1-6 超细晶 SS400 钢 TEM 组织照片

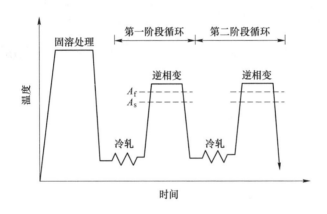

图 1-7 反复冷轧和退火工艺示意图

方法成功制备出晶粒尺寸约为 100nm 的奥氏体钢，研究发现其力学性能优异，抗拉强度大于 1000MPa，总伸长率大于 30%。Eskandari 等[42~44] 通过低温（0 ~ −196℃）冷轧及退火成功将部分 300 系奥氏体不锈钢的晶粒尺寸细化至 100nm 以下，并对其中的细化机理和组织性能进行了大量的研究。研究表明，由于变形温度的降低会减小饱和应变，因此实验钢在较小的应变下就能得到全马氏体组织；初始奥氏体晶粒尺寸要比冷轧压下量对晶粒细化程度的影响更大。Rajasekhara 等[45] 和 Misra 等[46,47] 利用冷轧及快速退火的方法成功制备出纳米/亚微米晶奥氏体不锈钢，并对冷轧变形和逆相变退火过程中的组织演变进行了深入分析。图 1-8 是 Fe-16Cr-10Ni 不锈钢经 74% 的冷轧压下后显微组织的典型 TEM 形貌[46]。如图 1-8 所示，冷轧组织为全马氏体组织，其形态分为板条状和位错胞状两种。文献［48］表明，随冷轧压下量的增大，位错胞状马氏体占比越来越多，这主要和滑移带的形成有关。Misra 等[47]认为马氏体板条结构向位错胞状结构的转变过程包括板条组织的破碎。位错胞状马氏体组织中具有更多的缺陷，能提供更多的逆相变奥氏体形核点，被认为更有利于纳米/亚微米组织的形成。

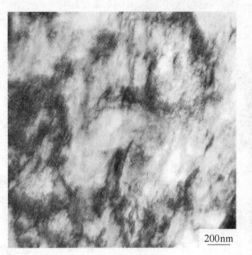
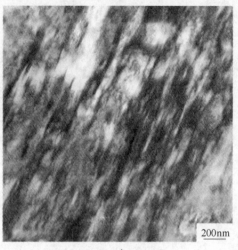

图 1-8　Fe-16Cr-10Ni 不锈钢冷轧试样的 TEM 照片
a—位错胞状马氏体；b—板条马氏体

1.2.2.3　快速相变及轧制过程

剑桥大学的 Yokota 等[49]通过建立热力学判据，从驱动力、界面能以及母相晶粒尺寸等方面理论分析了通过相变可以获得的最小晶粒尺寸。理论研究表明通过提高相变驱动力，在一定的过冷度下，合适晶粒尺寸的母相奥氏体可以通过切变形式转变成纳米尺度的铁素体组织。杜等[50]以一种含 Nb 低碳微合金钢为研究对象，提出了通过相变进行结构钢组织的亚微米化的工艺，并对其细化机理进行了分析讨论。首先利用大变形量的温变形和循环淬火的方式将奥氏体晶粒细化至 $1\sim 2\mu m$；然后在低于 A_{r3} 的温度进行大变形量的变形（压下量为 75%），随后空冷至室温，最终将铁素体晶粒细化至 $0.1\sim 0.3\mu m$。

1.3　纳米晶金属材料的性能

作为一个非常重要的显微结构因素，晶粒尺寸几乎会影响金属材料所有的物理和力学性能。晶粒细化不仅能大幅提高材料的强度，还对材料的热稳定性、疲劳性能、超塑性、耐腐蚀性及热稳定性等有着重要的影响。

1.3.1 力学性能

对于普通金属材料而言，材料的屈服强度与其晶粒尺寸之间通常满足 Hall-Petch 关系[51,52]，即晶粒尺寸越小，材料的屈服强度就越高。

$$\sigma_s = \sigma_0 + Kd^{-1/2} \tag{1-1}$$

式中 σ_s——屈服强度，MPa；

  σ_0——移动单个位错所需克服的点阵摩擦阻力，MPa；

  d——晶粒尺寸，μm；

  K——反应界面对位错滑移阻碍作用强弱的常数。

大量的研究工作表明许多金属材料的晶粒细化至 10~30nm 时，仍能满足 Hall-Petch 关系，因此纳米晶金属材料往往具有极高的强度和硬度。例如：Chen 等[53]利用 SMAT 方法制备的纳米晶 316L 不锈钢（晶粒尺寸为 40nm）具有优异的室温拉伸性能，其屈服强度高达 1450MPa。当金属材料的晶粒尺寸细化至一定范围，虽然通过修正公式（1-1）中的常数 K 仍符合 Hall-Petch 关系，但屈服强度增加随着晶粒尺寸的减小变缓。材料的晶粒尺寸达到某一临界值时，晶粒尺寸与屈服强度之间不再满足 Hall-Petch 关系[54]。因此，为了获得同时具有高强高塑性的金属材料，需要进行合理的晶粒细化。

一般而言，晶粒尺寸对力学性能的影响可从相应的拉伸曲线上直观的反映出来。图 1-9~图 1-11 所示分别是利用不同处理方法制备的具有不同晶粒尺寸的纯 Cu、纯 Al 和低碳钢的工程应力-应变曲线[55~57]。通过对比发现，虽然材料及其组织细化方式不同，但晶粒尺寸对力学性能的影响类似。随着晶粒尺寸的减小，材料的强度均明显升高，但是塑性却明显降低。如图 1-9 所示[55]，利用 HPT 及退火的方式将纯铜的晶粒尺寸由 4.2μm 细化至 200nm，试样的抗拉强度从 200MPa 大幅提高至 600MPa 以上，但是试样的伸长率尤其是均匀伸长率却大幅降低。同样的现象也发生在纯 Al[56] 和低碳钢[57] 中，分别如图 1-10 和图 1-11 所示。材料的应变硬化能力是影响其均匀伸长率的主要因素。由于纳米晶或超细晶粒储存位错的能力有限，位错不能在晶粒内有效堆积，加工硬化能力较低，致使试样在变形过程中过早的发生颈缩或失效，引起塑性的明显下降。文献［56］表明，当超细晶晶粒尺寸与产生的位错胞大小相近时，位错的平均自由路径将不再由位错结构决定，而是取决于晶界。由晶界产生的位错间发生相互作用又在晶界处湮灭，增强了动态回复效应，当动态回复平衡了塑性变形产生的位错时将导致加工硬化率的降低[12]。此外，随着晶粒尺寸的减小，变形机制将发生改变，如图1-12所示[12]。晶粒尺寸大于 1μm 时，塑性变形过程中主要通过位错增殖和运动来协调变形。晶粒被细化至纳米尺度时，位错运动被明显抑制，塑性变形由新的变形机制（如晶粒转动、晶界滑移、晶界发射全位错或不全位错行为等）协调，然而这些变形机制所能贡献的加工硬化能力有限[58]。

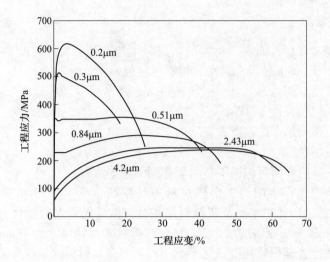

图 1-9　具有不同晶粒尺寸纯 Cu 试样的工程应力-应变曲线

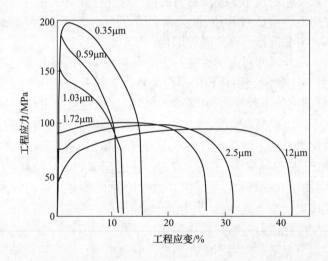

图 1-10　具有不同晶粒尺寸纯 Al 试样的工程应力-应变曲线

为了有效改善纳米/亚微米晶金属材料的塑性，研究人员提出了几种不同的策略，目前取得了一定进展。Ma 等[59]提出在纳米/亚微米晶基体上引入部分微米尺度的晶粒，使之形成双峰分布，实现了材料的强度和塑性良好匹配。超细晶粒使材料具有较高的屈服强度，同时不均匀的组织诱发了应变硬化机制保证材料具有良好的塑性。Lu 等[60]提出利用纳米孪晶界面强化的方法来提高材料的强韧性。利用动态塑性变形（Dynamic Plastic Deformation，DPD）的方式在纳米晶基体中引入纳米孪晶片层，使得材料不仅具有很高的强度，还因纳米孪晶界的存在

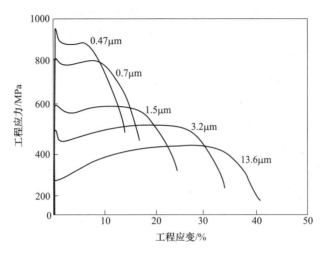

图 1-11 具有不同晶粒尺寸的低碳钢的工程应力-应变曲线

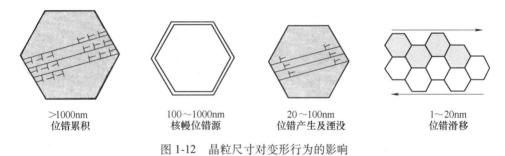

>1000nm 位错累积　　100～1000nm 核幔位错源　　20～100nm 位错产生及湮没　　1～20nm 位错滑移

图 1-12 晶粒尺寸对变形行为的影响

表现出良好的加工硬化能力[61,62]。纳米孪晶材料中的高密度孪晶界不仅能有效阻碍位错运动提高强度，而且能提供一定的空间来储存位错，从而显著增强加工硬化能力[63]。

1.3.2 热稳定性

　　虽然纳米晶金属材料往往表现出极高的强度和硬度，但晶粒细化引入的高密度高能晶界也为晶粒的长大提供了充足的驱动力。部分纳米晶材料在室温下就能发生再结晶和明显的晶粒长大[64,65]。根据传统多晶体晶粒长大理论，晶粒长大的驱动力（$\Delta\mu$）与晶粒尺寸（d）的关系可用 Gibbs-Thompson 经验公式[66]定量描述：

$$\Delta\mu = \frac{4\Omega\gamma}{d} \tag{1-2}$$

式中　Ω ——原子体积，m^3；

　　　γ ——界面能，J/m^2。

由式（1-2）可知，晶粒尺寸越小，晶粒长大的驱动力则越高。因此，热不稳定通常是纳米晶材料的本征特征，这极大地限制纳米晶材料在高温条件下的加工和应用。

如上所述，晶粒尺寸越细小，材料的热稳定性越差。然而，实际的研究表明部分纳米晶金属材料在一定程度上却具有较高的热稳定性。Roland 等[67]利用SMAT 技术制备出纳米晶 316 不锈钢，研究发现其组织能在 600℃ 保持稳定。Sun 等[68]利用 ECAP 方法制备出平均晶粒尺寸约为 400nm 的块体超细晶 Fe-14Cr-16Ni 合金，发现制备的超细晶组织能在 400℃ 以上保持稳定，而在 600℃ 晶粒发生异常长大。Etienne 等[69]利用 HPT 工艺制备出具有等轴状纳米晶（约 40nm）的316 不锈钢，研究结果表明纳米晶组织在 350℃ 保温 288h 仍能保持稳定，而明显的再结晶开始于 700℃。Li 等[70]利用电沉积法制备出纳米晶 Ni 基合金，研究发现：在 100℃ 退火时，由于晶界弛豫引起晶格应变减小，导致晶粒并未明显粗化；在 100~300℃ 退火时，晶粒长大缓慢，从 14nm 长大至 21nm；高于 300℃ 退火时，晶粒长大速度明显增强。通过计算相应的晶粒长大激活能，发现该合金在300℃ 以下退火时，晶粒长大主要由晶界扩散引起，而提高退火温度晶格扩散开始起主导作用。总之，纳米晶金属材料的热稳定性不仅与晶粒的长大机制有关，还会受到晶界结构、晶界偏聚、第二相、残余应力及样品制备过程中产生的污染、孔隙、微观应变等因素的影响[71,72]。

既然引起纳米晶材料热不稳定的主要原因是其拥有大量的高能界面，那么通过降低界面能来提高纳米晶的热稳定性就不失为一种行之有效的办法。利用合金化可以有效降低纳米晶的晶界能，但这种方法会降低金属材料的力学性能。通过溶质偏析来降低晶界能也可能会降低晶粒粗化的热力学驱动力，从而起到稳定纳米晶粒的作用。另外，Wang 等[73]在对 Fe-Mn 合金的研究发现，由于孪晶界的界面能比传统大角晶界的界面能低，因此纳米孪晶的热稳定性要比位错结构和纳米晶高。

目前，在纳米晶金属材料热稳定性方面取得了阶段性进展。燕山大学沈同德教授团队[11]通过掺杂稀土镧元素，利用高温高压合成技术成功制备出块体纳米晶/纳米析出型 304L 不锈钢，研究表明其不仅具有超高的屈服强度还具有极高的热稳定性，分析发现晶界上镧元素的偏聚和纳米析出的钉扎是稳定纳米晶粒的两个重要因素。中科院沈阳金属研究所卢柯院士团队研究发现：液氮温度下利用SMAT 方法制备的纯 Cu 和纯 Ni 纳米晶粒在低于临界晶粒尺寸时，其热稳定性显著增强。这是因为在塑性变形过程中晶界通过释放不全位错协调变形，导致纳米晶晶界自发向低能状态转变，从而增强了纳米晶的热稳定性[10]。

1.3.3 超塑性

超塑性是指材料在一定条件下所表现出无明显缩颈的异常高塑性的能力[74]。通常材料的伸长率大于100%，即可认为材料具有超塑性[75]。按照变形条件的不同，超塑性主要包括组织超塑性、相变超塑性以及瞬时超塑性。目前，对材料超塑性的研究主要以组织超塑性为主。实现组织超塑性的理想组织状态是：等轴、均匀、细晶、稳定。一般晶粒尺寸小于 $10\mu m$，变形温度需高于 $0.5T_m$，应变速率为 $10^{-4} \sim 10^{-1}\ s^{-1}$[76]。

基于材料的超塑性特性发展起来的超塑性成型技术，已广泛应用在航天航空、建筑和交通运输等领域。超塑性成型具有以下特点：成型压力小，模具使用寿命长，可一次精密成型等[77]。由于超塑性使材料能在较低应力下获得相当大的变形，因此在微成型研究方面具有很大的优越性。利用材料的超塑性，可以制造出普通加工工艺难以生产的具有复杂形状的弯曲部件，如航空发动机上的风扇叶片、飞机机翼等[78]。超塑性成型还能够很好地解决超高强钢难成型的问题，因此进一步拓宽了超高强钢的应用领域。在较低温度下实现超塑性不仅能有效节约能源，还能防止材料发生高温氧化，因此低温超塑性的开发和研究也日益受到人们的关注[77]。

为了有效利用材料超塑性，需要了解超塑性变形的本质。目前，针对不同的材料体系，发现并提出了多种超塑性变形机理，如扩散蠕变[79]、位错蠕变[80]、晶界滑动[81]、晶粒转出[82]等。其中，晶界滑动是目前普遍接受的超塑性变形机制，通常晶界滑动还需要位错滑移、晶界迁移、位错蠕变等方式对其进行补偿以协调变形[83,84]。

纳米/亚微米晶金属材料中具有丰富的晶界，因此在高温变形过程中参与晶界滑动的晶界数量也很大，且位错扩散或滑动的调节距离也变得更短[85,86]。关于纳米/亚微米晶金属材料的超塑性报道屡见不鲜。Park 等[87]利用 ECAP 方法制备出晶粒尺寸为 300nm 的 5083Al 合金，在 275℃（$0.65T_m$）获得最大的伸长率为 315%。Tsuchiyama 等[88]利用冷轧及逆转变退火的方式制备了超细晶奥氏体不锈钢，其组织包含等轴的奥氏体超细晶粒和约 10% 的未转变马氏体。研究发现试样在 650℃ 表现出超塑性行为，伸长率达到 270%，分析认为超塑性的获得得益于马氏体的钉扎效应，有效抑制了变形过程中晶粒的粗化。需要指出的是，McFadden 等[8]报道了纳米晶纯 Ni、纳米晶 1420-Al 和纳米晶 Ni_3Al 合金的低温超塑性。Hu 等[89]发现：具有纳米结构的低碳微合金钢在 500℃（$<0.5T_m$）表现出超塑性行为。纳米晶金属材料具有超高的室温强度，其低温超塑性的实现，将进一步拓宽纳米晶金属材料的应用。

1.3.4　耐腐蚀性

一般而言，晶界处原子的反应活性要高于晶内原子，因此传统腐蚀理论把晶界作为腐蚀的活性区。纳米/亚微米晶材料具有丰富的晶界，因此参与腐蚀反应的原子数目相应增加，必将大大降低材料的耐蚀性。大量的研究表明，纳米晶金属材料的耐腐蚀性不仅与晶粒尺寸有关，还受到纳米晶的制备方法、微观组织结构（如晶界特征、第二相、位错等）、腐蚀介质及试样的表面质量等因素的影响[90]。

李等[91]系统分析了表面纳米化对金属材料电化学腐蚀行为的影响。研究发现：对于活性金属材料如低碳钢，晶粒细化导致参与腐蚀的活性原子数目增多，因此提高了腐蚀速率；对于钝性金属材料而言，由于活性原子数目的增加使其纳米晶表层更易形成钝化膜，因此提高了材料的耐腐蚀性。吕等[92]利用 SMAT 方法对 316L 不锈钢进行表面纳米化，并对其在 0.5mol/L 的 NaCl 溶液中的耐腐蚀性进行了研究，结果发现表面纳米化明显降低了 316L 的耐腐蚀性能。这主要是由于材料表面的纳米晶组织易发生钝化，形成的钝化膜不稳定，溶解速度大。另外，在表面纳米化的过程中引入了部分马氏体，两相组织的存在使纳米晶表层形成电偶腐蚀，也会影响材料的耐腐蚀性能。Hao 等[93]同样利用 SMAT 方法对 316 不锈钢进行表面纳米化，发现纳米晶 316 不锈钢在 0.1mol/L 的 NaCl 介质中的抗点蚀能力显著下降，并将此归因于对材料表面进行纳米化的过程中产生了裂纹。王等[94]研究了喷丸表面纳米化对 1Cr18Ni9Ti 奥氏体不锈钢在 3.5%NaCl 溶液中的电化学腐蚀行为，结果表明表面纳米化试样更易形成稳定的钝化膜，其抗 Cl^- 腐蚀性能明显提高。

国内外研究人员在块状纳米晶金属材料的耐腐蚀性方面也进行了一定的研究。郑[24,95]利用 ECAP 工艺，经 8 道次成功制备出纳米晶 304 不锈钢，并对其表面钝化膜特性和耐腐蚀性能进行了全面分析。研究发现：相比于粗晶试样，纳米晶 304 不锈钢在 0.5mol/L H_2SO_4 溶液中的耐腐蚀性能显著改善，经分析认为这与纳米晶试样的表面钝化膜更加致密、稳定有关。Eskandari 等[96]利用冷轧及退火的方式制备出纳米晶 316L 不锈钢，并发现在 3.5% 的 NaCl 腐蚀介质中，纳米晶试样的耐腐蚀性能明显提高，这是因为晶粒细化促进了 Cr 的快速扩散以及钝化膜的形成。Wang 等[97]发现，纳米晶 304 不锈钢的抗点蚀能力大大增强，分析认为这得益于其表面形成的致密的氧化膜，以及腐蚀表面较弱的 Cl^- 吸附能力和较低的 Cl^- 化学活性。孙[98]针对块体纳米晶 304 不锈钢的研究表明，实验钢经组织纳米化后，耐热腐蚀性能、耐 SO_4^{2-} 和 Cl^- 腐蚀性能均有所提高，分析认为丰富的晶界为 Cr 元素提供了大量的扩散通道，使实验钢表面形成更加稳定的钝化膜，因而提高了实验钢的耐腐蚀性能。

1.3.5 生物相容性

近年来，部分研究[99,100]发现纳米/亚微米晶奥氏体不锈钢不仅具有优异的综合力学性能，还表现出良好的生物相容性。Misra 等[99]将细胞和分子生物学与材料科学与工程相结合，成功地从根本上分析了纳米晶结构对成骨细胞功能的决定性作用。研究表明，细胞的吸附、增殖、存活、形态以及扩散随着晶粒尺寸的改变而发生变化，并在纳米/亚微米晶组织中具有良好的调控。纳米晶结构具有较高的亲合性是提高其生物相容性的主要原因。Nune 等[100]在此基础上，又围绕纳米/亚微米晶奥氏体不锈钢对成骨细胞分化和钙化的作用展开了研究。实验结果表明，细胞的分化和钙化随着晶粒尺寸的减小而显著增强，而且晶粒尺寸会明显影响表面形成良好的钙化骨样细胞外基质的能力。这些研究为纳米晶金属材料在生物医学领域的应用奠定了基础，具有十分重要的理论指导意义。

1.4 钢在加热过程中的奥氏体超细化影响因素

对于利用形变和相变原理制备超细晶乃至纳米晶的方法来说，奥氏体超细化是关键的环节。化学成分和加工工艺是影响奥氏体晶粒超细化的主要因素，通过设计合理的化学成分和加热及变形工艺，可以将结构钢的奥氏体晶粒细化至微米尺度，再通过相变即可将奥氏体的分解产物细化至亚微米乃至纳米尺度，这就是利用形变和相变进行钢材纳米化的原理。

1.4.1 化学成分对奥氏体超细化的影响

（1）碳含量。钢中的含碳量对奥氏体形成速度的影响很大。这是因为钢中的含碳量越高，原始组织中渗碳体数量越多，从而增加了铁素体和渗碳体的相界面，使奥氏体的形核率增大。此外碳在奥氏体中的扩散速度也因为含碳量的增加而增加，奥氏体的长大速度也增大。当钢中含碳量在一定范围内时，奥氏体晶粒长大倾向随着碳量的增加而增大；但是当碳含量超过某一程度时，奥氏体晶粒反而会变得细小。这是因为起初随着碳含量增加，碳的自扩散速度以及碳在钢中的扩散速度增加，从而加速了奥氏体晶粒长大。但当碳含量超过一定值以后，二次渗碳体会出现在钢中，而且它的数量会随着碳含量的增加而增多，由于渗碳体对奥氏体晶界的阻碍作用，所以使奥氏体晶粒变小。

（2）合金元素。合金元素从下面几个方面影响奥氏体形成。首先，合金元素影响碳在奥氏体中的扩散速度。Si、Al、Mn 等元素对碳在奥氏体中扩散能力影响不大。V 等碳化物元素显著降低碳在奥氏体中扩散速度，减小奥氏体形成速度。合金元素改变了钢的临界点和碳在奥氏体中的溶解度，改变了钢的过热度和碳在奥氏体中的扩散速度，来影响奥氏体的形成过程。综合来说，从合金元素与碳结合的能力来讲，可以不同程度地影响碳在奥氏体中的扩散速度；而且，合金元素的添加可以改变钢的临界温度，也就改变了奥氏体转变时的过热度，多种作用综合之下使得合金元素对奥氏体的形成速度产生影响。另外，钢中合金元素在铁素体和碳化物中的分布是不均匀的，在平衡组织中，碳化物形成元素集中在碳化物中，而非碳化物形成元素集中在奥氏体中。钢中添加部分能够形成难熔化合物的合金元素，可以强烈阻碍奥氏体晶粒的长大，使得奥氏体粗化温度升高。所以说为了获得细化的奥氏体晶粒，加入适量易于形成强碳、氮化物的合金元素是十分有必要的[101]。

微合金元素的作用主要是细化铁素体晶粒及析出强化作用[102]。其主要作用可分为以下几条：

（1）加热时阻止奥氏体晶粒长大。

随着加热温度的提高及保温时间的延长，奥氏体晶粒变得粗大。粗大的奥氏体晶粒对钢材的机械性能不利。加入 Nb、V、Ti 等元素可以阻止奥氏体晶粒长大，即提高了钢的粗化温度。

由于微量元素形成高度弥散的碳氮化合物颗粒，可以对奥氏体晶界起固定作用，从而阻止奥氏体晶界迁移，阻止奥氏体晶粒长大。当 Nb 和 V 含量在 0.10%以下时，可以提高奥氏体粗化温度到 1050 ~ 1100℃，作用明显，而且 Ti 的效果大于 Nb 的效果。V 含量小于 0.10%时，阻止晶粒长大的作用不大，在 950℃左右奥氏体晶粒就开始粗化了。当 Nb 和 V 含量大于 0.10%时，随合金含量的增多粗化温度继续提高，当含量达到 0.16%时则趋于稳定，粗化温度不再提高。此时含 Nb 钢的粗化温度为 1180℃，含 V 钢粗化温度为 1050℃。如在钢中同时加入Nb 和 V 则可进一步提高钢的粗化温度。

（2）抑制奥氏体再结晶。

微量元素对奥氏体再结晶的作用是影响奥氏体再结晶的临界变形量、再结晶温度、再结晶速度以及再结晶的晶粒大小。

在普碳钢中加入微合金元素 Nb 及 Nb-V 后，由于微合金元素原子的固溶阻塞及拖曳作用以及微合金元素碳氮化合物的动态析出，显著阻滞形变奥氏体的动态再结晶。随着 Nb 析出量的增加，奥氏体再结晶数量降低，而且随着阻止再结晶的作用不断加大，再结晶数量急剧降低。含 Nb 钢与硅锰钢相比，再结晶动力学曲线不同，含 Nb 钢再结晶开始时间都比不含 Nb 钢推迟。含 Nb 钢与 C 钢相比，当轧制温度和变形量相同时，含 Nb 钢再结晶后的奥氏体晶粒较小。同时，质点的析出量对奥氏体晶粒大小也有影响。

（3）细化铁素体晶粒。

由于微量合金元素的加入，一方面阻止奥氏体晶粒长大，另一方面又能阻止奥氏体再结晶的发生，因而细化了铁素体晶粒。Nb 的细化铁素体晶粒效果最为明显，Ti 次之，V 最差。而且随 Nb 含量的增加，开始时效果显著，当铌含量达到 0.04% 以后，随含 Nb 量的增加铁素体晶粒基本不变。

在低温奥氏体区变形后，若能析出 0.01%Nb(C、N)，就可完全抑制住奥氏体再结晶的发生，并且使有效晶界面积增加，从而相变后可得到平均 ASTM6 级的铁素体晶粒。而且随着 Nb(C、N) 析出量的增多，阻止再结晶能力加强，有效晶界面积增多，使铁素体晶粒变细。

（4）影响钢的强韧性能。

一般结构钢必须具有最大的强度和抗脆性能力。沉淀、相变和再结晶机理为获得具用这种性能的钢提供了很大可能性。一般晶粒小则强韧性好，沉淀硬化大使强度提高韧性降低。而 Nb、V、Ti 的加入可同时影响这两个因素。

另外，微合金元素的强化效果还与它的元素种类、含量及冷却速度有关。在一定成分下有一个能最有效发挥沉淀强化的最佳冷却速度。

1.4.2 原始组织对奥氏体超细化的影响

在一切工艺相同的情况下，原始组织对最终奥氏体晶粒尺寸有着很大的影响，若原始组织有利于奥氏体形核的元素非常多，例如，晶界、位错、缺陷、残余应力、碳化物的分布等都会对最终奥氏体的形核与长大有着很深的影响，假设给予原始组织很细的晶粒，那样其晶界会比较多，局部碳浓度梯度会增加，碳原子扩散距离会缩短，同时原始组织拥有很高的位错密度、很大的残余应力、很多的晶体缺陷、弥散分布的碳化物等，会给奥氏体在加热过程中的形核提供显著的形核点，使奥氏体尽可能形核，减少长大的倾向。

1.4.3 加热速度对奥氏体超细化的影响

由于奥氏体晶粒长大与原子扩散有密切的关系，所以保温时间越长，加热温度越高，则奥氏体晶粒越容易粗大。在每一个加热温度下，都有一个加速长大期，当奥氏体晶粒尺寸长大到一定尺寸后，再延长时间，晶粒将不再长大而趋于一个稳定尺寸。加热温度相同时，加热速度越快，过热度越大，奥氏体的实际形成温度越高，形核率增加大于长大速度，使奥氏体晶粒越来越细小，快速加热时奥氏体不仅在铁素体和渗碳体的相界面上形核，也可在铁素体内的亚晶界上形核，如果保温时间足够短，则可以在奥氏体晶粒还没来得及长大的情况下获得超细晶粒组织，所以生产上常采用快速加热短时保温工艺来获得超细化晶粒。

1.5 两相区控轧控冷技术对奥氏体→铁素体相变过程影响

1.5.1 奥氏体晶粒尺寸对相变铁素体的影响

我们通常认为相变前的奥氏体晶粒度对最终生成的铁素体晶粒细化有非常重

要的作用。一般情况下，晶粒直径在 20μm 以下的未变形奥氏体空冷时，其细化铁素体晶粒的作用将减弱。根据固态相变的理论，扩散型相变分为晶界面、晶界棱和晶界隅角这 3 类形核位置，而晶界隅角和晶界棱是优于晶界面的形核位置。当奥氏体晶粒直径较大时，晶界隅角和晶界棱数量相对较少，所以晶界是主要的形核位置。在连续冷却条件下，铁素体首先以位置饱和机制在奥氏体晶界形核，而随后的冷却过程中，晶界析出的铁素体发生聚合长大，在相变后期晶内也发生形核，而且由于形核数量较少，所以晶粒尺寸较大。

当奥氏体晶粒尺寸较小时，晶界面积较多，晶界隅角和晶界棱数量相对较多。在连续冷却条件下形核首先发生在晶界隅角和晶界棱处，然后是界面处。由于相变是在一个温度范围内发生的，所以先析出的铁素体将会发生聚合长大。如果冷却速度一般，将会出现铁素体与转变前奥氏体晶粒直径之比 $d\alpha/d\gamma > 1$ 的情况，即连续冷却过程得到的铁素体晶粒尺寸将会超过原奥氏体晶粒的现象。因此随着奥氏体晶粒尺寸的减小，晶界面积增大，最终使铁素体相变的形核率得到提高。因为铁素体晶粒长大的速度较大的缘故，最终得到的铁素体晶粒直径将可能超过原奥氏体晶粒。由此可见，在奥氏体晶粒较为粗大的情况下，细化奥氏体晶粒对细化铁素体晶粒具有明显的效果。当奥氏体晶粒直径较小时，在一般速度的连续冷却条件下，得到的铁素体晶粒直径将会接近甚至超过原奥氏体晶粒。所以，利用奥氏体晶粒细化通过相变机制得到晶粒尺寸小于原奥氏体晶粒的超细铁素体，必须对相变过程进行有效控制[103]。

1.5.2　两相区控制轧制在铁素体相变过程中的作用

在略高于 $A_{e3} \sim A_{r3}$ 的温度区间内对低碳低合金钢进行轧制能够促进奥氏体向铁素体的相变，这种现象就是所谓的应变诱导动态相变（SIDTR）。就碳素钢和微合金钢而言，SIDTR 是比较有效和便于工业化的组织细化途径，尤其受到中国、韩国和澳大利亚研究者的青睐。我国超级钢研究项目已经在宝钢 2050mm 热连轧机上进行了两轮工业实验，利用 SIDTR 将 SS400 钢的晶粒细化到 5μm 左右，强度提高了约一倍。

实际的相变行为往往同时伴随着形变过程，而变形对奥氏体→铁素体相变的热力学、动力学过程均具有强烈的影响，因而国内外冶金界在此相变的理论问题上开展了大量的研究工作[104~107]。

低温奥氏体区变形对相变的影响往往首先体现在对 A_{r3} 温度的影响上。通常随着变形量的增加，A_{r3} 温度升高，随着变形量的增大或者变形温度的降低，便发生所谓"应变诱导相变"，也有报道称之为"变形诱导相变"和"应变诱导动态相变"。尽管上述名称各异，但其实质相同：相变均发生在变形过程而不是变形后的冷却过程，且都能获得超细铁素体晶粒。考虑到引起相变的本质是变形导致的自由能升高和形核地点的增多，因而除了应变之外，影响变形储能的各个变形因素（如应变速率、温度、变形方式等）均会影响相变过程。

由于低温大变形提供较大的形核驱动力，使铁素体形核率增加，并且在较低温度变形相对于热力学平衡转变而言，原子的扩散较为困难。在较短的变形时间内使扩散得不到充分进行，将会引起碳在铁素体中的过饱和，因而在获得大量细小的铁素体的同时，在某些局部晶界观察到沿晶界碳以渗碳体和离异珠光体的形式存在，并且得到非常细小的等轴状铁素体组织[108]。

随着近年来控轧控冷技术的进一步发展，为了提高钢的强度在低碳高强钢的生产中终轧温度已下降至 A_{r3} 甚至更低。大量研究表明，由于铁素体晶粒在（α+γ）两相区变形过程中通过动态回复形成等轴亚晶以及织构强化使低碳钢的强度大幅度提高而韧性不降低[109]。

当变形处于（γ+α）两相区时，除了能够进一步促进剩余 γ→α 相变之外，还在一定程度上使得先共析铁素体内部由于变形而生成亚晶，所以此时施加变形可综合利用位错强化以及细晶强化的效果实现钢铁材料强韧化的目的。如果在 γ→α 相变结束后施加变形，即在单相铁素体区变形，由于铁素体的堆垛层错能较高，很容易在变形过程中回复而不易发生再结晶，但是随后一系列的研究表明，在合适的应变速率及变形温度下，当应变量达到一定的临界值以后，铁素体的再结晶行为也可以发生，且这一过程与 Zener-Hollomon 参数密切相关[110]。

对于以上分析，可以总结出，在相变过程中形变的作用是不容忽视的，通过利用超细化的奥氏体，对超细晶奥氏体进行有效控制，在结合变形的条件下最大程度实现相变后铁素体等组织的细化。因此我们对这方面的研究也就具有良好的实际应用价值及重要理论意义。

1.5.3 控制冷却对铁素体相变的影响

钢的综合力学性能取决于最终显微组织以及晶粒的细化程度。为了获得超高强性能钢，成分设计以及控制轧制和控制冷却技术的应用成为关键，特别是后者在现代钢铁材料的生产中，对产品的最终组织和综合性能具有决定性的影响。随现代轧制设备的发展及对控制轧制和控制冷却技术的深入研究，控制轧制和控制冷却技术已成为在现有材料化学成分基础上充分挖掘材料性能潜力的重要手段，得到现代钢铁材料研究的广泛重视[111]。

随着新一代钢铁材料的发展，新型控轧控冷生产技术已经逐步代替传统的控制轧制。而钢铁材料产品升级换代的有效途径就是控制冷却策略的改进。不同的冷却方式将会对最后组织产生显著的影响，如图 1-13 所示[112]。

由图 1-13 可以看到，随着冷却速度的增加，铁素体相变开始温度逐渐降低，同时过冷度增加能够激发更多潜在的形核点，从而达到细化铁素体的目的。曾有

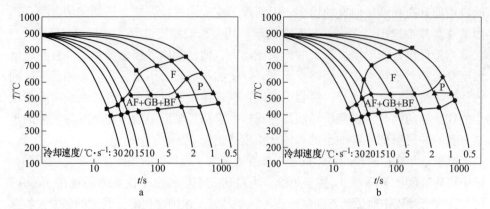

图 1-13　某种成分低 C 高 Si 高 Mn 钢 CCT 曲线

a—动态 CCT；b—静态 CCT

研究指出，当过冷度足够大时，有可能直接在原奥氏体晶粒内部缺陷处激发形核。而现代超快冷技术（冷却速度可高达 400℃/s）的发展使得这一形核方式成为可能。当然，除了控制冷却速度之外，冷却路径的控制也至关重要。轧制后冷却的方式有很多种，这些冷却过程最大的差别在于冷却速率和强制冷却温度不同。比如直接淬火通常是为了获得贝氏体和马氏体等低温相变产物，而间断式直接淬火或加速冷却则是强制冷却终止在某一温度，不同的是间断式加速冷却的终止温度随冷却速度、钢的淬硬性和轧制条件有较大变化，而间断式直接淬火的终冷温度必须低于马氏体或贝氏体转变温度。

而通过改进冷却工艺制备超细晶钢的案例非常多，例如 Bhadeshia[113] 考虑通过利用无碳贝氏体相变来替代铁素体相变实现组织纳米晶化。因为贝氏体相变和马氏体相变的形成方式均属于无扩散的切变机制，所以其在相变时很大程度地降低了相变潜热，同时减小了相变细化对过冷度的依赖程度，使得工艺的可行性得到进一步的提高。

参 考 文 献

[1] 翁宇庆，孔令航，王国栋，等 . 超细晶钢——钢的组织细化理论与控制技术 [M]. 北京：冶金工业出版社，2003：4~5.

[2] Matsumura Y, Yada H. Evolution of ultrafine-grained ferrite in hot successive deformation [J]. Transactions of the Iron and Steel Institute of Japan, 1987, 27：492~498.

[3] Weng Y Q. Development of ultrafine grained steel in China [C]. NG Steel. Beijing：The Chinese Society for Metals, 2001：1~7.

[4] 王国栋，刘相华，李维娟，等 . 超级 Super-SS400 钢的工业轧制实验 [J]. 钢铁，2001，

5：39~43.

[5] Birringer R, Gleiter H, Klein H P, et al. Nanocrystalline materials an approach to a novel solid structure with gas-like disorder? [J]. Physics Letters A, 1984, 102 (8)：365~369.

[6] Wang C, Wang M, Shi J, et al. Effect of microstructural refinement on the toughness of low carbon martensitic steel [J]. Scripta Materialia, 2008, 58：492~495.

[7] Kimura Y, Inoue T, Yin F, et al. Inverse temperature dependence of toughness in an ultrafine grain-structure steel [J]. Science, 2008, 320 (5879)：1057~1060.

[8] McFadden S X, Mishra R S, Valiev R Z, et al. Low-temperature superplasticity in nanostructured nickel and metal alloys [J]. Nature, 1999, 398：684~686.

[9] Misra R D K, Thein-Han W W, Pesacreta T C, et al. Favorable modulation of pre-osteoblast response to nanograined/ultrafine-grained structures in austenitic stainless steel [J]. Advanced Materials, 2009, 21 (12)：1280~1285.

[10] Zhou X, Li X Y, Lu K. Enhanced thermal stability of nanograined metals below a critical grain size [J]. Science, 2018, 360 (6388)：526~530.

[11] Du C, Jin S, Fang Y, et al. Ultrastrong nanocrystalline steel with exceptional thermal stability and radiation tolerance [J]. Nature Communications, 2018, 9 (1)：5389.

[12] 陈爱英. 层状多级分布 304ss 组织结构与力学性能研究 [D]. 上海：上海交通大学, 2008.

[13] Du L X, Yao S J, Hu J, et al. Fabrication and microstructural control of nano-structured bulk steels：a review [J]. Acta Metallurgica Sinica (English Letters), 2014, 27：508~520.

[14] Lu K, Lu J. Nanostructured surface layer on metallic materials induced by surface mechanical attrition treatment [J]. Materials Science and Engineering A, 2004, 375：38~45.

[15] Tao N R, Wang Z B, Tong W P, et al. An investigation of surface nanocrystallization mechanism in Fe induced by surface mechanical attrition treatment [J]. Acta Materialia, 2002, 50 (18)：4603~4616.

[16] Wang K, Tao N R, Liu G, et al. Plastic strain-induced grain refinement at the nanometer scale in copper [J]. Acta Materialia, 2006, 54 (19)：5281~5291.

[17] Zhang H W, Hei Z K, Liu G, et al. Formation of nanostructured surface layer on AISI 304 stainless steel by means of surface mechanical attrition treatment [J]. Acta Materialia, 2003, 51 (7)：1871~1881.

[18] Segal V M, Reznikov V I, Drobyshevskiy A E, et al. Plastic metal working by simple shear [J]. Russian Metallurgy, 1981, 1：115~123.

[19] Valiev R Z, Krasilnikov N A, Tsenev N K. Plastic deformation of alloys with submicron-grained structure [J]. Materials Science and Engineering A, 1991, 137：35~40.

[20] Valiev R Z, Estrin Y, Horita Z, et al. Producing bulk ultrafine-grained materials by severe plastic deformation [J]. JOM, 2006, 58 (4)：33~39.

[21] Mishin O V, Gertsman V Y, Valiev R Z, et al. Grain boundary distribution and texture in ultrafine-grained copper produced by severe plastic deformation [J]. Scripta Materialia, 1996, 35 (7)：873~878.

［22］ Neishi K, Horita Z, Langdon T G. Grain refinement of pure nickel using equal-channel angular pressing ［J］. Materials Science and Engineering A, 2002, 325 (1-2): 54~58.

［23］ Shin D H, Kim B C, Kim Y S, et al. Microstructural evolution in a commercial low carbon steel by equal channel angular pressing ［J］. Acta Materialia, 2000, 48 (9): 2247~2255.

［24］ 郑志军. ECAP 制备的块体纳米晶 304 不锈钢的组织演变, 力学性能与腐蚀行为 ［D］. 广州: 华南理工大学, 2012.

［25］ Huang C X, Gao Y L, Yang G, et al. Bulk nanocrystalline stainless steel fabricated by equal channel angular pressing ［J］. Journal of Materials Research, 2006, 21 (7): 1687~1692.

［26］ Bridgman P W. On torsion combined with compression ［J］. Journal of Applied Physics, 1943, 14 (6): 273~283.

［27］ Zhilyaev A P, Nurislamova G V, Kim B K, et al. Experimental parameters influencing grain refinement and microstructural evolution during high-pressure torsion ［J］. Acta Materialia, 2003, 51 (3): 753~765.

［28］ Valiev R Z, Islamgaliev R K, Alexandrov I V. Bulk nanostructured materials from severe plastic deformation ［J］. Progress in Materials Science, 2000, 45 (2): 103~189.

［29］ Wadsack R, Pippan R, Schedler B. Structural refinement of chromium by severe plastic deformation ［J］. Fusion Engineering and Design, 2003, 66: 265~269.

［30］ Saito Y, Utsunomiya H, Tsuji N, et al. Novel ultra-high straining process for bulk materials—development of the accumulative roll-bonding (ARB) process ［J］. Acta Materialia, 1999, 47 (2): 579~583.

［31］ Saito Y. Ultra-fine grained bulk aluminum produced by accumulative roll-bonding (ARB) process ［J］. Scripta Materialia, 1998, 39 (9): 1221~1227.

［32］ Tsuji N, Ueji R, Minamino Y. Nanoscale crystallographic analysis of ultrafine grained IF steel fabricated by ARB process ［J］. Scripta Materialia, 2002, 47 (2): 69~76.

［33］ Salishchev G, Zaripova R, Galeev R, et al. Nanocrystalline structure formation during severe plastic deformation in metals and their deformation behavior ［J］. Nanostructured Materials, 1995, 6 (5-8): 913~916.

［34］ Estrin Y, Vinogradov A. Extreme grain refinement by severe plastic deformation: a wealth of challenging science ［J］. Acta Materialia, 2013, 61 (3): 782~817.

［35］ Salishchev G A, Valiakhmetov O R, Galeev R M, et al. Formation of submicrocrystalline structure in titanium under plastic deformation and its influence on mechanical properties ［J］. Rassian Metallurgy (Metally), 1996: 86~91.

［36］ Salishchev G A, Valiakhmetov O R, Valitov V, et al. Submicrocrystalline and nanocrystalline structure formation in materials and search for outstanding superplastic properties ［C］. Materials Science Forum, 1994, 170: 121~130.

［37］ Tikhonova M, Kuzminova Y, Belyakov A, et al. Nanocrystalline S304H austenitic stainless steel processed by multiple forging ［J］. Reviews on Advanced Materials Science, 2012, 31: 68~73.

［38］ Zherebtsov S V, Salishchev G A, Galeyev R M, et al. Production of submicrocrystalline structure in large-scale Ti-6Al-4V billet by warm severe deformation processing [J]. Scripta Materialia, 2004, 51 (12): 1147~1151.

[39] Tsuji N, Ueji R, Minamino Y, et al. A new and simple process to obtain nano-structured bulk low-carbon steel with superior mechanical property [J]. Scripta Materialia, 2002, 46 (4): 305~310.

[40] Schino A Di, Barteri M, Kenny J M. Development of ultra fine grain structure by martensitic reversion in stainless steel [J]. Journal of Materials Science Letters, 2002, 21 (9): 751~753.

[41] Ma Y, Jin J E, Lee Y K. A repetitive thermomechanical process to produce nano-crystalline in a metastable austenitic steel [J]. Scripta Materialia, 2005, 52 (12): 1311~1315.

[42] Eskandari M, Kermanpur A, Najafizadeh A. Formation of nano-grained structure in a 301 stainless steel using a repetitive thermo-mechanical treatment [J]. Materials Letters, 2009, 63 (16): 1442~1444.

[43] Eskandari M, Najafizadeh A, Kermanpur A. Effect of strain-induced martensite on the formation of nanocrystalline 316L stainless steel after cold rolling and annealing [J]. Materials Science and Engineering A, 2009, 519 (1-2): 46~50.

[44] Eskandari M, Kermanpur A, Najafizadeh A. Formation of nanocrystalline structure in 301 stainless steel produced by martensite treatment [J]. Metallurgical and Materials Transactions A, 2009, 40 (9): 2241~2249.

[45] Rajasekhara S, Karjalainen L P, Kyröläinen A, et al. Microstructure evolution in nano/submicron grained AISI 301LN stainless steel [J]. Materials Science and Engineering A, 2010, 527 (7-8): 1986~1996.

[46] Misra R D K, Zhang Z, Venkatasurya P K C, et al. Martensite shear phase reversion-induced nanograined/ultrafine-grained Fe-16Cr-10Ni alloy: the effect of interstitial alloying elements and degree of austenite stability on phase reversion [J]. Materials Science and Engineering A, 2010, 527 (29-30): 7779~7792.

[47] Misra R D K, Nayak S, Mali S A, et al. On the significance of nature of strain-induced martensite on phase-reversion-induced nanograined/ultrafine-grained austenitic stainless steel [J]. Metallurgical and Materials Transactions A, 2010, 41 (1): 3~12.

[48] Takaki S, Tomimura K, Ueda S. Effect of pre-cold-working on diffusional reversion of deformation induced martensite in metastable austenitic stainless steel [J]. ISIJ International, 1994, 34 (6): 522~527.

[49] Yokota T, Mateo C G, Bhadeshia H. Formation of nanostructured steels by phase transformation [J]. Scripta Materialia, 2004, 51 (8): 767~770.

[50] 杜林秀, 熊明鲜, 姚圣杰, 等. 利用相变机理进行低碳钢的亚微米化 [J]. 金属学报, 2007, 43 (1): 59~63.

[51] Hall E O. The deformation and ageing of mild steel: III discussion of results [J]. Proceedings of the Physical Society. Section B, 1951, 64 (9): 747.

[52] Petch N J. The cleavage strength of polycrystals [J]. Journal of the Iron and Steel Institute, 1953, 174: 25~28.

［53］ Chen X H, Lu J, Lu L, et al. Tensile properties of a nanocrystalline 316L austenitic stainless steel ［J］. Scripta Materialia, 2005, 52 （10）: 1039~1044.

［54］ Schiøtz J, Di Tolla F D, Jacobsen K W. Softening of nanocrystalline metals at very small grain sizes ［J］. Nature, 1998, 391: 561~563.

［55］ Tian Y Z, Gao S, Zhao L J, et al. Remarkable transitions of yield behavior and Lüders deformation in pure Cu by changing grain sizes ［J］. Scripta Materialia, 2018, 142: 88~91.

［56］ Yu C Y, Kao P W, Chang C P. Transition of tensile deformation behaviors in ultrafine-grained aluminum ［J］. Acta Materialia, 2005, 53 （15）: 4019~4028.

［57］ Tomota Y, Narui A, Tsuchida N. Tensile behavior of fine-grained steels ［J］. ISIJ International, 2008, 48 （8）: 1107~1113.

［58］ 易昊钰. 纳米孪晶 304 奥氏体不锈钢微观结构及力学性能研究 ［D］. 沈阳: 中国科学院大学, 2015.

［59］ Wang Y, Chen M, Zhou F, et al. High tensile ductility in a nanostructured metal ［J］. Nature, 2002, 419 （6910）: 912.

［60］ Lu L, Chen X, Huang X, et al. Revealing the maximum strength in nanotwinned copper ［J］. Science, 2009, 323 （5914）: 607~610.

［61］ Yan F K, Liu G Z, Tao N R, et al. Strength and ductility of 316L austenitic stainless steel strengthened by nano-scale twin bundles ［J］. Acta Materialia, 2012, 60 （3）: 1059~1071.

［62］ Yan F K, Tao N R, Lu K. Tensile ductility of nanotwinned austenitic grains in an austenitic steel ［J］. Scripta Materialia, 2014, 84: 31~34.

［63］ 阎丰凯. 纳米孪晶强化奥氏体不锈钢强塑性优化及塑性变形机制研究 ［D］. 沈阳: 中国科学院大学, 2014.

［64］ Kobiyama M, Inami T, Okuda S. Mechanical behavior and thermal stability of nanocrystalline copper film prepared by gas deposition method ［J］. Scripta Materialia, 2001, 44 （8-9）: 1547~1551.

［65］ Islamgaliev R K, Chmelik F, Kuzel R. Thermal structure changes in copper and nickel processed by severe plastic deformation ［J］. Materials Science and Engineering A, 1997, 234: 335~338.

［66］ Shewmon P G. Transformations in metals ［M］. New York: McGraw-Hill, 1969.

［67］ Roland T, Retraint D, Lu K, et al. Enhanced mechanical behavior of a nanocrystallised stainless steel and its thermal stability ［J］. Materials Science and Engineering A, 2007, 445-446: 281~288.

［68］ Sun C, Yang Y, Liu Y, et al. Thermal stability of ultrafine grained Fe-Cr-Ni alloy ［J］. Materials Science and Engineering A, 2012, 542: 64~70.

［69］ Etienne A, Radiguet B, Genevois C, et al. Thermal stability of ultrafine-grained austenitic stainless steels ［J］. Materials Science and Engineering A, 2010, 527 （21-22）: 5805~5810.

［70］ Li H Q, Ebrahimi F. An investigation of thermal stability and microhardness of electrodeposited nanocrystalline nickel-21% iron alloys ［J］. Acta Materialia, 2003, 51 （13）: 3905~3913.

［71］ 王爱香, 刘刚, 周蕾, 等. 表面机械研磨处理后 316L 不锈钢的表层结构及硬度的热稳

定性 [J]. 金属学报, 2005, 41 (6): 577~582.

[72] 樊新民, 叶惠琼. 7A04 表面纳米化组织的热稳定性 [J]. 机械热处理学报, 2007, (S1): 267~270.

[73] Wang H T, Tao N R, Lu K. Strengthening an austenitic Fe-Mn steel using nanotwinned austenitic grains [J]. Acta Materialia, 2012, 60 (9): 4027~4040.

[74] Nieh T G, Wadsworth J, Sherby O D. Superplasticity in metals and ceramics [M]. Cambridge university press, 2005.

[75] 王占学. 塑性加工金属学 [M]. 北京: 冶金工业出版社, 2008: 128~134.

[76] 曹富荣. 金属超塑性 [M]. 北京: 冶金工业出版社, 2014.

[77] 丁桦, 张凯锋. 材料超塑性研究的现状与发展 [J]. 中国有色金属学报, 2004, 7: 1059~1067.

[78] Xun Y W, Tan M J. Applications of superplastic forming and diffusion bonding to hollow engine blades [J]. Journal of Materials Processing Technology, 2000, 99 (1 3): 80~85.

[79] Backofen W A, Murty G S, Zehr S W. Evidence for diffusional creep with low strain rate sensitivity [J]. Transactions of the Metallurgical Society of AIME, 1968, 242: 329~338.

[80] Chaudhari P. Deformation behavior of superplastic Zn-Al alloy [J]. Acta Metallurgica, 1967, 15 (12): 1777~1786.

[81] Gifkins R C. Grain-boundary sliding and its accommodation during creep and superplasticity [J]. Metallurgical Transactions A, 1976, 7 (8): 1225~1232.

[82] Gifkins R C. Grain rearrangements during superplastic deformation [J]. Journal of Materials Science, 1978, 13 (9): 1926~1936.

[83] Jiang X G, Earthman J C, Mohamed F A. Cavitation and cavity-induced fracture during superplastic deformation [J]. Journal of Materials Science, 1994, 29 (21): 5499~5514.

[84] Misra R D K, Hu J, Yashwanth I V S, et al. Phase reverted transformation-induced nanograined microalloyed steel: low temperature superplasticity and fracture [J]. Materials Science and Engineering A, 2016, 668: 105~111.

[85] Furuhara T, Maki T. Grain boundary engineering for superplasticity in steels [J]. Journal of Materials Science, 2005, 40 (4): 919~926.

[86] Park K T, Kim Y S, Lee J G, et al. Thermal stability and mechanical properties of ultrafine grained low carbon steel [J]. Materials Science and Engineering A, 2000, 293: 165~172.

[87] Park K T, Hwang D Y, Chang S Y, et al. Low-temperature superplastic behavior of a submicrometer-grained 5083 Al alloy fabricated by severe plastic deformation [J]. Metallurgical and Materials Transactions A, 2002, 33 (9): 2859~2867.

[88] Tsuchiyama T, Nakamura Y, Hidaka H, et al. Effect of initial microstructure on superplasticity in ultrafine grained 18Cr-9Ni stainless steel [J]. Materials Transactions, 2004, 45 (7): 2259~2263.

[89] Hu J, Du L X, Sun G S, et al. Low temperature superplasticity and thermal stability of a nanostructured low-carbon microalloyed steel [J]. Scientific Reports, 2015, 5: 18656.

[90] Gupta R K, Birbilis N. The influence of nanocrystalline structure and processing route on corro-

sion of stainless steel: a review [J]. Corrosion Science, 2015, 92: 1~15.

[91] 李瑛，王福会. 表面纳米化对金属材料电化学腐蚀行为的影响 [J]. 腐蚀与防护, 2003, 1: 8~12.

[92] 吕爱强，张洋，李瑛，等. 表面纳米化对 316L 不锈钢性能的影响 [J]. 材料研究学报, 2005, 19 (2): 120~124.

[93] Hao Y, Deng B, Zhong C, et al. Effect of surface mechanical attrition treatment on corrosion behavior of 316 stainless steel [J]. Journal of Iron and Steel Research International, 2009, 16 (2): 68~72.

[94] 王天生，于金库，董冰峰，等. 1Cr18Ni9Ti 不锈钢的喷丸表面纳米化及其对耐蚀性的影响 [J]. 机械工程学报, 2005, 9: 51~54.

[95] Zheng Z J, Gao Y, Gui Y, et al. Corrosion behaviour of nanocrystalline 304 stainless steel prepared by equal channel angular pressing [J]. Corrosion Science, 2012, 54: 60~67.

[96] Eskandari M, Yeganeh M, Motamedi M. Investigation in the corrosion behaviour of bulk nanocrystalline 316L austenitic stainless steel in NaCl solution [J]. Micro & Nano Letters, 2012, 7 (4): 380~383.

[97] Wang S G, Sun M, Long K. The enhanced even and pitting corrosion resistances of bulk nanocrystalline steel in HCl solution [J]. Steel Research International, 2012, 83: 800~807.

[98] 孙淼. 纳米晶 304 不锈钢腐蚀行为的研究 [D]. 沈阳: 沈阳工业大学, 2010.

[99] Misra R D K, Nune C, Pesacreta T C, et al. Understanding the impact of grain structure in austenitic stainless steel from a nanograined regime to a coarse-grained regime on osteoblast functions using a novel metal deformation-annealing sequence [J]. Acta Biomaterialia, 2013, 9 (4): 6245~6258.

[100] Nune C, Misra R D K. Impact of grain structure of austenitic stainless steel on osteoblasts differention and mineralization [J]. Materials Technology, 2015, 30 (2): 76~85.

[101] 崔忠圻，覃耀春. 金属学与热处理 [M]. 北京: 机械工业出版社, 2005: 240~241.

[102] 张冬宇，张艳龙. 微合金元素在控制轧制中的作用 [J]. 金属世界, 2007 (6): 2~3.

[103] 杜林秀，熊明鲜，姚圣杰，等. 利用相变进行低碳钢的亚微米化 [J]. 金属学报, 2007, 43 (1): 59~63.

[104] 汪日志，雷廷权，谭舒平. 锅炉用 ASTMA299 钢动态再结晶及形变促发 A→F 转变的研究 [J]. 钢铁, 1992, 27 (8): 50~55.

[105] Bengchea R, Lopen B, Gutierren I. Microstructural evolution during the austenite-to-ferrite transformation from deformed austenite [J]. Metall. Mater. Trans. A, 1998, 22: 417~426.

[106] Gómez M, Medina S F, Caruana G. Modelling of phase transformation kinetics by correction of dilatometry results for a ferritic Nb-microalloyed steel [J]. ISIJ Int., 2003, 43 (8): 1228~1237.

[107] 赵洪壮. 调质钢相变动力学的研究 [D]. 沈阳: 东北大学, 2006.

[108] 张红梅，刘相华，王国栋. 采用低温大压下细化铁素体晶粒机制的研究 [J]. 中国钢铁年会论文集, 2001.

[109] 王占学. 控制轧制与控制冷却 [M]. 北京: 冶金工业出版社, 1988: 47~48.

[110] Hong S C, Yoon C S, Lee K J, et al. TEM observation of strain rate dependent dynamic re-

crystallization of ferrite in low carbon steel [J]. 3rd International Symposium on Ultrafine Grained Materials, Charlotte, 2004: 641~646.

[111] 王锟, 冯运莉, 刘宝喜. X70 管线钢连续冷却过程中相变行为的研究 [J]. 河北省轧钢技术与学术年会论文集, 2009.

[112] 侯晓英, 许云波, 吴迪. 含钒 0.2C-0.5Si-0.08P-Mn TRIP 钢连续冷却过程中的相变行为 [J]. 东北大学学报 (自然科学版), 2010, 31 (10).

[113] Bhadeshia H K D H. Bulk nanocrystalline steel [J]. Ironmaking and Steelmaking, 2005, 32 (5): 405~410.

2 低合金钢奥氏体晶粒超细化

原始奥氏体晶粒特征直接关系到冷却过程中其分解特征进而影响相变后的组织及其性能[1~3]，因此在利用奥氏体冷却过程相变细化终态组织的工艺中对奥氏体晶粒控制就显得十分关键。通常原始奥氏体晶粒尺寸越小，相同的冷却相变条件下所获得最终组织越细。对此杨王玥等[4]在利用尺寸在 7~44μm 的奥氏体晶粒较为系统地分析了奥氏体晶粒尺寸对终态组织的影响时发现，同样的形变及冷却条件下，奥氏体晶粒越小，后续相变所得的铁素体量越多，且分布均匀。但考虑到实际轧制生产的工艺特点，大多数研究工作所采用的奥氏体晶粒一般在几十微米左右。将奥氏体晶粒细化 1μm 左右甚至亚微米级别后研究其冷却过程中的相变行为，对于结构钢的组织纳米化是非常重要的。

细化奥氏体晶粒的方法已有大量的文献报道，而且多种较为成熟的细化奥氏体晶粒的热处理工艺已经获得应用。早在 20 世纪 80 年代初期，人们就利用变形和加热方式的控制将合金钢奥氏体晶粒细化到接近 0.1~0.3μm。近年来，日本的研究者将中碳低合金钢的奥氏体晶粒细化到 3μm 以下，以此来改善钢的延迟断裂性能。因此，对于结构钢来说，利用加热过程奥氏体的形成理论，通过变形方式和加热方式的合理配合，将奥氏体晶粒细化到亚微米级在理论上是可能的。

为此，本章主要研究低合金钢不同原始组织及加热过程中的变形对奥氏体晶粒超细化的影响，目的在于探索实现一种能够有效获得超细晶乃至亚微米晶奥氏体的工艺方法。实验材料选用两种不同成分的低碳钢，其化学成分示于表 2-1。其中 A 钢直接取自某厂的 40mm 厚热轧中间坯，B 钢经真空感应炉冶炼后热锻成横截面为 80mm×80mm 的坯料，后续加热至 1200℃保温 2h 后，出炉直接轧制至50mm 和 40mm，并空冷得两种坯料。

表 2-1　实验用钢的化学成分　　　　　（质量分数,%）

实验钢	C	Si	Mn	P	S	Nb	V	Ti	N
A	0.12	0.13	1.55	≤0.01	≤0.01	0.02	—	—	0.003
B	0.15	1.38	1.64	≤0.01	≤0.01	0.05	0.06	0.03	0.003

利用两种坯料分别经相应工艺加工成 φ6mm×12mm 的热模拟试样，如表 2-2所示。热轧、温轧实验分别在实验室 φ450 单机架可逆热轧实验轧机及 φ300 阶梯

辊实验轧机上开展。热模拟实验采用 MMS-200 热力模拟试验机。

表2-2 实验用热模拟试样及相应处理工艺

热模拟样标号	相应处理工艺及组织构成	实验钢坯料
A1	500℃保温1~2h后，温轧70%至10mm，空冷（温轧铁素体+珠光体）	40mm 热轧 A 钢坯料
B1		40mm 热轧 B 钢坯料
B2	500℃保温1~2h后，温轧80%至10mm，空冷（温轧铁素体+珠光体）	50mm 热轧 B 钢坯料
B3	500℃保温1~2h后，温轧70%至15mm，空冷（温轧铁素体+珠光体）	
A2	加热至1000℃保温1h淬火后，经500℃回火2h直接温轧至10mm，空冷（温轧回火马氏体）	40mm 热轧 A 钢坯料
B4	加热至1000℃保温1~2h后，出炉直接轧制至10mm，空冷（铁素体+贝氏体）	40mm 热轧 B 钢坯料

2.1 循环加热淬火对奥氏体晶粒的影响

选用试样 A1、A2、B1、B4，分别采用1~4次循环快速加热+淬火工艺，如图2-1所示。对比此工艺条件下原始组织以及循环次数对奥氏体晶粒细化的影响。

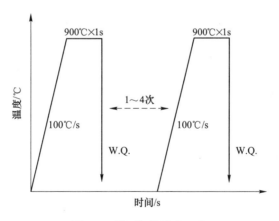

图2-1 循环加热淬火工艺

如图2-2a、b所示，A1试样经过4次循环加热淬火处理所得的奥氏体晶粒在尺寸上比经过循环3次处理的试样大，也就是说循环次数的增加使得晶粒的进一步长大；但是经4次循环处理的试样其晶粒尺寸的均匀性要明显优于3次循环试样。

图 2-2c、d 是原始组织为温轧回火马氏体的试样 A2 分别经 3 次和 4 次循环加热淬火所获得的奥氏体晶粒形貌。显然，两种条件下获得的奥氏体晶粒尺寸差别不大，基本都在 3~5μm，且都呈现良好的均匀性。

同样为温轧铁素体+珠光体原始组织（试样 B1），经过 4 次循环处理后获得的奥氏体晶粒（图 2-2f）远小于试样 A1（图 2-2b），平均晶粒尺寸为 1~3μm；而以贝氏体+铁素体为原始组织的试样 B4，经 3 次循环加热淬火处理获得的奥氏体晶粒尺寸较之同样工艺处理的 A1 和 A2 试样要大。可见，利用循环加热淬火工艺制备超细晶奥氏体，试样的化学成分、原始组织以及循环次数均能够在不同程度上影响最终的结果：

（1）对比图 2-2b 和 f 发现，Nb、V 和 Ti 复合添加相比与单纯添加 Nb 更利于循环加热淬火工艺下获得超细奥氏体晶粒；另外，注意到同样的循环处理次数，Nb-V-Ti 复合微合金钢试样中其奥氏体晶粒尺寸的均匀性要稍差一些。

（2）温轧铁素体+珠光体比温轧回火马氏体更能有效实现奥氏体晶粒的超细化；同时，根据图 2-2e 的结果认为，该工艺下以温轧组织作为原始组织应该比常规的热轧组织更为有效。

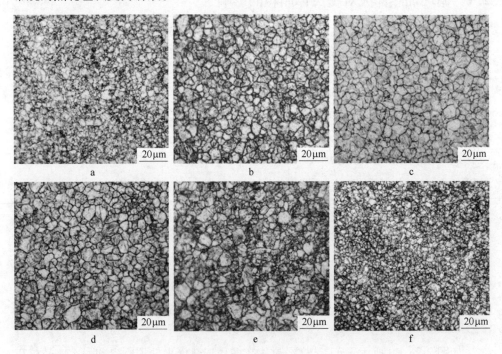

图 2-2　不同原始组织及循环次数条件下获得的奥氏体晶粒形貌
a—试样 A1，3 次；b—试样 A1，4 次；c—试样 A2，3 次；
d—试样 A2，4 次；e—试样 B4，3 次；f—试样 B1，4 次

（3）总体来看，随着循环次数的增加所获得的超细奥氏体晶粒均匀性提高，而奥氏体晶粒尺寸基本呈现一种先小后大最后保持稳定的一个演变趋势。

图 2-3 为原始组织、循环次数与奥氏体晶粒尺寸之间的关系曲线，显然对于微合金元素含量高的试样，无论其原始组织是温轧态铁素体+珠光体（B1）还是热轧态铁素体+贝氏体组织，在 1~4 次的循环加热淬火处理中所获得的奥氏体晶粒尺寸始终呈减小趋势；而 A1 和 A2 试样在循环次数达到 3 次时，所获得的奥氏体晶粒尺寸已基本接近最小值，对于单纯含 Nb 钢的试样后续进一步增加循环处理次数仅仅在晶粒分布均匀性上起到较好的效果，而对于尽可能细化晶粒这一目的显然是不利的。

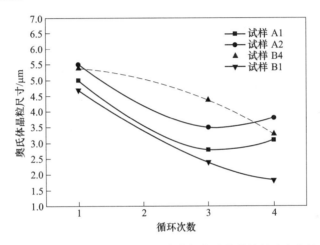

图 2-3　试样原始组织、循环处理次数与奥氏体晶粒尺寸变化关系

综上所述，利用循环加热淬火工艺制备超细晶奥氏体，微合金元素的作用始终是不容忽视的，它与获得奥氏体晶粒尺寸的极小值所需要的循环处理次数密切相关；同时，原始组织的选择也在很大程度上决定着所能获得的最小奥氏体晶粒尺寸。

2.2　加热过程中形变对奥氏体晶粒的影响

有关形变对奥氏体晶粒影响的相关工作[5]表明，利用形变热处理工艺获得超细晶奥氏体较为有利的原始组织为温轧铁素体+珠光体。因此，此处主要选用 A1、B1~B3 试样，热模拟实验工艺路线如图 2-4 实线所示。主要针对如下几个方面讨论其对奥氏体晶粒超细化的影响。

（1）化学成分及温轧变形量。同样为温轧铁素体+珠光体，A1 只含少量 Nb，而 B1 同时含有 Nb、V、Ti 3 种微合金元素，分别在如下工艺参数条件下（$v_1 = 100℃/s$ 和 $20℃/s$，$T_\varepsilon = 800℃$，$\varepsilon = 0.4$，$\dot{\varepsilon} = 0.1s^{-1}$）比较两者所获得的奥氏体晶

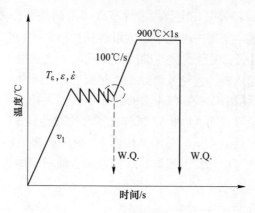

图 2-4　形变热处理工艺图

粒；另外，同时采用试样 B1 与 B2，探讨不同温轧变形量组织实现超细晶的有利工艺路线并分析其相关原因。

（2）温轧珠光体组织特征。为获得不同形态特征的珠光体组织特征，此处所用的热模拟试样采用 4 种不同工艺获得：（Ⅰ）同 A1 试样工艺；（Ⅱ）40mm 热轧 A 钢坯料经 500℃ 保温 1～2h 后，温轧 70% 至 10mm，随后即放入 500℃ 炉内保温 2h 后水浴冷却；（Ⅲ）40mm 热轧 A 钢坯料经 600℃ 保温 1～2h 后，温轧 70% 至 10mm，空冷；（Ⅳ）40mm 热轧 A 钢坯料经 600℃ 保温 1～2h 后，温轧 70% 至 10mm，随后即放入 600℃ 炉内保温 1h 后水浴冷却。上述 4 种坯料经加工所得的热模拟试样分别定义为 A1a、A1b、A1c 和 A1d。4 种试样均以 100℃/s 快速加热至 900℃ 保温 1s 后淬火，即如图 2-4 所示工艺中 $v_1 = 100℃/s$，$\varepsilon = 0$。

（3）加热速度。同时利用试样 B1 和 B2，$v_1 = 20℃/s$ 和 100℃/s，$T_\varepsilon = 800℃$，$\dot{\varepsilon} = 0.1s^{-1}$，$\varepsilon = 0.4$ 和 0.8。

（4）变形温度。利用试样 B1，$v_1 = 20℃/s$，$T_\varepsilon = 680～850℃$，$\dot{\varepsilon} = 0.1s^{-1}$，$\varepsilon = 0.6$ 和 0.8。

（5）应变量及应变速率。利用试样 B2，$v_1 = 100℃/s$，$T_\varepsilon = 800℃$，$\dot{\varepsilon} = 0.1s^{-1}$ 和 $1s^{-1}$，$\varepsilon = 0.6$、0.8 和 1。

（6）变形方向。利用试样 B3，经铣床将温轧后坯料表面平整并减薄至 12mm 后，利用线切割机床分别沿垂直轧面和平行轧向两种方向加工尺寸同样为 $\phi 6mm \times 12mm$ 的热模拟试样（两种试样分别定义为 B3a 和 B3b），再利用图 2-4 所示工艺获得超细晶奥氏体，其中 $v_1 = 20℃/s$，$T_\varepsilon = 800℃$，$\dot{\varepsilon} = 0.1s^{-1}$，$\varepsilon = 0.8$。

2.2.1　化学成分及温轧变形量

试样 A1 和 B1 经形变热处理工艺获得的奥氏体晶粒如图 2-5 所示。虽然两种试样的平均奥氏体晶粒尺寸均达到亚微米量级，但值得注意的是，多数情况下有利于奥氏体晶粒细化的微合金元素的添加此时并没有起到显著的效果，反而仅仅添加了少量的 Nb 元素的试样 A1 获得了更为细化的亚微米奥氏体晶粒，并且从图 2-5 中看到试样 A1 的奥氏体晶粒尺寸相对比较均匀，而此时试样 B1 中一些区域的晶粒尺寸大于 1μm。也就是说，利用形变热处理方式细化奥氏体晶粒，并不一定要添加大量昂贵微合金元素为附加条件来实现最终结果，从现在所提倡可持续发展思路来考虑，这一工艺方法显然是有益的。

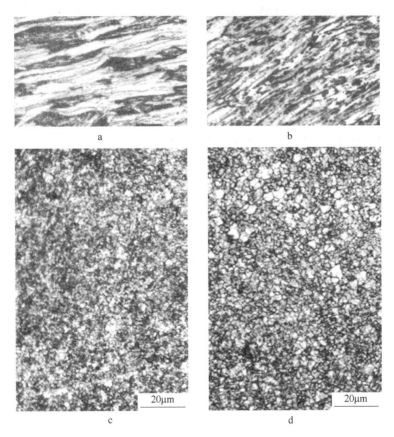

图 2-5 试样 A1 和 B1 的原始组织形貌及其经形变热处理工艺获得的超细晶奥氏体
a—试样 A1 的初始组织；b—试样 B1 的初始组织；
c—试样 A1 的奥氏体晶粒（$v_1 = 100℃/s$）；d—试样 B1 的奥氏体晶粒（$v_1 = 20℃/s$）

由于两种试样原始组织均为温轧铁素体+珠光体而非常规的热轧组织，因此对于原始组织的控制也就显得至关重要。观察图 2-5a、b 给出的两种试样对应的原始组织发现，同样为温轧铁素体+珠光体组织，微合金元素含量高的试样 B1 组织的细化程度要高于试样 A1。主要原因在于试样 B1 中相对较多的微合金元素有利于热轧组织的细化，同样的温轧压下量必然得到细化的温轧态组织。当温轧态铁素体+珠光体组织重新加热至较高的温度过程中，必然要发生铁素体回复/再结晶及珠光体的溶解等过程。根据图 2-6a 所示的加热过程的膨胀曲线得出，试样 B1 以 20℃/s 加热至 800℃变形之前已经处于（γ+α）两相区，也就是说此时已经发生了部分奥氏体相变。因此，在这一温度施加变形必然会促进 α→γ 相变过程的进行，并且同时存在铁素体动态再结晶及应变硬化等多种机制。图 2-6b 给出在 800℃变形过程的应力-应变曲线。整体上看形变过程是软化机制占主导的过程，仔细观察发现，曲线在达到峰值应力以后的软化过程存在较为明显应力波动，大致可以分为图中所示的 4 个阶段：a~b 段软化导致的流变应力下降速率很快，而随后 b~c 段的软化速率明显减小，c~d 段的软化速率较之 b~c 段又有所增加，在最后的 d~e 段软化过程似乎逐渐变慢直到最后达到一种近似的动态稳定状态。这种应力波动现象很显然是低应变速率下上述几种机制共存的有利证据，并且从上面提及的可能存在的机制来看，流变应力的增加应主要来自应变硬化，当然在铁素体再结晶和应变诱导相变速率减缓时，随着组织中硬化奥氏体量的增加也会使得应力-应变曲线所反映的软化速率呈现减小的趋势。这样不同机制的相互竞争共存十分类似于 M. Tokizane 等[6]研究的有关预形变板条马氏体奥氏体化过程中板条马氏体再结晶与奥氏体化的竞争情况。他们的研究指出，当板条马氏体受严重形变（75%~84%）时，奥氏体形成几乎与板条马氏体再结晶同时进行；而在小量形变（30%~50%）板条马氏体中，基体的再结晶在奥氏体形成前很快进行，而奥氏体晶粒主要在极细小的铁素体再结晶晶粒边界形成，并且形变板条马氏体的奥氏体化过程（以及由此而得到的奥氏体晶粒尺寸）受马氏体再结晶及奥氏体形成二者之间的竞争情况所控制。结合上述分析，我们认为可能存在的铁素体动态再结晶使铁素体在保持等轴晶的前提下尽可能得以细化，同时通过应变对 α→γ 相变的促进作用而实现奥氏体晶粒的亚微米化，在后续的快速

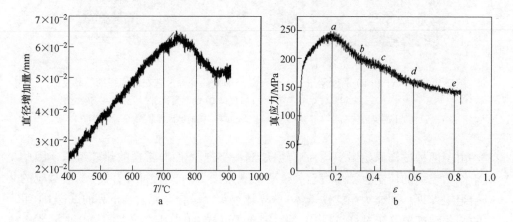

图 2-6　试样 B1 以 20℃/s 速度加热过程的膨胀曲线（a）以及 800℃变形的应力-应变曲线（b）

升温至 900℃（奥氏体区）短时保温过程中，之前未能完成相变的铁素体进一步迅速实现向奥氏体的相变过程，从而获得如图 2-5 所示的等轴亚微米晶奥氏体。

为验证上述推断，考虑利用较大温轧变形量的试样 B2，同样应用图 2-4 所示工艺，以 100℃/s 快速升温至 800℃ 变形 0.8（应变速率 $0.1s^{-1}$），但是不经过形变后的升温过程而直接在图中虚线圆所示位置处淬火（即形变后立即淬火）。如图 2-7 所示，变形之前组织中绝大部分为马氏体（高温下即奥氏体）而仅有部分尚未转变的形变铁素体（F_d），这一组织状态应该与试样 A1 以及试样 B1 以20℃/s 的速度加热至 800℃ 后的组织相近，而变形后试样经苦味酸热侵蚀显示，组织中除奥氏体之外仍有少量形变铁素体（F_d），同时个别区域还有等轴状再结晶铁素体（$F_{rec.}$）存在。很显然，在变形的整个过程铁素体动态再结晶，奥氏体相变以及形变诱导奥氏体相变是同步进行的，也就进一步证实了上述推断。

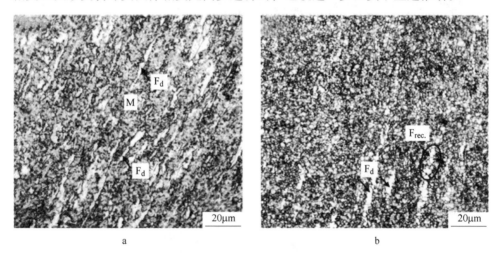

图 2-7 试样 B2 以 100℃/s 升温至 800℃ 变形前后经不同腐蚀剂侵蚀所得的组织形貌
a—拉伸前，4%硝酸酒精；b—拉伸后，过饱和苦味溶液

因此，增加温轧变形量能够在很大程度上通过温轧阶段累积的形变能在后续加热以及变形过程中的释放提高铁素体再结晶完成的速度，或者降低铁素体再结晶温度。这一点类似于文献 [7] 所提及的变形对珠光体→奥氏体相变的影响：该文献指出，变形能够显著降低低合金钢中珠光体→奥氏体相变激活能，减少珠光体向奥氏体转变所消耗的能垒，因而加速这一相变过程。因此，合理利用形变热处理以及预变形将十分有利于亚微米晶奥氏体低温下的制备及固定，进而有利于探索其冷却过程中的相变分解等行为特征。

2.2.2 温轧珠光体组织特征

图 2-8 为经 4 种不同温轧处理工艺获得的热模拟试样的珠光体组织特征 SEM

形貌。可以看出工艺（Ⅰ）条件下珠光体部分已经开始溶解球化（图 2-8a）；对比图 2-8b，可见 500℃温轧后的继续保温进一步增加了球化的珠光体量，基本上已经接近全部球化状态；提高温轧温度至 600℃，即工艺（Ⅲ）与工艺（Ⅳ），分别与图 2-8a 和 b 比较来看，图 2-8c 球化珠光体量比图 2-8a 多，但仍旧明显可以看到呈片层状的珠光体组织；利用工艺（Ⅳ）处理的试样，珠光体全部球化，且此时组织中可以明显观察到在温轧铁素体晶界处有较多析出颗粒出现，如图 2-8d所示。

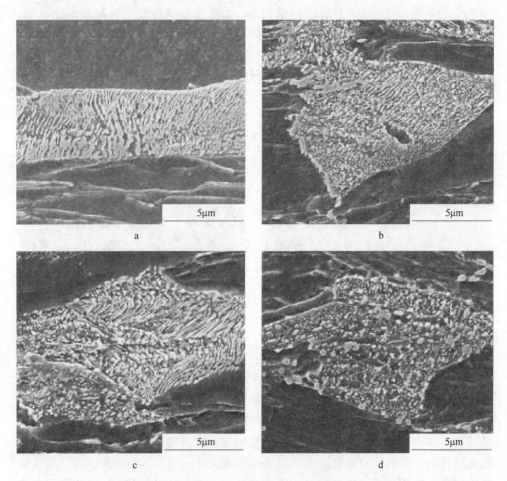

图 2-8　4 种不同形态温轧珠光体组织的 SEM 形貌

a—试样 A1a，500℃温轧+空冷工艺（Ⅰ）；b—试样 A1b，500℃温轧+ 500℃保温 2h +W. Q. 工艺（Ⅱ）；c—试样 A1c，600℃温轧+空冷工艺（Ⅲ）；d—试样 A1d，600℃温轧+600℃保温 1h +W. Q. 工艺（Ⅳ）

　　对照图 2-9 给出的膨胀曲线发现，4 种试样的奥氏体相变开始温度由低至高依次为 A1b<A1d<A1c<A1a，其中 A1b 试样的相变开始温度 T_s =614.7℃，而 A1a

试样的相变开始温度 $T_s = 726.0℃$，高于 A1b 试样达 112℃。同时还注意到，A1c、A1d 两种试样的相变开始温度差别不大，分别为 692.7℃ 和 686.0℃；考虑相变结束温度，可以看到 4 种试样的温度点差别不是很大，大概在 ±20℃，因而在相变速度方面除了 A1b 试样完成相变较之其他 3 种试样相对慢一些之外，其他 3 种试样在相变速度方面差别不是太大，从图 2-9 中可以得出，A1b 试样的相变用时大概为 2.649s，A1a、A1c 和 A1d 试样的用时分别为 1.366s、1.523s 和 1.709s，也就是说 A1b 试样的相变用时要比 A1a 试样慢了将近一倍的时间。

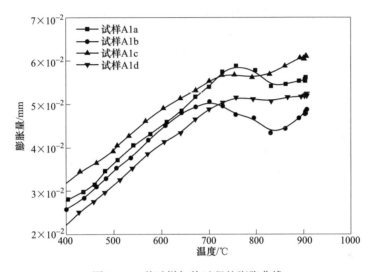

图 2-9 4 种试样加热过程的膨胀曲线

由 4 种工艺条件下所得试样的 SEM 照片中看到，铁素体状态差别不是太大，而该实验所用材料的成分中只含有 Nb 一种微合金元素，且量不是很多，并且在前期的热轧、温轧以及后期快速加热至 900℃ 的过程中对该合金元素的影响基本上可以不予考虑；因而对构成奥氏体相变差别的原因只能从珠光体的微观特征角度考虑。根据 A1a、A1b 试样透射电镜下的微观形貌分析发现，A 试样中有一定量的位错存在，而 B 试样经过 500℃ 保温后其位错量大大减少。通常认为位错作为材料内部的一种缺陷能够很好地为 C 原子等提供扩散通道，使得元素的扩散过程容易进行[8]。并且工艺（Ⅰ）与工艺（Ⅱ）相比，经工艺（Ⅰ）处理的试样其内部的形变能要高于工艺（Ⅱ）处理的样品，也就更容易满足相变所需的一种能量起伏状态。因而单纯考虑上述两种因素，试样 A1a 的相变开始温度要低于试样 A1b。而膨胀曲线显示的结果恰恰相反，所以结合图 2-8a 和 b 所示两种条件下珠光体的宏观形貌，可以得出如下结论：以温轧铁素体/珠光体为原始组织的奥氏体相变温度对其中珠光体的形貌特征更敏感一些。但是，也不能忽略组织内部的其他特征，诸如位错的存在，这一点可以从试样 A1b 和 A1d 的比较中阐明。

宏观形貌方面两者差别不大，均为基本球化完全的特征形貌；两者最大的差别在于位错密度的区别，透射电镜下观察未发现试样 A1d 中位错的存在，而相比之下 A1b 试样中的位错密度要大一些，更容易满足相变所需要的一种碳的扩散环境，因而在宏观上体现出试样 A1b 的相变要早于 A1d。同理，综合考虑这两点因素也就不难解释 A1c、A1d 两试样相变开始温度差别不大的原因了。

由于奥氏体相变是一种扩散型相变[9]，因而其相变的速度也主要由原子的扩散速度所决定，通常为碳原子的扩散度。所以凡是能够提高碳原子扩散速度的因素均能够在很大程度上影响奥氏体相变速度。A1a 试样之所以相变速度最快，其主要原因要归于其内部的高于其他 3 种试样的位错密度，这可以从图 2-10a 中得以证实。位错在珠光体片层间形成，将十分有利于碳的短程扩散，进而实现相变在加热过程中的快速完成。可见，对奥氏体相变速度影响最明显的因素要归属于位错等有利于扩散过程进行的形貌特征的存在。

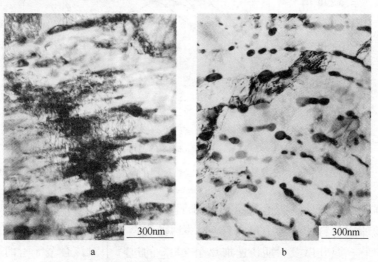

图 2-10　试样 A1a、A1b 原始组织的 TEM 形貌特征

a—A1a；b—A1b

图 2-11 为 4 种试样淬火后经过饱和苦味酸热侵蚀得到的奥氏体晶粒形貌，从图中我们可以注意到以下几点：（1）A1a 试样的平均奥氏体晶粒尺寸最大，A1b 试样最小；（2）同样温轧温度下，经后续保温后的试样如 A1b、A1d，其奥氏体晶粒的均匀性要好；（3）对比 A1b、A1d 试样，同样的温轧工艺，温度升高对组织均匀性影响不大，但晶粒尺寸相对变大一些。结合上面的分析，可以认为经温轧后保温造成珠光体不同程度的球化，在很大程度上有助于加热过程中奥氏体晶粒的均匀化；另外，位错在此快速升温过程中对奥氏体细化的作用也不容忽视，这也正是试样 A1b 和 A1d 的晶粒度差别的主要原因所在。综合起来考虑可

以总结为下面的表格（表2-3），很明显 A1b 试样在球化珠光体与位错共同组成的微观特征形貌条件下能够获得最优的奥氏体晶粒。此外，一般认为相变所用时间越短，最终获得的晶粒尺寸应该越小，而本章得到的结果恰恰相反，这里可以解释为由于快速的加热方式，所有试样的相变过程与常规的加热方式相比要快得多，因而在本试验中相变时间相差尽一倍的两个试样（A1a 和 A1b）也仅仅在 1s 左右，这样短的时间内对奥氏体的后续长大等过程基本上影响不大，也就是说在这样一种工艺下，试样原始组态对相变开始温度的影响将对最终的奥氏体晶粒状态起到决定性的作用。

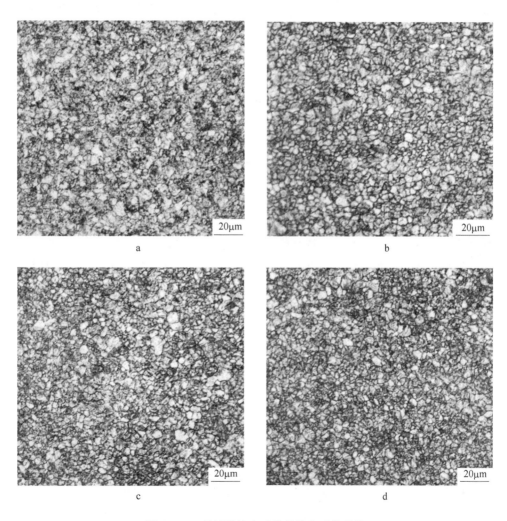

图 2-11　4 种试样淬火后获得的奥氏体晶粒
a—A1a；b—A1b；c—A1c；d—A1d

表 2-3　不同试样的组织特征与相变分析项的对照

对应分析项		试样号			
		试样 A1a	试样 A1b	试样 A1c	试样 A1d
组织特征	①片层珠光体	①+③	②+③	（①+②）+③	②
	②球化珠光体				
	③位错				
相变开始温度 T_s/℃		726.0	614.7	692.7	686.0
相变所用时间 t/s		1.366	2.649	1.523	1.709
奥氏体晶粒尺寸		大（>>）	小（<<）	较大（>）	较小（<）
奥氏体晶粒均匀性		较差（-）	好（++）	较好（+）	好（++）

2.2.3　加热速度的影响

　　试样 B1、B2 在不同的加热速度下得到的奥氏体晶粒如图 2-12 所示。对于试样 B1，在 20℃/s 的加热速度条件下，所获得的奥氏体中亚微米尺寸级别的晶粒数量要明显多于加热速度为 100℃/s 时，并且两种加热速度时所获得的所有奥氏体晶粒均呈等轴状；观察试样 B2，加热速度的变化对其奥氏体晶粒的影响远没有试样 B1 显著，但此时所获得的奥氏体晶粒也同样为等轴晶，只是两种加热速度下均未见较多亚微米奥氏体晶粒。

　　连续加热时，奥氏体化是在一个温度区间完成的。通常随着加热速度的增加，使得奥氏体的形成被推向较高的温度，致使奥氏体转变开始温度和转变终了温度都相应提高；同时由于转变是在较高温度下进行的，原子的扩散速度加快，奥氏体形成时间也就显著缩短。如图 2-13 所示为试样 B2 以 20℃/s 速度连续加热至 900℃过程的膨胀曲线。显然 800℃时应该处于珠光体→奥氏体相变阶段，也就是说此时的变形初期伴随有三相（铁素体、珠光体和奥氏体）的存在，这便在很大程度上影响着组织的均匀性；而当加热速度增加至 100℃/s 时，观察图 2-13 并没有发现明显的珠光体转变终了温度点，而且此时所得到的相变开始温度并没有随着加热速度的提高而推向更高温度，而是如图 2-13 中我们看到的加热速度的提高对奥氏体相变开始温度的影响并不明显（暂且不考虑试验误差的影响），仅为 10~20℃。对上述结果我们解释为：由于奥氏体往往优先在珠光体团的边界及铁素体与渗碳体两相界面处形核，但是由于试样 B2 之前经过大温轧变形处理，使得组织中珠光体在较大程度上得到破碎和球化，甚至部分珠光体在温轧过程可能发生重溶或者许多区域发生碳的脱溶，这些过程在很大程度上减小了试样 B2 中碳浓度梯度，这一组织特征使得在一定的加热速度范围内奥氏体相变开始温度对加热速度的变化不敏感，而更多体现在对相变完成时间的影响上。

　　对于试样 B1，较小程度的温轧变形量使得组织中不同区域的碳浓度梯度差

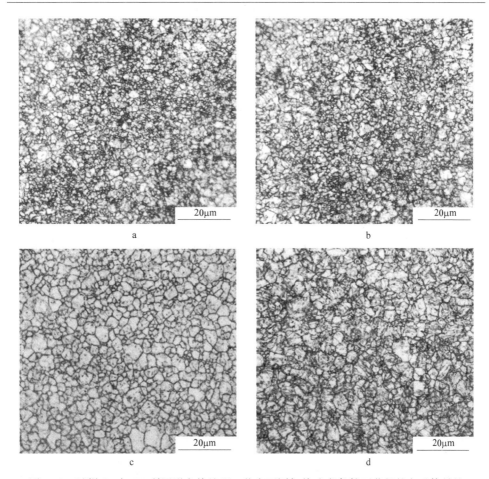

图 2-12 试样 B1 与 B2 利用形变热处理工艺在不同加热速度条件下获得的奥氏体晶粒

a—B1, 20℃/s, $\varepsilon = 0.4$; b—B1, 100℃/s, $\varepsilon = 0.4$;

c—B2, 20℃/s, $\varepsilon = 0.8$; d—B2, 100℃/s, $\varepsilon = 0.8$

别较大。同样的加热速度（即过热度）条件下，试样 B1 中的成分起伏更有利于相变的发生，因而体现在图 2-13 中试样 B1 的奥氏体相变开始温度比试样 B2 低大约 70℃。试样 B1 在加热速度为 20℃/s 时所获得的亚微米晶奥氏体量较多。观察其膨胀曲线发现，当以这一速度加热至 800℃时，十分接近珠光体转变终了温度，因此我们认为这一特征温度点可能就是促使该工艺条件下获得大量亚微米晶奥氏体的关键因素。在试样 B1 的原始组织条件下，加热速度的增加显著提高相变开始温度，使得 800℃偏离上述特征温度点而处于铁素体+珠光体+奥氏体三相区，进而造成这一时刻的变形所获得的亚微米晶奥氏体量要少。因此，可以认为形变热处理工艺下加热速度通过改变特征温度点（即珠光体转变终了温度）而对终态奥氏体晶粒产生相应影响，具体原因分析将在下一节中讨论。

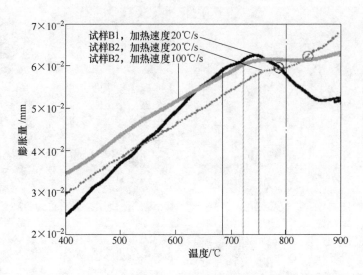

图 2-13　试样 B1 和 B2 不同加热速度条件下的膨胀曲线对比

2.2.4　变形温度的影响

　　本节主要研究加热过程变形温度的变化对最终奥氏体晶粒的影响。以温轧铁素体+珠光体为原始组织，变形温度变化将在很大程度上影响铁素体与珠光体的存在状态以及整个组织内部的能量状态，进而影响后续变形过程中的组织转变情况。因此针对不同的原始组织，选择合适的变形温度对于细化奥氏体晶粒非常重要。

　　图 2-14 给出了试样 B1 在 680～850℃不同温度变形所得的奥氏体晶粒形貌。对比观察，680～750℃区间应变量均为 0.6 时，奥氏体中均有个别亚微米级别晶粒存在，只是 750℃变形时所获得的亚微米晶奥氏体数量相对于另外两种温度要多；另外，680℃变形后得到的奥氏体晶粒局部存在非等轴晶（如图 2-14a 中箭头所指位置），而其他形变温度下获得的奥氏体晶粒均为等轴状，也就是说奥氏体温度区间内变形温度的降低不利于获得等轴晶奥氏体；提高变形温度至 800～850℃（图 2-14d 和 e），在应变量相同的情况下 800℃变形后基本获得全部亚微米晶奥氏体，而变形温度增加至 850℃后得到的奥氏体晶粒显著变大，亚微米奥氏体晶粒弥散分别在个别区域。通过上述对比，很显然 $T_g = 800$℃是获得亚微米晶奥氏体的一个关键温度点。根据上一节的分析知道，试样 B1 以 20℃/s 速度加热至 800℃时，恰好处于珠光体转变终了温度，因此我们认为这一特征温度点应该与加热奥氏体化过程中珠光体的溶解过程相关。

　　当变形温度低于 800℃时，变形之前组织中必然是铁素体+珠光体+奥氏体三相共存状态，而变形过程的进行始终伴随有应变诱导奥氏体相变的进行。铁素体→

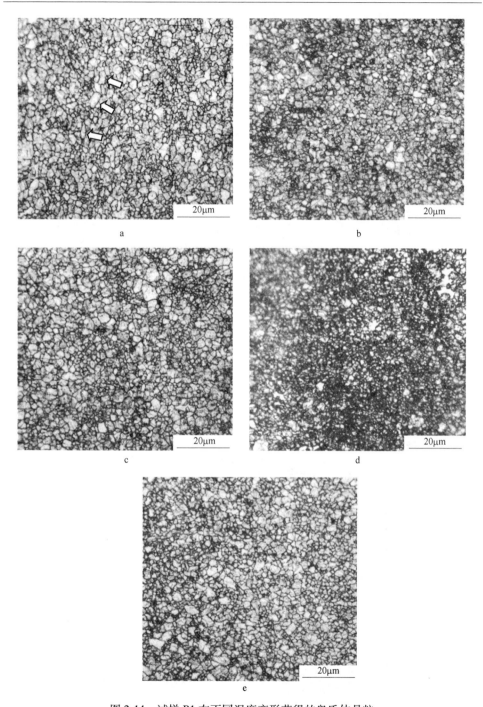

图 2-14 试样 B1 在不同温度变形获得的奥氏体晶粒

a—$T_\varepsilon = 680℃$，$\varepsilon = 0.6$；b—$T_\varepsilon = 700℃$，$\varepsilon = 0.6$；c—$T_\varepsilon = 750℃$，$\varepsilon = 0.6$；

d—$T_\varepsilon = 800℃$，$\varepsilon = 0.8$；e—$T_\varepsilon = 850℃$，$\varepsilon = 0.8$

奥氏体相变是一个溶碳的过程，珠光体的存在会加速其进行，也在一定程度上加快了应变诱导相变，当然也能够在一定程度上加速应变诱导生成的奥氏体的长大速度；另外，较低的变形温度同时也对该相变过程造成一定的减缓作用，因为原子扩散速度要比高温条件下慢，这也解释了为何 680℃ 变形得到的奥氏体中存在部分非等轴晶。变形温度超过 800℃ 后，变形过程中应变诱导奥氏体相变的速度要比低温时大幅度提高，有可能使得奥氏体相变在短时间内完成。而相变完成后得到的超细晶奥氏体在高温变形条件下还同时具有强烈的长大倾向，因而才有在 850℃ 变形后更为粗化的奥氏体晶粒出现。可见，伴随奥氏体晶粒超细化尤其亚微米化后，其长大能力也显著增大，合理选择变形温度显得尤为重要。

2.2.5　应变量及应变速率的影响

参照图 2-12a 和图 2-14d，试样 B1 随着应变量的增加奥氏体晶粒尺寸减小，且当应变量为 0.8 时，所得到的奥氏体晶粒绝大多数处于亚微米级别，这远远要比低应变值时获得的亚微米晶奥氏体数量多。可见，在该温度下应变能够有效地促进奥氏体相变。但是，当变形量进一步增加至应变量为 1.0 时，组织中铁素体含量反而增加了（见图 2-15b）。其原因是在某一温度下变形虽然可以促进奥氏体相变，即变形的增加能够在较大程度上提高此温度下奥氏体的体积分数。但是毕竟存在临界量以及平衡体积分数比，当变形进一步增加超过临界变形量后，必然要发生一种 $\gamma \rightarrow \alpha$ 的相变的回复过程，也就是说此时变形对奥氏体相变已无促进作用，因而也就呈现出图 2-15 所示的结果。

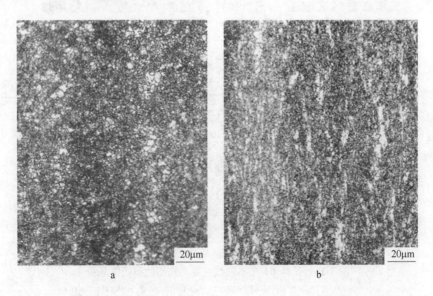

图 2-15　试样 B1 在 800℃ 分别变形 0.8（a）和 1.0（b）后淬火所得奥氏体晶粒形貌

根据试验结果还可以发现，应变速率对奥氏体晶粒细化的影响并不是单一的影响趋势，还与原始组织温轧时的变形量以及变形前加热速度等因素有关。通常较大的初始温轧变形量配合高的加热速度条件下，可以有效降低获得超细化奥氏体所需的应变速率；而减小初始温轧变形量，则需要同时降低加热速度来保持应变速率维持在较低的水平。另外，如图 2-16 所示，应变速率对奥氏体晶粒的影响还体现在应变量上，所以针对某一特定的应变速率往往存在一最优的应变量值与其对应。

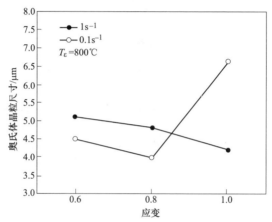

图 2-16 试样 B2 在 800℃以不同应变速率变形条件下应变量与
所获得的奥氏体晶粒尺寸的关系

2.2.6 变形方向的影响

如图 2-17a 所示，经不同取样位置所得的热模拟试样 B3a 和 B3b，其中试样 B3a 的轴向垂直于原始板材的轧面方向，而试样 B3b 的轴向则平行于轧向，也就是说在热模拟试验中两种试样所代表的原始板材的变形方向是互相垂直的；由于原始板材经过 500℃温轧变形，因此其组织中温轧态的铁素体珠光体组织与试样 B3a 和 B3b 呈现出如图 2-17b 所示的关系。当试样 B3a 沿轴向施加变形时，必然使得珠光体片层间以及珠光体团与铁素体间距进一步减小，而在变形过程中，形变会促进铁素体→奥氏体相变。而众所周知这一相变是扩散性相变，在珠光体片层间以及珠光体团与铁素体间距减小的条件下必然会通过减小扩散距离和增加扩散通道等多方面作用加速这一过程的进行。通常奥氏体相变过程依次分为 3 个阶段：形核、长大以及成分均匀化。当沿原温轧压下方向变形进一步施加变形，珠光体片层间以及珠光体团与铁素体间距减小使得形核后的奥氏体晶粒能够在较短的时间内相互碰撞而停止长大，即使局部有部分未相变的铁素体或者珠光体也可以在后续的快速升温及短时间保温过程中完成向奥氏体的相变，这样便能够充分地实现奥氏体晶粒超细化的目的；若沿试样 B3b 的轴向施加压缩变形，此时变形将不可避免使得形变珠光体与铁素体沿原始温轧的压下方向均呈现出不同程度的宽化现象，虽然此时对奥氏体的初期形核不构成显著影响，但是这种变形方式势必不利于组织内部铁素体与珠光体的分布均匀性，进而影响最终相变后奥氏体晶粒的形貌特征。

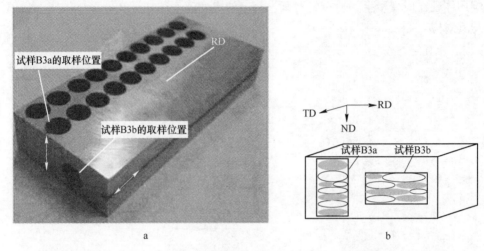

图 2-17　试样 B3a 和 B3b 的取样位置图示以及不同取样位置与温轧组织对应关系
a—取样部位；b—取样示意图

　　图 2-18a、b 分别给出了试样 B3a 和试样 B3b 经相同工艺（图 2-2）处理后获得的奥氏体晶粒形貌。很显然，试样 B3a 中所得的超细晶奥氏体要远远小于试样 B3b，其晶粒尺寸分别为 $2.3\mu m \pm 0.7\mu m$ 和 $3.6\mu m \pm 1.4\mu m$。同时注意到，试样 B3a 中超细晶奥氏体的均匀性也要优于试样 B3b。可见，对于本试验采用的温轧铁素体/珠光体原始组织，变形方向的选择对于奥氏体晶粒度的控制也至关重要。这里需要提及的一点是，有关文献[10]中提到多向变形往往是一种有利于组织细化的工艺方法，而在此处似乎并没有获得类似的效果。对此我们认为：多向变形的采用主要是考虑其能够有效增加位错密度，进而通过位错亚晶向大角度晶界的演变或者是利用位错提供的有利形核位置和扩散通道实现组织细化的目的，而本试验在 800℃ 以较低的应变速率（$0.1s^{-1}$）变形条件下，位错的累积效果有限。通常铁素体/珠光体→奥氏体相变最先发生在铁素体与渗碳体相界面和珠光体群边界处，在加热速度很高的情况下也有可能在铁素体亚晶边界上形核[11]。在本工艺有限的位错累积能力情况下，多数奥氏体晶核应形核于上述的相界面及珠光体群边界处，在随后的变形过程中逐渐向铁素体内生长。所以说试样 B3a 在变形中随着珠光体片层间距及形变铁素体厚度的进步减小更容易使得试样中获得超细化的奥氏体晶粒。

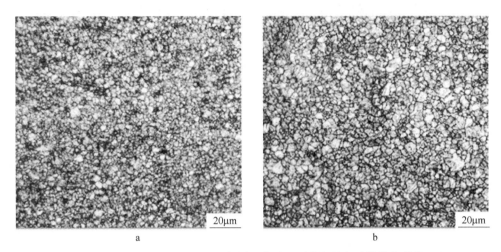

图 2-18 试样 B3a 和 B3b 经相同工艺处理后获得的奥氏体晶粒形貌

a—试样 B3a；b—试样 B3b

2.3 讨论

2.3.1 原始组织温轧预变形对奥氏体超细化的影响

加热前的原始组织对加热转变过程有着重要的影响。一般来说，组织可分为平衡态和非平衡态两种。非平衡组织[12]指的是淬火组织及淬火并不充分回火组织，包括淬火马氏体、贝氏体及回火马氏体、魏氏组织等，其加热转变较平衡组织的加热转变复杂。与平衡态组织相比，非平衡态组织在 α 相的成分及状态，如碳与合金元素的含量及分布，α 相的缺陷密度及位错结构等，碳化物的种类、形态、大小、数量及分布等方面有所不同，而且某些情况下，还可能存在残余奥氏体。对于平衡组织而言，加热转变开始前的组织变化比较简单，而非平衡组织加热过程的组织变化则比较复杂，它不仅与加热前的组织状态有关，而且与加热过程也有密切的关系。非平衡组织在加热过程中首先还是要向平衡组织转变。

对于本实验所涉及的三种原始组织：温轧铁素体+珠光体、温轧回火马氏体及铁素体+贝氏体，从一定程度上讲都属于非平衡组织范畴。也就是说，在加热奥氏体化的过程中都有向平衡组织转变的过程。以温轧铁素体+珠光体为例，常规的铁素体+珠光体属于平衡组织，而经温轧处理后，在很大程度上使得其中的铁素体处于加工硬化态，增加了组织内部的诸如位错等缺陷的密度，这将有利于奥氏体的形核；另外，温轧又造成珠光体的破碎而有利于球形渗碳体颗粒的形成[13~15]及促进铁素体中碳化物的析出，这样就增加了渗碳体和铁素体的相界面积，而加热过程中奥氏体的形核位置通常在铁素体和渗碳体的两相界面及珠光体团的边界上，因此相比于常规热轧态的铁素体/珠光体组织，这种温轧状态下奥氏体的形核率大大提高了。同时，由于铁素体为体心立方结构，层错能较高，容易进行位错的攀移和交滑移过程，所以易于发生动态回复，而再结晶相对困难许多。由于温轧变形造成了一种先期的非平衡组织，内能大幅度提高，使得加工硬化态铁素体在加热至一定温度后，易于发生再结晶行为，即在形变带状铁素体的晶界处生成等轴状铁素体晶粒。这类晶粒的生成进一步增加了组织内部晶界的体积百分比，也在一定程度上增加了后续奥氏体的潜在形核位置。实际上若在加热速度较慢的情况下，温轧铁素体的回复/再结晶往往对前面所述的缺陷密度增加产生较大的负作用，但是在快速加热的条件下，回复和再结晶没有充分的时间进行，因此这时温轧所造成的铁素体内部位错等缺陷的密度以及碳化物或碳含量的分布情况对奥氏体的超细化产生的影响占据主导地位。

另外，在循环加热—淬火过程中以温轧铁素体+珠光体为原始组织要比温轧回火马氏体更有利于超细晶组织的形成。研究[16]认为，原始组织为马氏体不太有利于奥氏体晶粒超细化的原因可能归结于非平衡态组织特有的一些特点[17]。钢从非平衡态的温轧回火马氏体加热形成奥氏体时，首先要发生从非平衡向平衡态的转变，而在奥氏体化初期获得针形或者球形奥氏体；另有试验证明[18]，低、中碳钢以马氏体为原始组织在 $A_{e1} \sim A_{e3}$ 之间低温区加热时，随着保温时间的延长或加热速度的提高，容易使在同一束马氏体板条界面上形成的相互保持 K-S 取向关系的针形奥氏体发生合并长大，即出现所谓的组织遗传现象。即使循环加热—淬火所得的试样 A2 经过 500℃温轧处理，但也不能保证消除其中的马氏体组织，容易构成遗传特征出现的板条组织，从而不利于晶粒的细化。一般认为最佳原始组织为能在大角度铁素体晶界上具有最高的碳化物密度的组织。而经温轧处理的铁素体+珠光体无疑是所采用的组织中最为接近这一理想目标的组织形态。

同样的温轧原始组织，若与加热奥氏体化过程中变形相结合，则整个奥氏体相变过程就要相对复杂，但是从本实验所得到结果来看，这种组合要比单纯的对原始组织施加温轧变形所得到的奥氏体晶粒细化效果好得多。但是，特定温轧组织需要升温过程中合理的形变热处理工艺配合才能获得奥氏体晶粒超细化的最佳效果。在这种工艺模式下，升温过程中的变形起到一种"催化剂"的作用，在加速形变铁素体回复/再结晶的同时，也促进了铁素体向奥氏体相变的动力学过程，并且这种作用随着原始组织温轧变形量的增加会更加显著。这种将原始组织温轧处理（或者说是预变形处理）与加热奥氏体化过程中的变形相结合的工艺具有良好的现场可操作性，其中所涉及的其他细节的理论问题还有很多，仍待进一步的研究证实。

2.3.2　微合金元素在奥氏体晶粒超细化中的作用

奥氏体晶粒的长大过程是受碳在奥氏体中的扩散所控制的，所以不能忽视合金成分的影响[11,17]。奥氏体中的碳能显著降低 γ-Fe 的点阵结合力，增加铁原子的自扩散系数，所以能促进奥氏体晶粒的长大。而合金元素 Nb、V、Ti 的溶入能提高碳在奥氏体中的扩散激活能，降低碳在奥氏体中的扩散系数，同时降低 γ-Fe 的自扩散速度，所以可以显著细化奥氏体晶粒。同时，适量的 Nb、V、Ti 加入钢中，易于形成熔点高、稳定性强、不易聚集长大的 NbC、NbN、Nb（C，N）、TiC、VC 等化合物。它们弥散分布，强烈地阻碍奥氏体晶粒长大，使奥氏体晶粒粗化温度显著升高。

在快速加热—淬火工艺下，碳的长程扩散很难实现，所以更多碳是在多次循环处理过程中以短程扩散的形式进行的；另一方面，微合金元素（Nb、V、Ti）作为强碳氮化物形成元素，它们在奥氏体中的固溶与析出均在不同程度上影响着奥氏体的形核和长大行为。根据相关文献[19~23]，Nb、V、Ti 3 种元素的碳氮化物在奥氏体中的溶解度积的表达式分别为：

$$\lg[Nb][C + 12/14N] = 2.26 - 6670/T \tag{2-1}$$
$$\lg[V][N] = 3.46 - 8830/T \tag{2-2}$$
$$\lg[V][C] = 6.72 - 9500/T \tag{2-3}$$
$$\lg[Ti][N] = 2.75 - 7000/T \tag{2-4}$$
$$\lg[Ti][C] = 3.9 - 15200/T \tag{2-5}$$

可见，钒的碳化物在奥氏体中的溶解度要远远高于其他几种碳氮化物，在 900℃时钒的碳化物就可以全部固溶，而 TiN 的溶解温度是最高的。有试验表明[22]，化学成分为 0.10C-0.94Si-1.76Mn-0.05Nb-0.01V-0.074Ti 的低碳贝氏体钢，加热到 1200℃并保温 600s 后奥氏体中仍有残留的碳氮化物且尺寸在 200～400nm 之间。这一成分与试样 B1 成分类似。试样 B1 在经过循环加热淬火 4 次处理后析出复型的典型 TEM 形貌及其 EDS 分析表明（图 2-19），试样中也含有一

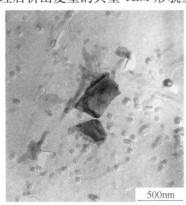

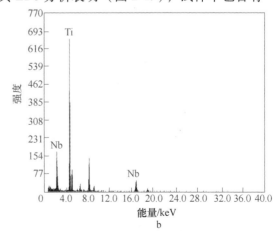

a   b

图 2-19 B1 试样经 4 次循环加热—淬火处理后碳氮化物复型的 TEM 形貌及其能谱分析
a—TEM 形貌；b—EDS

定量未溶碳氮化物尺寸在 300～400nm，且均为 (Ti，Nb)(C，N)，未见 V 元素的存在，也就是说 V 基本上全部固溶于奥氏体。相比于 A1 试样，显然 B1 试样中由于大量 V 的固溶而使得其内部的碳元素的短程扩散变得相对困难，这也解释了同样的循环次数后 B1 试样中奥氏体晶粒细，但均匀性较之 A1 试样稍差的现象。当然，由于 Mn 能够在一定程度上提高 Nb 和 V 在奥氏体中的溶解度[23]，所以奥氏体中肯定也有部分固溶态 Nb 存在。而 Ti 由于其溶解度积太低，因此在本试验所采用的较低加热温度下，更多应该以未溶的碳氮化物形式存在于奥氏体中，对奥氏体的形核并抑制其长大产生一定作用，如图 2-19a 所示。

在适当工艺参数下的钢中单纯添加 Nb 要比 Nb-V-Ti 复合添加所得到的奥氏体晶粒尺寸小。这说明该工艺条件下微合金元素对于奥氏体晶粒的细化也同时具有一定程度的负面作用。图 2-5 中试样 B1 中奥氏体晶粒的均匀性比试样 A1 差，其根本原因在于试样 B1 中过多的微合金元素与碳元素间强烈的亲和力，在很大程度上抑制着碳原子的扩散行为，造成铁素体再结晶以及相变过程进行的相对较慢。另一方面，若没有微合金元素的参与，形成的超细晶奥氏体可能同时会具有强烈的长大趋势，因此有必要适当添加微合金元素。

2.3.3　加热过程中变形促进奥氏体相变机制

在冷却相变过程中，变形诱导铁素体相变机制（Deformation-induced Ferrite Transformation，DIFT）已经在许多实验中得到证实，并被广泛应用到制备超细晶铁素体的工艺中[24～26]。通常 DIFT 在发生 A_{r3} 以上的一定温度范围内，从热力学角度考虑变形导致系统内能升高，而在奥氏体低温区范围内再结晶难以发生，所以只能通过铁素体相变形核的方式使系统向低能状态过渡。而在本实验以温轧铁素体+珠光体为原始组织的升温至不同温度变形过程中，情况恰好相反。以本文所用钢种 B 成分为例（暂不考虑合金元素的影响），在升温过程中主要关心两个关键温度点：A_{c1} 和 A_{c3}。若常温组织为平衡态铁素体+珠光体，则由于存在过热度使得加热奥氏体化开始温度应该为图 2-20 中 A_{c1} 点，高于 A_1 平衡相变温度；但是在本实验中所采用的温轧态铁素体+珠光体原始组织条件下，其奥氏体相变开始点 A'_{c1} 低于 A_{c1} 温度，如图 2-20 中所示位置。若是在升温至一定温度施加变形，如 2.2.4 节中在 680～850℃ 分别施加 0.6 或 0.8 的变形量，则会促使系统进一步向相对低能态转变。温轧铁素体+珠光体原始组织状态下，在上述温度区间变形所能发生的向低能态转变的行为主要有铁素体的回复/再结晶和铁素体→奥氏体相变。前者不难理解，而之所以将铁素体→奥氏体相变作为此时的一种向低能态转变的行为，是因为变形会使 GS 线（即升温过程中奥氏体相变终了线）继续向下方移动，也就是说变形能够使 A_{c3} 点降低。在同样的温度下根据杠杆定理得平衡状态下奥氏体的相体积分数增加，因此变形促进铁素体→奥氏体相变就成为一

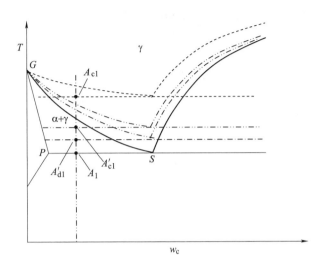

图 2-20 B 钢以温轧铁素体+珠光体为原始组织升温过程中变形对特征相变点的影响简图

种向平衡态的过渡行为，也必然是高能→低能的转变。

观察图 2-21，试样 B1 在真应变 $0.2 \sim 0.8$ 的范围内奥氏体晶粒尺寸随着应变量的增加减小，且超细晶奥氏体晶粒的数量随着应变量的增加而增加；另外，图 2-15 和图 2-16 说明不同状态的温轧铁素体+珠光体原始组织其升温变形过程中产生的应变诱导铁素体→奥氏体相变均存在一临界值。该值对应了相应工艺参数条件下相图中奥氏体的平衡相体积分数。当应变量超过该值时，会发生超细晶奥氏体的长大和奥氏体→铁素体相变以平衡应变所带来的体系能量的增加。如果能够

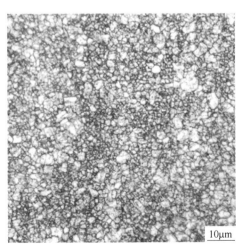

a   b

图 2-21　试样 B1 在图 2-2 所示工艺下经不同应变量所获得的超细晶奥氏体形貌
a—$\varepsilon = 0.2$；b—$\varepsilon = 0.4$；c—$\varepsilon = 0.8$

充分掌握影响变形促进奥氏体相变机制的各因素的关联性，充分利用这一机制与铁素体再结晶的相互作用，对实际生产条件下实现奥氏体晶粒超细化甚至亚微米至关重要。

参 考 文 献

[1] 刘东升，王国栋，刘相华，等．奥氏体变形对低碳 Mn-B-Nb-Ti 钢连续冷却相变的影响 [J]．金属学报，1999，35（8）：816~822.

[2] 李星逸，刘文昌，郑场曾．热变形条件对一种 Cr-Mn-Mo-B 钢连续冷却贝氏体转变的影响 [J]．钢铁，1998，33（4）：40~43.

[3] 张克勤．原奥氏体晶粒度对 45V 非调质钢连续冷却转变的影响 [J]．金属热处理，2000，8：8~11.

[4] 杨王玥，胡安民，孙祖庆．低碳钢奥氏体晶粒控制对应变强化相变的影响 [J]．金属学报，2000，36（10）：1055~1060.

[5] 熊明鲜．利用变形和相变制备纳米晶体低碳钢的研究 [D]．沈阳：东北大学，2006.

[6] Tokizane M, Ameyama K, Takao K. Ultra-fine austenite grain steel produced by thermomechanical processing [J]. Scr. Metall. , 1988, 22 (5): 697~701.

[7] 薛云，于昆．变形对低合金钢珠光体奥氏体相变的影响 [J]．热加工工艺，2007，36（12）：40~41.

[8] 刘国勋．金属学原理 [M]．北京：冶金工业出版社，1983：281~282.

[9] 崔忠圻，刘北兴. 金属学与热处理原理 [M]. 哈尔滨：哈尔滨工业大学出版社，1998：177~179.

[10] Jie Huang, Zhou Xu. Evolution mechanism of grain refinement based on dynamic recrystallization in multiaxially forged austenite [J]. Mater. Lett. , 2006, 60 (15)：1854~1858.

[11] 崔忠圻. 金属学与热处理 [M]. 北京：机械工业出版社，2005：240~241.

[12] 王季陶. 非平衡定态相图-人造金刚石的低压气相生长热力学 [M]. 北京：科学出版社，2000：26.

[13] Ilaria Salvatori, Christophe Mesplont, Dirk Ponge, et al. European Project on Ultrafine Grained Steels Objectives and Results [J]. International Symposium on Ultrafine Grained Structures, Shenyang, 2005：76~79.

[14] Andrew Smith, Andrew Howe. Ultra-fine Ferrite-carbide Steel Developments in Corus [J]. International Symposium on Ultrafine Grained Structures, Shenyang, 2005：103~107.

[15] Rongjie Song, Dirk Pong, Dierk Raabe. The Formation of Ultrafine Grained Microstructure by Large Strain Warm Deformation and Annealing in a C-Mn Steel [J]. International Symposium on Ultrafine Grained Structures, Shenyang, 2005：145~149.

[16] 杜林秀，姚圣杰，熊明鲜，等. 低碳钢奥氏体晶粒超细化 [J]. 东北大学学报，2007, (11) 28：1575~1578.

[17] 戚正风. 金属热处理原理 [M]. 北京：机械工业出版社，1987：40~45.

[18] 雷廷权，赵连城. 钢的组织转变译文集（续集）[M]. 北京：机械工业出版社，1985：1~15，47~56.

[19] Irvine K J, Pickering F B, Gladman T. Grain-refined C-Mn steels [J]. J. Iron Steel Inst. , 1967, 205：161~182.

[20] Rees G I, Perdrix J. The effect of Niobium in solid on the transformation kinetic of Bainite [J]. Mater. Sci. Eng. A, 1995, 194 (2)：179~186.

[21] Palmiere E J, Garcia C I, Deardo A J. Compositional and microstructural changes which attend reheating and grain coarsening in steel containing Niobium [J]. Metall. Mater. Trans. A, 1994, 25 (2)：277~286.

[22] 李智. 低碳贝氏体型非调质钢的控轧控冷 [D]. 沈阳：东北大学，2000.

[23] 齐俊杰，黄运华，张跃. 微合金化钢 [M]. 北京：冶金工业出版社，2006：77~78.

[24] Han Dong, Xinjun Sun. Deformation induced ferrite transformation in low carbon steels [J]. Current Opinion in Solid state & Materials Science, 2005, 9：269~276.

[25] Choi J K, Seo D H, Lee J S, et al. Formation of ultrafine ferrite by strain-induced dynamic transformation in plain low carbon steel [J]. ISIJ Int. , 2003, 43 (5)：746~754.

[26] Mintz B, Jonas J J. Infulence of strain rate on production of deformation induced ferrite and hot ductility of steels [J]. Mater. Sci. Technol. , 1994, 10：721~727.

3 低合金钢超细晶奥氏体的长大及热变形特征

在对低合金钢晶粒超细化的研究过程中,人们利用高温形变过程组织转变的特点和轧后冷却过程的相变特点实现了低合金钢的组织超细化。其中主要的组织细化的机理和工艺包括奥氏体动态再结晶和静态再结晶及随后的奥氏体→铁素体等的相变[1]、应变诱导相变[2~7]、两相区(如奥氏体/铁素体两相区)轧制[8]及铁素体区温轧[9~20]等。在上述工艺中,大多情况下作为母相的奥氏体的晶粒大小对于转变产物的组织细化起着非常重要的作用。

奥氏体晶粒尺寸直接影响其分解特征和最终产品的组织性能。因此,将母相奥氏体超细化并研究超细晶奥氏体的高温长大行为和变形行为对于低合金钢进一步的组织超细化和性能控制具有重要意义。有关奥氏体晶粒长大规律的研究多数集中在几十微米乃至几百微米,也建立了相关的奥氏体晶粒长大动力学模型[21~23],而有关超细晶奥氏体的长大动力学特征的研究还不多见。以往的研究即使涉及奥氏体晶粒超细化方面,也往往都侧重于细化方法,而未对其长大行为更进一步探讨。

众所周知,随着晶粒尺寸的减小,晶界面积会随之显著增加;此外,晶粒尺寸的减小在一定程度上导致材料中的可动位错密度降低,而缺少可动位错对材料的力学行为具有显著的影响。在变形过程中如果没有足够数目的可动位错,则需要有其他的形变机制参与进来,如晶界滑移等。这一点在纳米晶材料中已经被观察到[24~26],而对于钢铁材料当晶粒细化至 $1\mu m$ 左右乃至亚微米级以后,尤其是当奥氏体晶粒细化至这一尺寸范围后,在较高温度下变形将极有可能有晶界滑移等其他协调变形机制存在。

本章针对 Nb-V-Ti 复合微合金化钢在利用循环淬火获得 $1~3\mu m$ 的超细晶奥氏体的基础上,研究奥氏体晶粒在不同温度下的等温长大行为及该超细晶奥氏体在不同热变形条件下的晶粒演变特征。

3.1 低碳结构钢超细晶奥氏体长大行为

Nb-V-Ti 复合微合金化实验钢的化学成分如表 3-1 所示。利用 50kg 真空感应炉冶炼钢锭,锻造成横截面 80mm×80mm 的方坯,之后在 1200℃炉内保温 1~2h 后直接热轧成厚度为 40mm 的中间坯,空冷至室温。将该中间坯置于 500℃炉内保温 1~2h 后出炉温轧至 8mm，所得板材的横截面组织形貌如图 3-1b 所示。沿板材的轧向加工热模拟试样（尺寸为 ϕ6mm×12mm），即热模拟试样的轴向平行于板材的轧制方向（图 3-1a）。

表 3-1 实验用低碳微合金钢的化学成分 （质量分数，%）

C	Si	Mn	P	S	Nb	V	Ti	N
0.16	1.40	1.80	≤0.01	≤0.01	0.05	0.06	0.03	0.0026

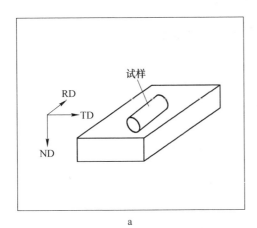 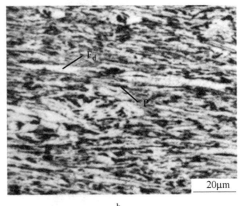

图 3-1 热模拟试样的取样位置示意图以及试样原始组织
a—取样示意图；b—原始组织图

采用热-力模拟试验机进行热循环实验，首先试样经 3 次快速加热-淬火循环处理（图 3-2 中第一阶段）；随后利用此预处理试样按图 3-2 所示第二阶段工艺

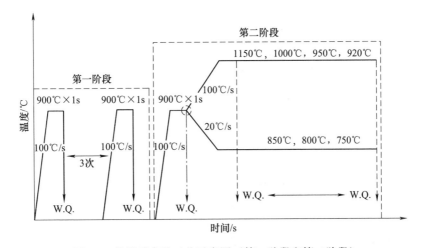

图 3-2 热模拟实验工艺示意图（第一阶段和第二阶段）

方法分别研究奥氏体区范围内自 900℃ 升温、降温至不同温度后（即 $\Delta T > 0$ 和 $\Delta T < 0$）超细晶奥氏体的等温长大行为。之所以研究降温过程中超细奥氏体晶粒的演变特征，目的是合理控制其冷却时的长大行为，进而充分利用超细化奥氏体→铁素体的相变细化终态组织。值得注意的是，图 3-2 中虚线圆处所获得的奥氏体晶粒应该等价于经 4 次快速加热-淬火循环处理，此时获得的超细晶奥氏体晶粒形貌如图 3-3 所示。

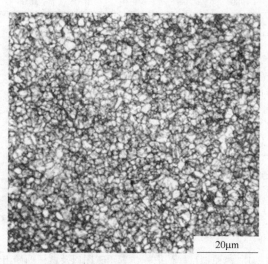

图 3-3　试样经 4 次循环淬火处理后获得的超细晶奥氏体

升温阶段采用 5 种加热温度：1150℃、1100℃、1000℃、950℃ 和 920℃，加热速度为 100℃/s，以 20℃/s 的速度冷却至 850℃、800℃ 和 750℃ 观察降温阶段奥氏体的长大动力学特征（经 3 次循环淬火预处理试样以 20℃/s 速度冷却过程中测得的 A_{r3} 为 747℃），不同温度下保温时间取 1s、5s、10s、100s 和 500s。

3.1.1　$\Delta T > 0$ 条件下超细晶奥氏体的等温长大行为

对于超细晶奥氏体，考虑到其对温度、时间的敏感性，因而在此研究了短时间（1s，5s 和 10s）较低温度等温过程中其晶粒尺寸变化情况，并与较大等温时间步长的晶粒演变情况进行了对比分析（图 3-4a 和 b）。当保温时间较短时，900~950℃ 温度下超细晶奥氏体具有近乎一致的长大速率，如图 3-4b 所示；而等温时间延长且步长增加后，不同温度下呈现了不同的长大趋势，并且此时得到的初始阶段的长大速率远比图 3-4b 中得出的速率低。不同保温条件后奥氏体晶粒形貌如图 3-5 和图 3-6 所示。

根据 Beck 方程 $D = kt^n$ 计算的保温时间与奥氏体晶粒尺寸的对数关系如图 3-7 所示。超细晶奥氏体晶粒从 900℃ 快速加热至不同温度保温 1~500s 的过程中，

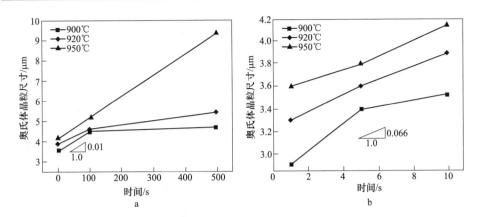

图 3-4　超细晶奥氏体在长时间保温与短时间保温条件下的晶粒长大行为比较（ΔT>0）
a—长时间保温；b—短时间保温

900~950℃温度范围内晶粒的长大趋势一致，而在 950~1150℃ 温度范围具有相似的长大行为，同时注意到在 950℃ 保温时间 t>100s 后奥氏体晶粒的长大速度要远高于 t<100s 时的长大速度；相比之下，920℃条件下 1~500s 整个等温过程中超细晶奥氏体的长大趋势无显著波动。图 3-6 中超细晶奥氏体样品在 1000℃ 和 1100℃ 分别保温 1s、10s 和 100s 所得到的晶粒演变形貌显示：当等温温度超过 950℃后，超细晶奥氏体的等温长大动力学行为变得更加显著，在 1100℃ 保温 1s 时奥氏体晶粒已经由初始的 1~3μm 长大至（13±2）μm，经随后保温 10s 和 100s 过程后晶粒尺寸分别为（22±4）μm 和（40±7）μm；而 1000℃ 保温上述时间后所得到的奥氏体晶粒尺寸分别为（4±1）μm、（7±2）μm 和（13±5）μm。低温条件下，同样的保温时间不同所得奥氏体晶粒间的尺寸偏差相对高温时要小。对照图 3-5 和图 3-6，在不同温度等温过程中，超细晶奥氏体的长大主要开始于局部晶粒的粗化，且晶粒进一步长大可以通过相邻晶粒之间的合并来实现。观察图 3-5b、d 和 f，上述分析可以得到较好的验证：在 950℃ 保温 1s 时，晶粒尺寸整体上差别不大，当时间延长至 100s 时，除了宏观上晶粒有所长大之外，一些区域出现尺寸较大的奥氏体晶粒，保温 500s 时，个别区域的晶粒尺寸差异变得更为显著（图 3-5f）。

3.1.2　ΔT<0 条件下超细晶奥氏体的等温长大行为

分析图 3-7，在 ΔT<0 的条件下（即奥氏体区的冷却过程），超细晶奥氏体在不同温度的等温长大与 900~950℃ 时有差别，其在这一温度范围内的长大过程变得更加缓慢。但是观察图 3-8 所示的时间-晶粒尺寸关系曲线发现，宏观上超细晶奥氏体依旧呈先快后慢的长大特征，见图 3-8a。需要指出的是，由于 T=750℃时，保温 100s 已经发生奥氏体→铁素体相变，因此在图 3-8a 中未给出这一温度下超细奥氏体晶粒演变数据。与 ΔT>0 时相比较，在短时间保温过程中，随着温

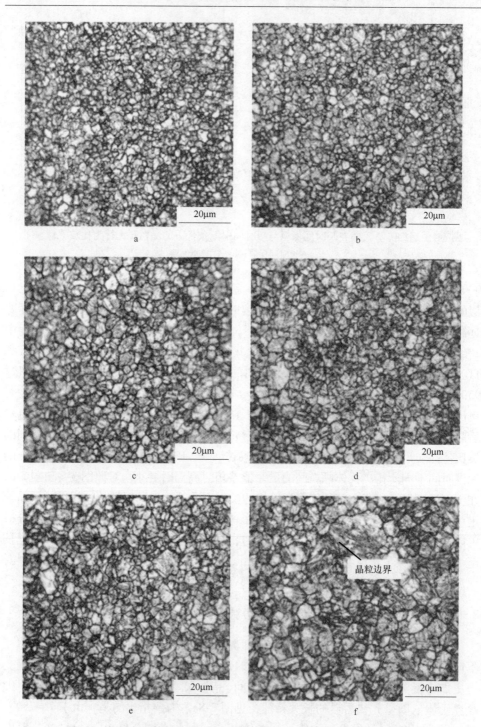

图 3-5　超细奥氏体晶粒在 920℃和 950℃分别保温不同时间后的形貌

a—920℃, 1s; b—950℃, 1s; c—920℃, 100s; d—950℃, 100s; e—920℃, 500s; f—950℃, 500s

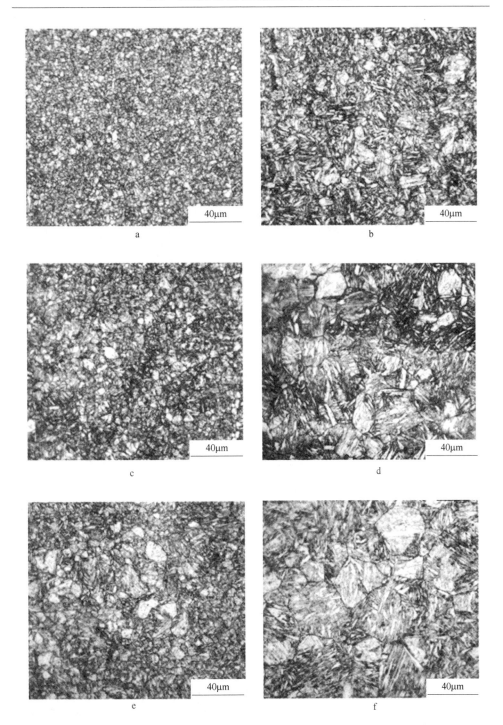

图 3-6 超细晶奥氏体在 1000℃ 和 1100℃ 分别保温不同时间后的形貌

a—1000℃，1s; b—1100℃，1s; c—1000℃，10s; d—1100℃，10s; e—1000℃，100s; f—1100℃，100s

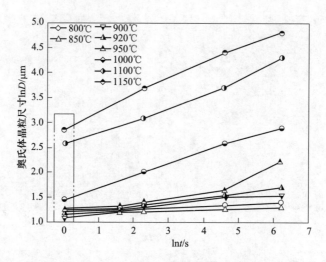

图 3-7　从 900℃开始升温和冷却至不同温度超细晶奥氏体晶粒随保温时间的变化

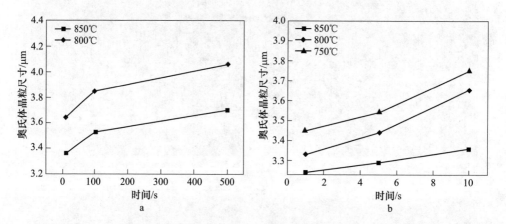

图 3-8　超细晶奥氏体在短时间保温与长时间保温条件下的晶粒长大行为比较（ΔT<0）

a—1~500s；b—1~10s

度的降低，超细晶奥氏体的等温长大速度逐渐有所增加，反映在图 3-8b 中则是曲线斜率的增加。因而，ΔT<0 的条件下，随着 ΔT 的减小（即过冷温度的增加），超细晶奥氏体的长大驱动力增加，这一点与 ΔT>0 时是一致的，之所以在图 3-4b 中未反映出来，其原因主要是由于在图 3-4 中仅仅考虑了 900~950℃这一低温范围，从而使得过热度较低，对于驱动力的影响不明显。但总体对比来看，ΔT>0 时超细晶奥氏体的长大速率要远高于 ΔT<0 时。

　　观察 850℃和 800℃不同等温时间所获得的奥氏体晶粒形貌（图 3-9 和图 3-10），两种温度下超细晶奥氏体尺寸的变化不大且均匀性良好。但是从图 3-10d 中看到，800℃等温 500s 后组织中已经发生了一定量奥氏体→铁素体相变，而超细晶奥氏体在750℃保温100s即有奥氏体→铁素体相变产生，而850℃保温500s未有相变发生；同时观察图3-9和图3-10可以看到，在$\Delta T<0$时各温度下，若等温时间不超过铁素体相变的孕育期的温度，奥氏体晶粒的等温长大行为并不显著。也就是说，此微合金结构钢900℃所获得的尺寸在$1\sim3\mu m$的超细晶奥氏体在冷却后的持续等温过程中其整体长大行为并不显著，这对在超细晶奥氏体基础上实施控轧控冷工艺十分有利。

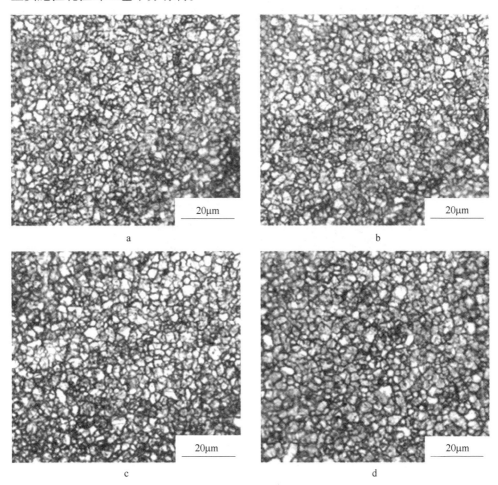

图3-9 超细晶奥氏体在850℃等温不同时间后的晶粒形貌

a—1s；b—10s；c—100s；d—500s

3.1.3 连续加热及冷却过程中超细晶奥氏体的长大行为

图3-11示意了超细晶奥氏体在连续加热及冷却过程中的尺寸演变情况，此处近似认为3.1.1节和3.1.2节中各温度下保温1s时的奥氏体晶粒平均直径近似

图 3-10　超细晶奥氏体在 800℃ 等温不同时间后的晶粒形貌

a—1s；b—10s；c—100s；d—500s

等于连续加热或冷却过程中该温度下的瞬态晶粒尺寸。可见，以 100℃/s 速度加热过程的超细晶长大有明显的速率拐点，当温度高于 1000℃ 时超细奥氏体晶粒的长大速率急剧增大，且长大速率基本稳定在一恒定值，而 900~1000℃ 温度范围则以相对低的恒定速率长大；相比之下，虽然在 900~750℃ 的冷却过程中超细晶奥氏体仍然呈长大趋势，但是长大速率与加热过程相比要显著降低，且并不像加热过程那样存在明显的速率拐点。

　　另外，图 3-11 中显示以 20℃/s 冷速冷却的整个过程超细晶奥氏体的尺寸变化在 0.5μm 左右。衡量晶粒尺寸为 1~5μm 的超细晶奥氏体冷却前后的三维体积变化，若按原始单个晶粒直径（即 900℃ 时）为 3μm 计算，且超细晶奥氏体近

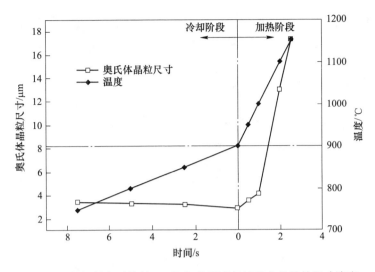

图 3-11 超细晶奥氏体从 900℃加热及冷却过程中的晶粒尺寸演变

似认为球体（也有文献[27]认为三维十四面体），750℃时单个超细晶奥氏体的体积相比于 900℃时增加了大约 58.8%。实际上，现实测量奥氏体晶粒度多在试样的某一截面处利用割线法获得一近似值，而该二维平面不能够保证截取所选晶粒的最大直径处（图 3-12 所示，三个实际三维尺寸完全相同的奥氏体晶粒 γ_1，γ_2 和 γ_3，当测量选择的截面不能保证其中心位置在同一平面上时，则会导致在测量时得出 $d_2 > d_3 > d_1$，这显然与实际不吻合），这样必然会导致一定误差存在。因

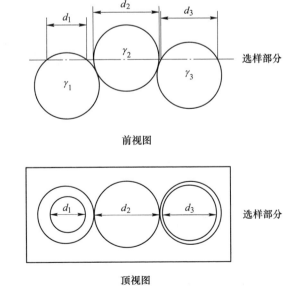

图 3-12 割线法测量晶粒尺寸中二维平面截取造成的误差示意图

而，从三维角度考虑超细晶奥氏体的长大行为，更能够客观的反映晶粒的变化情况，但由于现在还没有有效的测量方法对奥氏体晶粒的三维尺寸做准确测定，只能通过数学方法在某些假设的基础之上推导得到[27]。

选取样品截面的 4 处不同位置分别测量其晶粒尺寸后再取其平均值，目的就在于尽可能减小样品晶粒尺寸测量的误差，使所得结果能够有效地反映晶粒的尺寸情况；另一方面，参考其他文献中二维晶粒尺寸与三维实际晶粒大小对比来看，虽然在晶粒尺寸上有或大或小的差别，但是晶粒总体演变趋势是一致的，因此在本章中选择直接采用二维割线法测量的晶粒尺寸结果。

3.1.4　讨论

3.1.4.1　超细晶奥氏体等温长大动力学

有关金属内部晶粒等温长大动力学的研究有很多，且其长大行为被公认为遵循下列关系式[28]：

$$D^{1/n} - D_0^{1/n} = Kt \tag{3-1}$$

式中，n 和 K 分别代表时间因子和速率常数，且分别依赖于材料本身和温度。D 为平均晶粒直径，D_0 表示 $t=0$ 时刻的晶粒尺寸。然而多数文献中却广泛采用如式（3-2）所示的简化 Beck 方程，其最大优点就是可以通过 $\ln D$-$\ln t$ 之间的关系求得 n、K 值。

$$D = Kt^n \tag{3-2}$$

但是 Sangho Uhm 等[29]认为，当条件 $D \gg D_0$ 不满足时，根据 Beck 方程计算得到的 n 值往往存在误差，尤其是在晶界可动性差的低温区域，Beck 方程中对 D_0 的忽略将对 n 值的计算造成更为显著的影响，进而影响 K 的计算准确性。

本章采用 Beck 方程做 $\ln D$-$\ln t$ 关系曲线，如图 3-7 所示。很显然，n 值是随着温度的变化而变化的。图 3-13 给出了 n 值随等温温度的变化示意图。由于 n 值仅取决于材料本身而具有唯一性，因此根据上述分析，此微合金结构钢中超细晶奥氏体在 950℃ 以下所得到的斜率并不反映真实的 n 值，而当温度 $T \geqslant 1000℃$ 时，曲线斜率基本保持恒定。观察温度 $T \geqslant 1000℃$ 时晶粒尺寸 D，基本符合之前所提到的 Beck 方程简化条件，也正是 Vandermeer 等[30]称之的"安全区"。因此，本实验条件下所获得超细晶奥氏体等温长大的时间因子 n 可在 $T \geqslant 1000℃$ 温度区间内获得，则有 $n = 0.28 \pm 0.02$。

根据式（3-1），以时间和 $D^{1/0.28} - D_0^{1/0.28}$ 作图可以进一步获得不同温度下的 K 值，则如图 3-14 所示结果。显然，不同温度下的直线斜率也不一样，也就反映了不同的 K 值。

图 3-15 为获得超细晶奥氏体长大激活能的 Arrhenius 曲线，即 $K = A\exp[-Q/(RT)]$。从图中得到，Nb-V-Ti 复合微合金化钢所获得的超细晶奥氏体的长大激活能 $Q \approx 693.2\text{kJ/mol}$，进而获得该低碳微合金钢的长大动力学模型为：

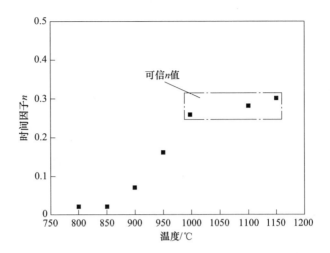

图 3-13 时间因子 n 随等温温度不同而变化的关系曲线

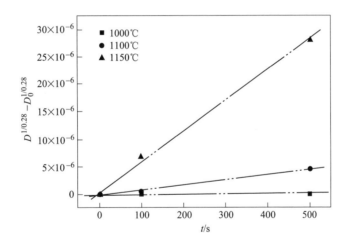

图 3-14 根据式（3-1）所得（$D^{1/0.28}-D_0^{1/0.28}$）与时间 t 之间关系曲线

$$D^{1/0.28} - D_0^{1/0.28} = \{1.79 \times 10^{30} \exp[-6.932 \times 10^5/(RT)]\}t \qquad (3-3)$$

值得注意的是，高纯金属在高温条件下测量的晶粒长大时间常数为 0.5，而本试验低碳微合金钢中超细晶奥氏体长大的时间常数要远低于这一理论值。针对测得的实际时间常数与理论值存在的偏差，许多研究将其归结于第二相沉淀粒子的钉扎，样品的厚度效应以及溶质原子的拖曳作用等[31,32]。考虑到试样中样品尺寸，厚度效应对 n 值的影响可以忽略；另外，图 3-16 中 TEM 观察发现，900℃样品内部含有的第二相粒子主要是（Ti，Nb）（C，N），且尺寸在 100~300nm，

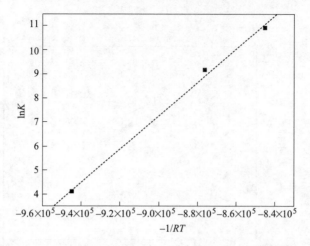

图 3-15 确定奥氏体晶粒长大激活能的 Arrhenius 曲线

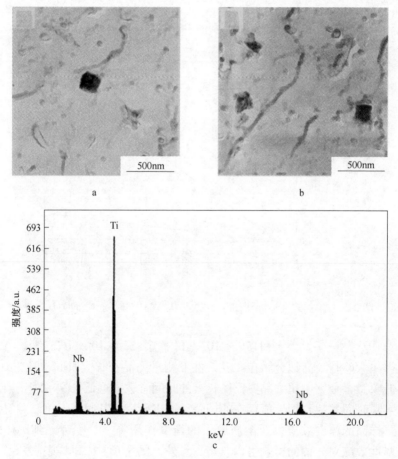

图 3-16 900℃循环淬火 4 次后样品内部第二相粒子分布（a，b）及其能谱分析（c）

能谱分析现实粒子中不包含 V 元素，也就是说 V 在循环加热过程中已经充分固溶。根据 Zener 钉扎理论，半径为 R 的第二相粒子能够对平均晶粒直径为 D 的晶粒起到有效钉扎作用的最小体积分数（f）应该满足如下关系式：

$$f = 1.33R/D \tag{3-4}$$

同时 Moon 等的研究指出，当第二相粒子为立方形 TiN 且与奥氏体晶界间呈共格几何关系时，Zener 因子值为 2.10，而不再是式（3-4）中采用的 1.33。进一步计算得出，对尺寸在 $1\sim5\mu m$ 的超细晶奥氏体起到有效钉扎作用需要的第二相粒子体积分数大概需要 15.75%~3.15%（这里取第二相粒子尺寸为 150nm）。显然，样品内第二相粒子无法达到这一体积分数。也就是说，对于尺寸在 100~300nm 的粒子来说，其抑制超细晶奥氏体（$1\sim5\mu m$）长大的作用有限，在此也不作考虑。综上所述，导致超细晶奥氏体长大的时间因子与理论值存在较大差异的主要原因是溶质原子（如 V、Nb 等）的拖曳作用。

另外，对比 Joonoh Moon 等[29,30]利用 Cr-Mo-Ni 钢以及 V-N 钢得到的 n 值与本试验所得结果，发现本试验条件下获得的超细晶奥氏体晶粒长大的时间因子要高一些，其原因是：超细晶条件下使得晶粒的曲率半径减小，同时晶界面积大幅度增加，而奥氏体晶粒长大是通过晶界迁移来完成的。驱动力是晶界迁移（长大）的内因，通常与其晶界能（σ）大小成正比，与其晶界的曲率半径（r）成反比。也就是说，奥氏体晶粒的超细化将直接造成其长大驱动力的增加，虽然本试验用钢中添加有较多 Nb、V 和 Ti 等合金元素抑制奥氏体晶粒的长大行为，但是较高的 n 值从一定程度上说明晶粒超细化带来的驱动力的提高更为显著。另一方面，该实验钢超细晶奥氏体具有很高的长大激活能 $Q \approx 693.2kJ/mol$，这一数值远远高于纯 γ-Fe 中晶格自扩散的激活能 284kJ/mol[34]和 Sangho Uhm 等[29]计算的（409±21）kJ/mol。结合文献[29,33,35]的分析认为，造成本试验所得高激活能的主要原因在于较多 Nb、V 以及 Ti 等微合金元素的添加，因此，奥氏体晶粒的超细化，使得长大动力学模型中 n 值提高，在一定程度上降低了其长大激活能；但是 Nb、V 等微合金元素的添加又极大地抑制了奥氏体晶粒的长大，且随着合金元素的增加，激活能也随之提高[29]，因而考虑到本试验合金元素的含量，尤其是较多强碳化物形成元素 Nb、V 等的存在，就不难解释呈现高激活能的原因。

图 3-17 给出利用此模型获得的不同温度下超细晶奥氏体晶粒尺寸的理论计算值与实测值之间的对比关系。实线表示两值相等，可见利用上述推导的长大动力学模型所获得的数据具有良好的可靠性，可以适合试验用低碳微合金钢中超细晶奥氏体的等温长大动力学的理论预测。

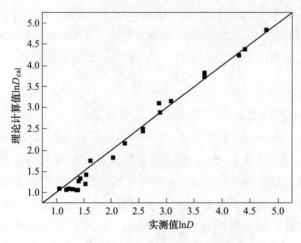

图 3-17   等温晶粒长大模型的可靠性

3.1.4.2   连续加热及冷却过程超细晶奥氏体的长大动力学

利用晶粒等温长大动力学模型公式（3-3）以及叠加原理，将连续的加热或冷却过程划分为众多 Δt 时间步长内的等温阶段，组合叠加后即可以获得适用于连续过程的晶粒尺寸预报模型。图 3-18 为试验钢连续加热及冷却过程中超细奥氏体晶粒尺寸的理论计算值和实测值的对比结果。理论预测值与实测值较好地吻合，偏差量在 10%～15% 之间。

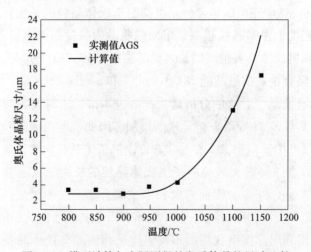

图 3-18   模型计算与实际测得的奥氏体晶粒尺寸比较

由图 3-18 可见，Nb-V-Ti 复合微合金化钢中超细晶奥氏体在奥氏体区连续加热及冷却的长大过程中存在显著的速率转折点。本试验中该温度点约为 1000℃，在低于该温度的范围内，超细晶奥氏体的长大比较缓慢，且晶粒尺寸始终保持在 1~5μm；而当温度超过 1000℃时，呈现异常长大的趋势，这一现象在多数有关 Ti、Nb-Ti 以及 Nb-Ti-Mo 等微合金钢的研究中均有阐述[35,36]。其中，多数文献将此奥氏体晶粒的非常规长大现象归结于第二相粒子的逐步固溶和粒子的粗化行为[37,38]。但是，一方面本试验中 900℃时存在的（Ti，Nb）（C，N）第二相粒子尺寸已经较大（图 3-16）不能够抑制超细晶奥氏体的长大，说明导致 $T>1000$℃时的超细晶异常长大的主要原因并不是粒子的粗化行为。另一方面，随着温度的升高，C、N、Ti 等溶质原子的能量也随之增加，也就具有更大的扩散率；同时超细晶奥氏体提供了更多有利的扩散渠道（如晶界等），从而使得溶质扩散率的变化对奥氏体长大行为的影响变得更加显著。另外，依据 Hillert[39]的晶粒尺寸分布理论，当个别晶粒尺寸半径超过平均晶粒尺寸的 1.8 倍将会以大晶粒吞并小晶粒的方式产生异常长大。分别对照图 3-6 中奥氏体晶粒形貌及图 3-18 尺寸演变曲线，认为超细晶奥氏体在连续加热过程中的异常长大是由于温度的提高使得超细晶条件下晶界等扩散渠道的作用更加显著，在温度大于 1000℃时个别较大尺寸晶粒通过吞并小晶粒而诱导异常长大行为的发生。

3.2　超细晶奥氏体的热变形特征

试验用钢化学成分如表 3-1 所示。利用实验室真空感应炉冶炼 50kg 钢锭并锻造为截面 80mm×80mm 的坯料，加热至 1200℃保温 1~2h 后经实验室 450 轧机直接热轧至 40mm，轧后空冷至室温，之后重新加热至 500℃保温 1h 后温轧至 8mm 后空冷。

利用上述 8mm 厚的板材沿其轧制方向取样并加工成 φ6mm×12mm 的热模拟试样。热模拟实验采用 Gleeble2000 热-力模拟试验机，工艺如图 3-19 所示。

3.2.1　形变诱导相变临界温度（A_{d3}）测定

利用膨胀法测得图 3-19 中阶段 Ⅱ 试样加热至 900℃保温 1s 后，以 20℃/s 速度冷却过程中的 A_{r3} 点为 747℃。同时，根据 Thermal-calc 软件计算以及经验公式计算得该成分试验用钢 A_3 温度约为 855℃。而 A_{d3} 温度通常情况下不高于 A_3，因此首先将实验温度范围控制在 750~855℃之间。其次，结合金相法以及膨胀法获得较为准确的数值。试验中变形温度 T_g 选择 800℃、830℃、850℃，应变量 $\varepsilon =$ 0.5，应变速率分别为 0.1s^{-1}、10s^{-1}。

在冷却过程中施加的变形对于相变有显著的影响，体现在其对 A_{d3} 温度的影响，即通常所讲的形变诱导相变（DIFT）的温度。这一机制是应变量、变形温度以及应变速率等多种因素的耦合过程。其中，应变速率对相变的影响各学者的研究结果似乎并不一致，甚至存在较大分歧。B. Mintz 等[40]和杜林秀、王国栋

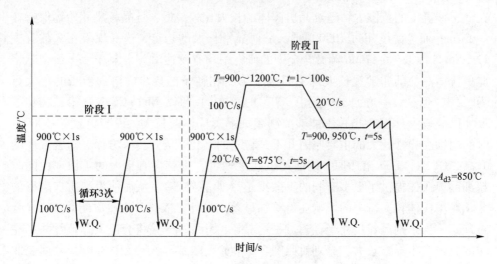

图 3-19　热模拟实验工艺图

等[41]针对 C-Mn 钢的研究认为，提高应变速率不利于 DIFT 的产生；而 H. Yada
等[42]和 S. C. Hong 等[43]分别针对 Fe-Ni-C 合金和 C-Si-Mn-Nb-V 钢的研究表明，
提高应变速率会促进形变诱导铁素体相变的进行；同时也有部分学者[44,45]认为
一定变形量下应变速率对铁素体含量影响不大，只是在一定程度上影响着铁素体
形态。孙新军等[46]较为系统地研究了不同温度下应变速率对 0.11C-1.48Mn-
0.25Si-0.048Nb 钢变形诱导铁素体相变的影响，结果表明，提高应变速率对
DIFT 的影响有两方面：一是推迟奥氏体的动态再结晶，提高变形储能从而可以
促进 DIFT；二是应变速率的提高意味着一定应变量下变形时间的缩短，而相变
是需要时间的，这是不利的方面。上述两方面在不同的条件下对相变的影响可能
不同，也就可能造成不同研究者的研究结果存在差异。

　　观察图 3-20 中超细晶奥氏体试样在冷却至 850℃ 和 830℃ 变形过程中，其应
力-应变行为是相近的，也就是说两种温度下变形过程中的组织演变情况应该类
似。而从本实验在 850℃ 经不同变形量变形淬火后所得试样经 Lepera 试剂侵蚀的
组织观察发现（图 3-21 中深黑色点状即为铁素体相，其他为马氏体），应变量
0.2 时有少量铁素体生成，当应变量增加至 0.4 时组织中的铁素体量明显增加，
也就是说变形初期确实发生了奥氏体→铁素体相变。

　　应变速率为 $0.1s^{-1}$ 时，我们在 850℃ 变形的初期并未观察到相变铁素体，然
而当应变量增加至 1.0 左右，如图 3-22 中给出真应变 1.2 时试样中铁素体形貌。
显然，此时也能够发生铁素体的相变，只是所需的临界应变量要高许多。据此
可知应变速率 $0.1s^{-1}$ 时，试验钢在超细晶奥氏体条件下的 A_{d3} 温度约为 850℃
左右。

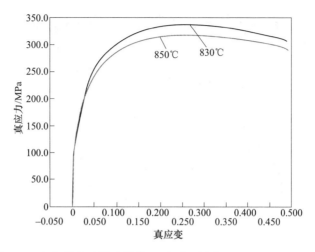

图 3-20　超细晶奥氏体试样从 900℃分别冷却至 850℃和 830℃后
变形过程的真应力-真应变曲线（应变速率 $10s^{-1}$）

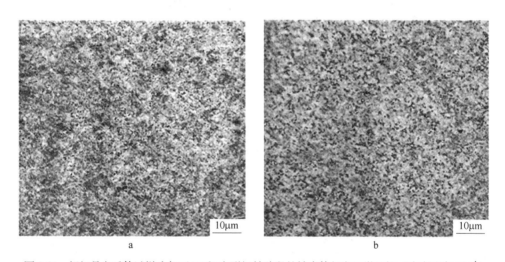

图 3-21　超细晶奥氏体试样冷却至 850℃变形初始阶段的铁素体相变显微组织（应变速率 $10s^{-1}$）

a—$\varepsilon = 0.2$；b—$\varepsilon = 0.4$

　　根据上述膨胀曲线结合淬火金相观察，基本可以确定试验用钢在超细晶奥氏体条件下的 A_{d3} 温度约为 850℃。该温度与 A_3 温度十分接近，相差 10℃左右。只是在较低的应变速率条件下应变诱导相变所需的临界应变量相对较大，而同样的变形温度下，高应变速率时，在变形的初始阶段更容易发生铁素体相变。

3.2.2　高于 A_{d3} 温度下超细晶奥氏体的动态组织演变

　　热模拟试验分为两阶段进行：第一阶段（图 3-19 中阶段 I）3 次循环淬火

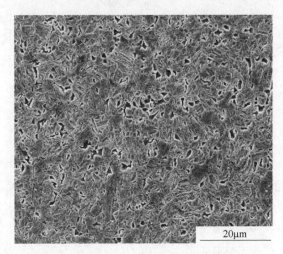

图 3-22　超细晶奥氏体试样冷却至 850℃变形 1.2 时显微组织形貌图（应变速率 0.1s^{-1}）

预处理充分细化奥氏体组织；在第二阶段中将这一预处理试样重新加热至 900℃ 保温 1s 后：（1）为获得不同尺寸奥氏体晶粒，以 100℃/s 加热至不同温度保温一定时间，随后冷却至 900℃或 950℃变形；（2）以 20℃/s 速度冷却至 A_{d3} 以上温度（875℃）变形，其中应变速率分别取 1s^{-1} 和 10s^{-1}，详细工艺参照图 3-19。在变形前的温度等温保持 5s，目的是为了消除试样的温度梯度，保证温度均匀。

　　为获得试样在变形过程中的奥氏体晶粒尺寸的演变情况，将其在各温度压缩不同应变量后立即喷水淬火以固定瞬态组织，具体工艺参数如表 3-2 所示。

表 3-2　单道次压缩实验工艺参数

应变速率/s^{-1}	变形温度/℃	变形量
0.1	850	1.2
1	900	0.2、0.4、0.8、0.9
10	800、830、850、875、900、950	0.2、0.4、0.5、0.6、0.7、0.8、0.9

　　在高于 A_{d3} 温度的奥氏体区（900~850℃）对超细晶奥氏体施加单道次变形。如图 3-23 所示，900℃应变速率为 1s^{-1} 时的真应力-真应变曲线呈现明显的动态软化类型。结合形变过程中组织观察（图 3-24）发现，整个过程中奥氏体晶粒始终呈现等轴晶状态，但是随着应变量的增加奥氏体晶粒尺寸逐渐增大，应变量为 0.9 时部分区域奥氏体晶粒已经由初始的约 2μm 增加至 10μm 左右。根据这一特征现象可以断定该超细晶奥氏体在以应变速率 1s^{-1} 变形过程中有晶界滑移和晶粒转动这类软化机制存在，而非动态再结晶。因为在多晶材料的变形中，只有晶界滑移和晶粒转动不会改变晶粒的形状[47]。另外，通常发生动态再结晶首先需要有相应的应变累积和位错等缺陷的塞积及滑移发生。这一特征必然在软化初期的

组织中存在形变特征晶粒，而观察图 3-24 中应变量 0.2 时所得奥氏体晶粒全部为等轴晶状。另外，如果该过程发生动态再结晶，则在固定应变速率下，不同变形温度时所得到的应力-应变曲线所对应的峰值应变应该随着温度的升高而逐渐趋向于小应变量。同样以 $10s^{-1}$ 的应变速率在 900℃ 和 875℃ 分别变形所得到的曲线其峰值应变 ε_p 均在 0.25 左右，因此也可以说明该过程发生动态再结晶的可能性不大。当奥氏体晶粒细化至 $1\sim2\mu m$ 后，晶界面积大幅度增加，在 900℃ 温度条件下晶界强度相比于晶内要弱许多，此时的变形将更多依靠晶界来协调，因而也就使得晶界滑移/晶粒转动从变形开始时刻就一直持续进行下来。

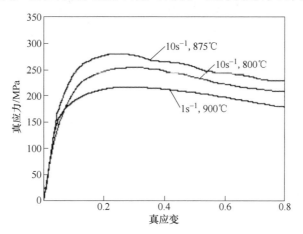

图 3-23 超细晶奥氏体在高于 A_{d3} 不同温度下不同应变速率变形的真应力-真应变曲线

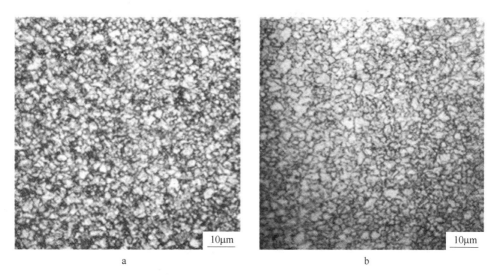

图 3-24 超细晶奥氏体在 900℃ 应变速率 $1s^{-1}$ 变形过程中的晶粒演变

a—变形量 0.2；b—变形量 0.9

当应变速率增加至 $10s^{-1}$ 时，变形温度为 900℃ 的真应力-真应变曲线与低应变速率（$1s^{-1}$）变形条件下的大致相同，仍呈现动态软化特征。只是应力值要高于低应变速率条件下的应力水平，单纯从曲线上观察，两种应变速率下超细晶奥氏体的演变行为类似。结合图 3-25 给出的应变速率为 $10s^{-1}$、应变量为 0.2 和 0.4 时超细晶奥氏体的形貌来看，在高应变速率的变形过程中，超细晶奥氏体仍旧始终保持等轴晶状，个别区域的大尺寸奥氏体晶粒显示这一过程中的软化同样应归因于晶界滑移和晶粒转动。

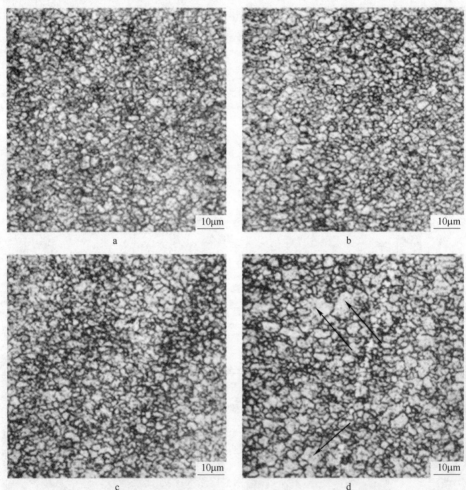

图 3-25　超细晶奥氏体在 900℃ 应变速率 $10s^{-1}$ 变形过程中的晶粒演变
a—$\varepsilon=0.2$；b—$\varepsilon=0.4$；c—$\varepsilon=0.8$；d—$\varepsilon=0.9$

降低变形温度至 875℃、应变速率为 $10s^{-1}$ 所获得的真应力-真应变曲线依旧为动态软化特征。从曲线形状观察，此时样品内部组织的演变行为应该与同应变速率下 900℃ 变形时相似。图 3-26 所示的组织演变过程显示，该过程同样有奥氏体晶粒的动态长大行为发生：在初始应变量为 0.2 时，奥氏体晶粒呈典型等轴状且晶粒尺寸较为均匀，约在 5μm 左右；随着应变量的增加，晶粒尺寸差异逐渐变大，至应变量 0.7 时，部分奥氏体晶粒接近 10μm。同时，对比观察发现，无论在 900℃ 应变速率 1s⁻¹，还是 875℃ 应变速率为 10s⁻¹ 条件下的变形过程中，晶粒形状并不是始终保持标准等轴晶，而是从应变量 0.4 开始部分晶粒开始呈现不规则形状，且这类晶粒基本特征为：晶界呈现类似锯齿状，但是从二维平面考虑，这些晶粒的纵横两方向的轴比差别不大，因此宏观上也可近似认为等轴特征。

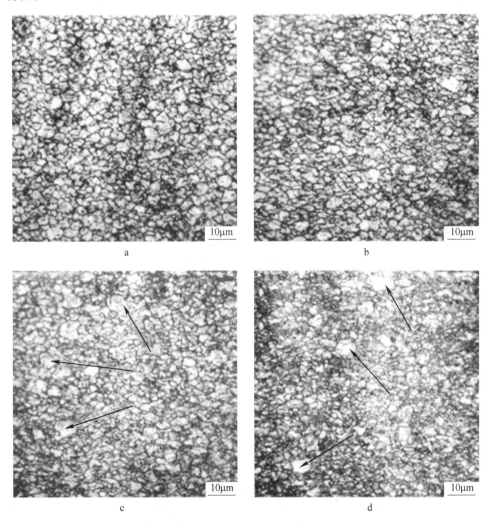

图 3-26 超细晶奥氏体在 875℃ 应变速率 10s⁻¹ 变形过程中的晶粒演变

a—ε=0.2；b—ε=0.4；c—ε=0.5；d—ε=0.7

　　另外，从真应力-真应变曲线看，高应变速率条件下达到峰值应力后的软化速率要比低应变速率时高。对照图 3-24 和图 3-25，在低应变速率下变形初始阶段奥氏体晶粒长大并不十分显著，而在高应变速率时同样的应变量所得到的奥氏体晶粒尺寸要比低应变速率条件下得到的晶粒大。对此，认为在晶界滑动机制协调变形时，高应变速率容易在晶界处产生摩擦热，加速了晶界处的原子扩散速度，从而使得高应变速率时的晶粒在变形初始时刻易于长大。

3.2.3　讨论

3.2.3.1　不同晶粒尺寸奥氏体的热变形行为

　　根据之前的分析，奥氏体晶粒尺寸不同，在 A_{d3} 温度以上奥氏体区的变形可能会呈现不同的变形机制。在多数研究中，奥氏体在 950℃ 以下温度区间变形基本上都呈现出加工硬化的特征，而在我们上述的实验中却呈现完全相反的软化行为，这就说明奥氏体晶粒的超细化改变了奥氏体区变形的协调机制。鉴于此，在变形温度及应变速率固定的前提下，奥氏体晶粒尺寸可能会存在一临界值，该值决定了不同的变形行为机制。

　　图 3-27 为不同晶粒尺寸奥氏体在 900℃ 应变速率 $10s^{-1}$ 的真应力-真应变曲线。由图可知，随着奥氏体晶粒尺寸的增加其应力-应变曲线逐渐从软化过渡至硬化特征。根据之前的组织观察，其中动态软化主要归因于晶界滑移，加工硬化则通常被认为与晶粒内位错的滑移有关，因此对于其中类似动态回复特征的曲线则考虑主要是晶界与位错滑移共同作用的结果。因此，在该温度下存在一临界晶粒尺寸区间为 $10\sim80\mu m$，即当奥氏体晶粒尺寸大于 $80\mu m$ 时，900℃ 应变速率 $10s^{-1}$ 条件下的变形以位错协调为主，而奥氏体晶粒减小至 $10\mu m$ 以下时，同样的形变参数下晶界行为更多地参与到协调变形中来。

　　同样的规律依旧存在于变形温度为 950℃ 时的应力-应变曲线（图 3-28），只是随着变形温度的升高，临界奥氏体晶粒尺寸区间有所变化，最小临界晶粒尺寸增加至接近 $40\mu m$，而最大临界晶粒尺寸变化不大。结合奥氏体晶粒的动态演变观察，基本上可以确定之前的判断。

　　另外，对比同一温度下的真应力-真应变曲线，以 900℃ 时为例：初始奥氏体晶粒尺寸在 $2\sim9\mu m$ 之间时，随着晶粒尺寸的增加曲线的应力水平呈增加趋势；而当奥氏体晶粒增加至 $13\mu m$ 和 $40\mu m$，应力水平又在不同程度上有所降低，进一步增加到 $81\mu m$ 以上后，应力水平又随着晶粒尺寸的增加而减小。在图 3-29 中给出了超细晶奥氏体在 900℃ 压缩变形中不同初始奥氏体晶粒尺寸与屈服应力的关系，其中屈服应力按 $\sigma_{0.2}$ 近似取值。

　　结合相应初始奥氏体晶粒的应力-应变曲线，我们将图 3-29 划分为三个区域（Ⅰ~Ⅲ区），分别表示变形过程中不同的形变机制：Ⅰ区屈服应力随着初始

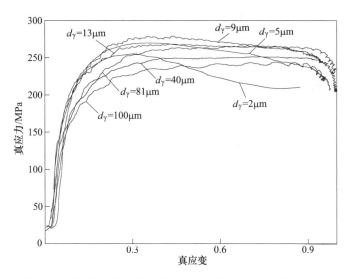

图 3-27　不同尺寸奥氏体晶粒 900℃ 变形的真应力-真应变曲线

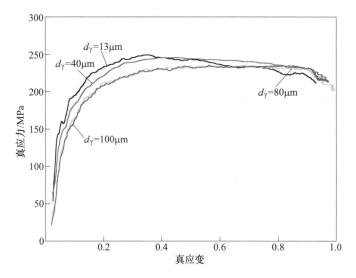

图 3-28　不同尺寸奥氏体晶粒 950℃ 变形的真应力-真应变曲线

奥氏体晶粒的增加而增大，说明晶界滑移在其中占主导作用，因为通常晶粒尺寸越大，组织中晶界面积相对减少，晶界滑动阻力则相对提高，进而得屈服应力相应增加；Ⅲ区初始奥氏体晶粒已粗化至 100μm 左右，这一尺寸范围与大多数有关奥氏体热变形行为的文献中所涉及的奥氏体晶粒相近，所以这一尺寸下奥氏体的变形主要与晶内位错行为有关；而Ⅱ区作为一个过渡区间应该有多种形变协调机制共存。

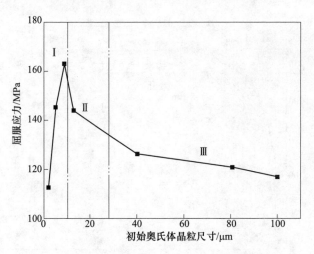

图 3-29　900℃压缩变形中屈服应力与初始奥氏体晶粒尺寸的关系曲线

　　高温形变时，晶界表现为薄弱环节，呈沿晶破断特征，晶界区原子排列规则性被破坏，存在各种晶体缺陷[48]。晶界在低温形变条件下是位错运动的阻碍，起强化作用。细化晶粒是一种重要的强化手段。但当温度升高和应变速率降低时，晶界对位错运动的阻碍作用易被恢复，晶界区的积塞位错容易与晶界的缺陷产生交互作用而消失。因此通常在高温变形条件下，晶界处成为薄弱环节而使得晶界滑动作为主要的变形机制直接参与形变。图 3-30 示意了这一过程且定义一个"等强温度"概念（$T_{等强}$），即在某一固定晶粒尺寸下，晶内强度与晶界强度相等时所对应的温度。等强温度与应变速率有关，应变速率越小，等强温度越低；另外，等强温度与晶粒尺寸也直接存在一定的关系，随着晶粒尺寸的减小，等强温度也趋于降低。如纳米晶体材料在室温下也很容易获得由晶界行为支配的超塑性，说明晶界强度已低于晶内强度。可见，等强温度实际上是一个温度区间。

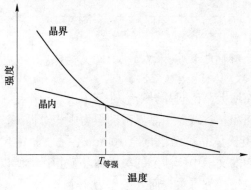

图 3-30　等强温度示意图

3.2.3.2 超细晶奥氏体变形过程中的晶界行为分析

通常粗晶奥氏体晶粒在热变形过程中主要有动态再结晶、动态回复及应变硬化三种组织演变行为。这三种组织演变行为主要与晶粒内部的位错活动有关。但在本实验所采用的奥氏体低温区（900~950℃）高应变速率变形的条件下再结晶过程很难进行。因此，之前的讨论中认为随着初始奥氏体晶粒的超细化，在同样的变形温度及应变速率条件下所发生的动态软化主要归结于晶界滑动等行为。实际上，有关晶界行为的研究更多集中于超细晶材料的超塑性以及纳米材料方面，而有关钢铁材料在超细晶奥氏体状态的形变行为研究则很少涉及。

理论上，只要符合特定的条件，超塑性可以在任何材料中获得。绝大多数情况下，只有当温度 $T \geqslant 0.5T_m$ 且低的应变速率（$\leqslant 10^{-3} \text{s}^{-1}$）下才可能使细晶材料发生超塑性变形[49]。鉴于这类前提条件，在本实验中超细晶奥氏体的晶界滑动行为主要归因于高的变形温度（$T \approx 0.6T_m$）及很小的初始奥氏体晶粒尺寸（1~3μm）。另外，Ashby[50]曾指出，在不改变晶界结构的条件下，晶界滑移（GBS）只有和晶界迁移（GBM）相伴存在的时候才能够对变形产生有效的协调作用。Zelin 等[51]提出一种有说服力的 GBS 和 GBM 耦合的机制，用于解释此类晶界行为在变形过程中的连续性：其中主要阐述晶界位错在晶界上滑移及三叉晶界处塞积行为与晶界迁移的耦合方式。当然，晶界的迁移（GBM）过程往往也是原子扩散的过程，因此在晶界滑移的同时晶界原子的扩散行为也必然存在，且晶界扩散速率在高温下要远远高于体扩散速率，甚至在局部区域的速率要比体扩散高 10^6 倍[52,53]，这也为扩散协调晶界滑移提供了可能。

另一方面，微观晶界行为毕竟与宏观变形不同，一些微观力学模型往往很难解释宏观的连续变形。结合超细晶奥氏体在个别温度变形过程中的组织特征，同时参考相关文献所提出的模型，可以认为超细晶奥氏体宏观变形更倾向于通过晶粒簇间协调运动实现晶界滑移（CGBS）的机制来实现。对此主要有两点原因：（1）作为一种热激活过程，CGBS 易于在高温尤其是高应变速率条件下产生，而这两种前提条件均可以在本实验超细晶奥氏体的单道次变形中得以满足；（2）多数情况下，CGBS 和位错蠕变同时提供实现塑性变形的可能性，而在复合材料中，由于硬相强烈阻碍晶内位错的发展，因此使得 CGBS 带更容易形成[54]。

在循环淬火处理制备超细晶奥氏体的过程中，温轧铁素体+珠光体原始组织虽然在一定程度上使得碳元素的分布弥散化，但是并不能从根本上解决碳浓度的区域性集中，而随后循环加热淬火工艺中加热速度快，加热温度低且保温时间短等特征也只能使碳的分布状况得到一定程度的改善，碳的区域性差异依旧存在。其中碳浓度高的区域硬度必然比碳浓度低的区域硬度高，即相当于"硬相"，而相反碳浓度低的区域则为"软相"，这种奥氏体单相区中的类"复相"组织使高应变速率下 CGBS 带形成的可能性大大增加。当奥氏体晶粒粗大时其宏观体现出来的不同晶粒（或晶粒簇）间浓度的差别不会十分显著，而随着奥氏体晶粒的超细化，这种局部浓度的就会体现的明显很多，图 3-31 简要的示意了奥氏体晶粒尺寸与碳浓度分布的联系，其中奥氏体晶粒用正六边形表示。显然，奥氏体晶粒的细化使得具有较高碳浓度的晶粒簇显得更为突出（图 3-31 中深灰色区域），而粗大的奥氏体晶粒（图中白色正六边形）下这种特征则基本消失。所以，在超细晶奥氏体的变形过程中，CGBS 极有可能在图中所示的"软相"区（白色折线中间浅灰色及白色等区域）产生，而滑移轨迹也会沿该区中的一些有利晶界分布。

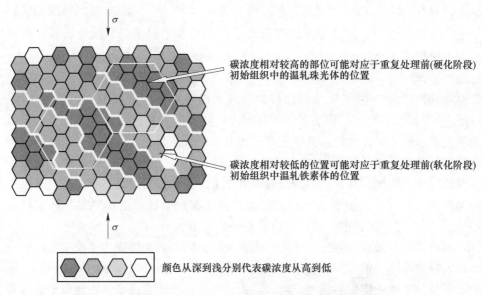

图 3-31　奥氏体晶粒大小与碳浓度分布的依赖关系

在观察超细晶奥氏体冷却至 800℃ 变形初期（图 3-32a）的组织形貌发现，此时应变诱导生成的铁素体晶粒分布俨然呈现一种区域性带状分布，这恰恰印证了上述分析；随着形变量的增加（图 3-32b）这种聚合带状丛生铁素体的数量增加，且铁素体带状分布方向不再单一，也就是说随着变形的增加驱动了更多超细晶奥氏体内部"软相"区的晶界滑移，这也十分符合 Kaibyshev 有关 CGBS 协调宏观变形的模型假设[55]。

综上所述，超细晶奥氏体由于对碳浓度分布极为敏感，造成了同一相中的类"复相"组织（软相和硬相），因此在热变形过程中易于通过 CGBS 模式协调宏观变形行为，而高温下晶界的扩散以及晶界和晶内的位错行为等均可能作为微观尺度下协调晶界滑移的伴随机制而存在。

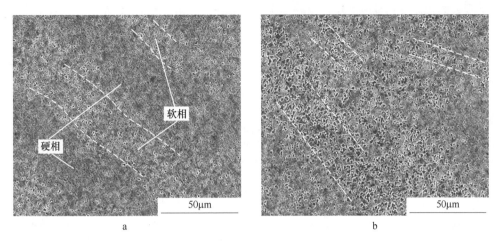

图 3-32　超细晶奥氏体冷却至 800℃经不同应变量变形后淬火样品心部组织
a—ε=0. 2；b—ε=0. 6

参 考 文 献

［1］Kaspar R，Distl J S，Pawelski O. Extreme austenite grain refinement due to dynamic recrystalli-zation［J］. Steel Res. ，1988，59（9）：421~425.

［2］Hodgson P D，Hickson M R，Gibbs R K. Ultrafine ferrite in low carbon steel［J］. Scr. Mater. ，1999，40（10）：1179~1184.

［3］Mabuchi H，Hasegawa T，Ishikawa T. Metallurgical features of steel plates with ultra fine grains in surface layers and their formation mechanism［J］. ISIJ Int. ，1999，39（5）：477~485.

［4］Yang Z M，Wang R Z. Formation of ultra-fine grain structure of plain low carbon steel through de-formation induced ferrite transformation［J］. ISIJ Int. ，2003，43（5）：761~766.

［5］Choi J K，Seo D H，Lee J S，et al. Formation of ultrafine ferrite by strain-induced dynamic transformation in plain low carbon steel［J］. ISIJ Int. ，2003，43（5）：746~754.

［6］Hickson M R，Hurley P J，Gibbs R K，et al. The production of ultrafine ferrite in low-carbon steel by strain-induced transformation［J］. Metall. Mater. Trans. A，2002，33（4）：1019~1026.

［7］Hong S C，Lim S H，Lee K J，et al. Effect of undercooling of austenite on strain induced ferrite transformation behavior［J］. ISIJ Int. ，2003，43（3）：394~399.

［8］Lotfi Chabbi，Wolfgang Lehnert. Controlled hot forming of heat treatment steel grades in the inter-critical（γ-α）region［J］. J. Mater. Proc. Technol. ，2000，106：13~22.

［9］Najafi-Zadeh A，Jonas J J，Yue S. Grain refinement by dynamic recrystallization during the simu-lated warm-rolling of interstitial free steels［J］. Metall. Trans. A，1992，23（9）：2607~2617.

［10］Tsuji N，Matsubara Y，Saito Y. Dynamic recrystallization of ferrite in interstitial free steel［J］.

Scr. Mater. , 1997, 37 (4): 477~484.

[11] Narayana Murty S V S, Torizuka S, Nagai K, et al. Dynamic recrystallization of ferrite during warm deformation of ultrafine grained ultra-low carbon steel [J]. Scr. Mater. , 2005, 53 (6): 763~768.

[12] Baczynski J, Jonas J J. Torsion textures produced by dynamic recrystallization in alpha-iron and two interstitial-free steels [J]. Metall. Trans. A, 1998, 29 (2): 447~462.

[13] Weng Y Q. Microstructure refinement of structural steel in China [J]. ISIJ Int. , 2003, 43 (11): 1675~1682.

[14] Song R, Ponge D, Raabe D, et al. Microstructure and crystallographic texture of an ultrafine grained C-Mn steel and their evolution during warm deformation and annealing [J]. Acta Mater. , 2005, 53 (3): 845~858.

[15] Eghbali B. Microstructure development in a low carbon Ti-microalloyed steel during deformation within the ferrite region [J]. Mater. Sci. Eng. A, 2008, 480: 84~88.

[16] Song R, Ponge D, Kaspar R, et al. Grain boundary characterization and grain size measurement in an ultrarine-grained steel [J]. Zeitschrift Fur Metallkunde, 2004, 95 (6): 513~517.

[17] Song R, Ponge D, Raabe D. Improvement of the work hardening rate of ultrafine grained steels through second phase particles [J]. Scr. Mater. , 2005, 52 (11): 1075~1080.

[18] Song R, Ponge D, Kaspar R. The microstructure and mechanical properties of ultrafine grained plain C-Mn steels [J]. Steel Res. , 2004, 75 (1): 33~37.

[19] Song R, Ponge D, Raabe D. Mechanical properties of an ultrafine grained C-Mn steel processed by warm deformation and annealing [J]. Acta Mater. , 2005, 53 (18): 4881~4892.

[20] Song R, Ponge D, Raabe D. Influence of Mn content on the microstructure and mechanical properties of ultrafine grained C-Mn steels [J]. ISIJ Int. , 2005, 45 (11): 1721~1726.

[21] Moon J, Lee J, Lee C. Prediction for the austenite grain size in the presence of growing particles in the weld HAZ of Ti-microalloyed steel [J]. Mater. Sci. Eng. A, 2007, 459: 40~46.

[22] Renata S, Henryk A, Anna A. Effect of nitrogen and vanadium on austenite grain growth kinetics of a low alloy steel [J]. Mater. Character. , 2006, 56 (4-5): 340~347.

[23] 许昌淦, 田永革. 15Cr2Ni10MoCo14 钢奥氏体晶粒长大和高温氧化动力学 [J]. 特殊钢, 1995, 16 (6): 19~22.

[24] Swygenhoven H V, Derlet P M. Grain-boundary sliding in nanocrystalline fcc metals [J]. Phy. Rev. B, 2001, 64 (22): 1~9.

[25] Gutkin M Y, Ovid'ko I A, Skiba N V. Crossover from grain boundary sliding to rotational deformation in nanocrystalline materials [J]. 2003, 51 (14): 4059~4071.

[26] Wei Y J, Anand L. Grain-boundary sliding and separation in polycrystalline metals: application to nanocrystallinefcc metals [J]. J Mech. Phy. Solids, 2004, 52: 2587~2616.

[27] Takayama Y, Furushio N, Tozawa T. A significant method for estimation of the grain size of polycrystalline materials [J]. Mater. Trans. JIM, 1991, 32 (3): 214~221.

[28] Hu H, Rath B B. On the time exponent in isothermal grain growth [J]. Metall. Tras. , 1970, 1 (11): 3181.

[29] Sangho Uhm, Joonoh Moon, Changhee Lee, et al. Prediction Model for the Austenite Grain Size in the Coarse Grained Heat Affected Zone of Fe-C-Mn Steels: Considering the Effect of Initial Grain Size on Isothermal Growth Behavior [J]. ISIJ Interational, 2004, 44 (7): 1230~1237.

[30] Vandermeer R A, Hu H. On the grain growth exponent of pure iron [J]. Acta Metall. Mater., 1994, 42 (9): 3071~3075.

[31] Burke J E. Some factors affecting the rate of grain growth in metals [J]. Trans. AIME, 1949, 180: 73~91.

[32] Smith C S. Grains, phases, and interfaces: An interpretation of microstructure [J]. Trans. AIME, 1948, 175: 15~51.

[33] Tamimi S, Ketabchi M, Parvin N. Microstructural evolution and mechanical properties of accumulative roll bonded interstitial free steel [J]. Mater. Design, 2008, In Press.

[34] Brandes E A, Brook G B. Smithells Metals Reference Book, 7th Edition [M]. Oxford: Butterworths-Heinemann Ltd., 1992: 1~13.

[35] Manohar P A, Dunne D P, Chandra T, et al. Grain growth predictions in microalloyed steels [J]. ISIJ Int., 1996, 36 (2): 194~200.

[36] Feng B, Chandra T, Dunne D P. Effect of alloy nitride particle size distribution on austenite grain coarsening in Ti and Ti-Nb bearing HSLA steels [J]. Mater. Forum, 1989, 13 (2): 139~143.

[37] Saito Y, Tsuji N, Utsunomiya H, et al. Ultrafine grained bulk aluminum produced by accumulative roll-bonding (ARB) process [J]. Scr. Mater., 1998, 39 (9): 1221~1227.

[38] Gladman T, Pickering F B. Grain coarsening of austenite [J]. J. Iron Steel Inst., 1967, 205 (6): 653~664.

[39] Hillert M. On the thory of normal and abnormal grain growth [J]. Acta Metall., 1965, 13 (3): 227~238.

[40] Mintz B, Lewis J, Jonas J J. Importance of deformation induced ferrite and factors which control its formation [J]. Mater. Sci. Techno., 1997, 13 (5): 379~388.

[41] 杜林秀, 丁桦, 张彩碚, 等. 低碳钢热加工过程中的组织变化 [J]. 新一代钢铁材料研讨会, 中国金属学会, 北京, 2001: 307.

[42] Yada H, Li C M, Yamagata H. Dynamic $\gamma \rightarrow \alpha$ transformation during hot deformation in Iron-Nickel-Carbon alloys [J]. ISIJ Int., 2000, 40 (2): 200~206.

[43] Hong S C, Lee K S. Influence of deformation induced ferrite transformation on grain refinement of dual phase steel [J]. Mater. Sci. Eng. A, 2002, 323 (1-2): 148~159.

[44] 杨平, 傅云义, 崔凤娥, 等. Q235碳素钢应变强化相变的基本特点及影响因素 [J]. 金属学报, 2001, 37 (6): 601.

[45] Hurley P J, Hodgson P D. Effect of process variables on formation of dynamic strain induced ultrafine ferrite during hot torsion testing [J]. Mater. Sci. Tech., 2001, 17 (11): 1360~1367.

[46] 孙新军. 微合金钢变形诱导铁素体相变的研究 [D]. 北京: 钢铁研究总院, 2003.

[47] 梁小凯, 孙新军, 刘清友, 等. 超细晶钢在不同温度下塑性变形机制研究 [J]. 钢铁, 2004, 39 (11): 52~56.

[48] 黄乾尧, 李汉康, 等. 高温合金 [M]. 北京: 冶金工业出版社, 2000: 32.

[49] 张俊善. 材料的高温变形与断裂 [M]. 北京: 科学出版社, 2007: 165.

[50] Ashby M F. Boundary defects and atomic aspects of boundary sliding and diffusional creep [J]. Surface Sci. , 1972, 31 (5), 498~542.

[51] Zelin M G, James R W, Mukherjee A K. Coupling of co-operative grain boundary sliding and co-operative grain boundary migration [J]. J. Mater. Sci. Lett. , 1993, 12 (2): 176~178.

[52] Ashby M F, Verrall R A. Diffusion accommodated flow and superplasticity [J]. Acta Metall. , 1973, 21 (2): 149~163.

[53] Coble R L. A Model for Boundary Diffusion Controlled Creep in Polycrystalline Materials [J]. J. Appl. Phys. , 1963, 34 (6): 1679~1682.

[54] Astanin V V, Kaibyshev O A, Faizova S N. Cooperative grain boundary sliding under superplastic flow [J]. Scr. Metall. Mater. , 1991, 25 (11): 2663~2668.

[55] Astanin V V, Kaibyshev O A, Faizova S N. The role of deformation localization in superplastic flow [J]. Acta Metall. Mater. , 1994, 42: 2617~2622.

4 低合金钢铁素体晶粒纳米化的形变-相变工艺

为了获得亚微米乃至纳米级尺寸的超细铁素体晶粒,通过预变形及控制加热条件等措施得到超细的奥氏体晶粒后,还必须对奥氏体的冷却过程即过冷奥氏体的相变过程进行控制。因为奥氏体/铁素体相变是形核长大型的扩散型相变,所以任何有利于提高形核率和降低长大速率的因素都将有利于铁素体的晶粒细化。

广义的形变热处理,是指结合形变与相变获得所需要的形状和组织性能的综合工艺[1]。目前以控轧控冷为代表的形变热处理工艺在冶金领域已经得到了广泛应用。其中变形对奥氏体/铁素体相变的促进作用即应变诱导相变行为,被认为是铁素体晶粒细化的主要机制之一[2,3]。在奥氏体未再结晶区与双相区进行变形,可以明显地加速奥氏体铁素体相变的动力学过程,提高铁素体形核率,达到细化晶粒的目的。而当奥氏体晶粒接近亚微米尺度时,研究相应的形变热处理工艺对组织的影响规律,对于制取纳米晶铁素体组织更具有重要的指导意义。

本章针对表 2-1 所示的 A、B 两种低碳钢在模拟实验机上进行纳米化制备实验。热模拟试样尺寸为 $\phi 6 \times 12mm$,制取工艺为:工艺 B-500℃温轧,变形量 50%(A 钢),显微组织为形变铁素体和珠光体;工艺 C-500℃温轧,变形量 80%(A 钢),显微组织为形变铁素体和粒状珠光体;工艺 D-1000℃淬火+500℃温轧,变形量 80%(A 钢),显微组织为形变铁素体和碳化物;工艺 E-1000℃热轧,变形量 80%(B 钢),显微组织为形变铁素体和珠光体;工艺 G-1000℃淬火+500℃温轧,变形量 80%(B 钢),显微组织为形变铁素体和碳化物。

对上述热模拟试样进行不同工艺的纳米化制备模拟实验,研究对相变前奥氏体晶粒和奥氏体/铁素体相变过程进行控制的形变热处理工艺,分析相关工艺条件对组织演变及最终晶粒尺寸的影响规律,探讨利用该方法制取纳米晶铁素体的前景。

为进行对比研究,采用图 4-1 所示的两种工艺路线,即分为在相变前变形与不变形两种处理方法,两种工艺试样总变形量均为 75%。需要指出的是,在热模拟机上的变形方向与之前制取该试样时进行温轧处理的变形方向互相垂直。图 4-1 中加热温度 T_1 取为 850~920℃之间,变形温度 T_2 为 650~750℃。

此外,为了增强超细晶奥氏体冷却过程铁素体相变的形核率,采用 V-N 微合金化的思路设计了一种 V-N 微合金钢,利用温轧过程中动态相变、VN 析出物促进晶内铁素体形核及动态再结晶等机制,在实验轧机上进行了轧制实验,制备出

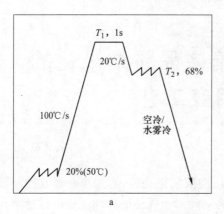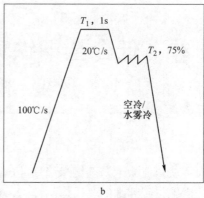

图 4-1　热模拟实验工艺示意图

a—工艺 a 相变前变形；b—工艺 b 相变前不变形

厚度约为 5.5mm 的纳米晶钢样品，并研究了温轧后淬火工艺对组织性能的影响。

4.1　变形温度对铁素体显微组织的影响

　　图 4-2 为 1 号实验钢种经温轧 50%的试样进行图 4-1 的热模拟实验后得到的微观组织，可以看到所有工艺条件下均获得了平均晶粒尺寸在亚微米级的等轴状铁素体组织。实验结果表明，两种工艺路线条件下，铁素体晶粒直径都随变形温度的降低而减小。这是因为随变形温度的降低，在奥氏体未再结晶区或双相区对试样进行变形时，变形对奥氏体/铁素体相的影响更加强烈。一方面奥氏体晶粒沿变形方向伸长，增大了晶界面积；同时变形在奥氏体晶粒内部产生形变带，成为铁素体的形核位置；此外，奥氏体晶界发生应变集中，可提高晶界处的形核率，这些都明显地加快了奥氏体/铁素体相变的动力学过程，发生形变能驱动的应变诱导铁素体相变现象，促进获得超细的铁素体组织。

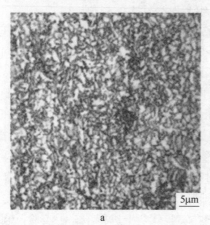

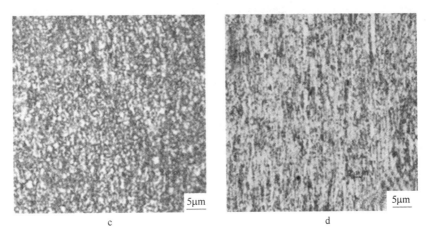

图 4-2　1 号钢经工艺 a 与工艺 b 不同变形温度下的组织（T_1 900℃，空冷）

a—工艺 a，750℃；b—工艺 a，700℃；c—工艺 b，750℃；

d—工艺 b，650℃

此外，从图 4-2 还可以观察到，工艺 b 最终所获得的铁素体晶粒比工艺 a 细长，具有更明显的变形带状组织。这是由于在总变形量一致的情况下，工艺 b 中对过冷奥氏体施加的变形量相对较大，故变形对最终组织的影响较大。如图 4-2a、b 所示，经工艺 a 所获得的铁素体组织晶粒呈多边形等轴状或圆形，而工艺 b 随着变形温度升高到 750℃，晶粒形态与工艺 a 接近，趋于多边形等轴状，如图 4-2c 所示。

4.2　加热温度对铁素体组织的影响

本书第 2 章已经讨论过加热温度对奥氏体晶粒尺寸的影响，其结果是随着加热温度的升高（实验在 900~1000℃之间进行）和保温时间的延长，奥氏体晶粒出现明显的粗化趋势。本节进一步讨论在相变点附近的温度范围内，加热温度的变化对最终生成的铁素体组织的影响。

如图 4-3 所示三组对比照片，包括了两种化学成分的钢种在不同组织状态下按图 4-1a、b 两种工艺分别进行的实验。经过观察发现，当加热温度在 850~900℃之间时，所获得的铁素体晶粒均在亚微米级，非常细小，但随着加热温度在相变点附近小范围内升高时，生成的铁素体晶粒均有细化趋势。分析认为，由于加热温度 850~900℃，十分接近相变温度（经膨胀法测定，1 号钢种的 A_{c3} 为 850℃，2 号钢种 A_{c3} 为 890℃），保温时间（1s）很短，在这样的情况下，如果降低加热温度，势必容易造成部分原始组织在 1s 的短暂保温后来不及发生奥氏体相变，出现部分组织遗留现象，因而影响通过相变细化的手段对最终铁素体组织进行细化的效果。

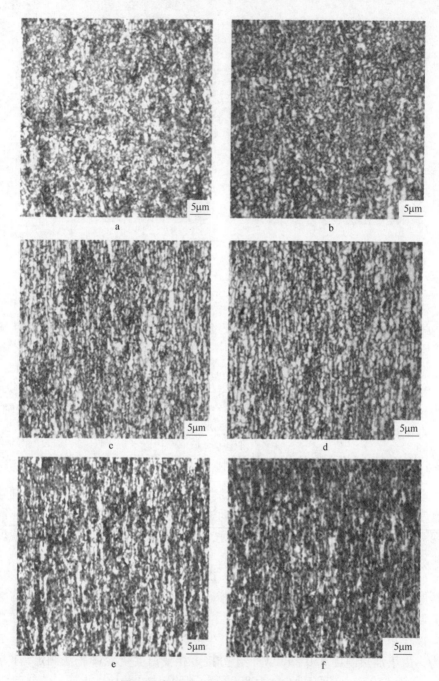

图 4-3　加热温度对铁素体组织的影响

（a~d 原始试样为 1 号钢 500℃温轧，e、f 为 2 号钢 500℃温轧；

a、b 工艺为图 4-1a，c~f 工艺见图 4-1b；变形温度均为 700℃）

加热温度：a, c, e—900℃；b, d—850℃；f—870℃

4.3 冷却速度和原始组织对显微组织的影响

在对过冷奥氏体施加较大变形后，采取两种方式冷却：自然空冷和水雾冷却。从图4-4和图4-5中可以观察到，空冷方式获得的室温组织晶粒趋于圆形，等轴状特征更明显；加快冷却速度，采用水雾冷却有助于细化晶粒。但是在图4-1中a和b两种工艺路径下，冷却速度对最终组织的影响略有差异。图4-4b与c晶粒直径大小相当。说明采用工艺a，水雾冷却对细化晶粒没有明显效果。而在工艺b条件下，如图4-5c和d所示，与空冷相比，水雾冷却可以起到较显著的细化晶粒的作用。

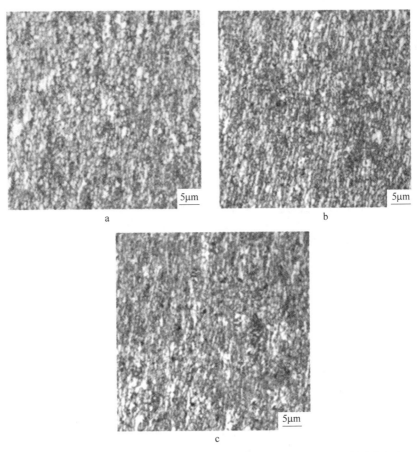

图4-4 1号钢采用工艺a在不同原始组织和冷却速度条件下获得的最终组织

(加热温度900℃，变形温度700℃)

a—原始组织为温轧铁素体/珠光体，空冷；b—原始组织为温轧马氏体，空冷；

c—原始组织为温轧马氏体，水雾冷却

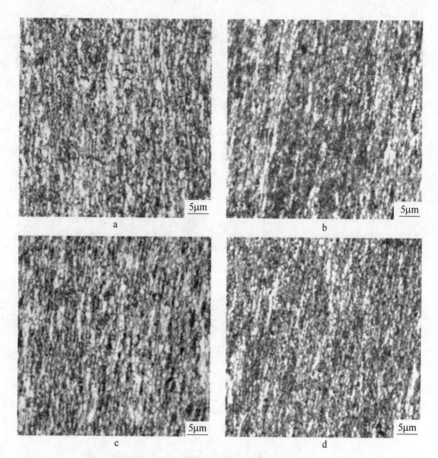

图 4-5 1 号钢采用工艺 b 在不同原始组织和冷却速度条件下获得的最终组织
（加热温度 900℃，变形温度 700℃）
a—原始组织为温轧铁素体，空冷；b—原始组织为温轧铁素体/珠光体，空冷；
c—原始组织为温轧马氏体，空冷；d—原始组织为温轧马氏体，水雾冷

　　这种冷却速度对最终晶粒大小的影响差异，主要是由于工艺 b 中对过冷奥氏体施加的变形量相对较大，变形储存能较大，因此在冷却过程中变形组织更易发生回复和再结晶，晶粒长大速度快，加快冷却速度可以极大地抑制晶粒长大倾向，使变形组织只经过短时的回复后，快速冷却到室温。

　　在工艺参数完全相同的情况下，采用不同钢种具有不同原始组织的试样，实验得到的室温组织分别如图 4-4~图 4-6 所示。对比研究原始组织对最终组织的影响。如图 4-4a、b 和图 4-6a、b 所示，从金相照片观察可以看出，在工艺 a 条件下，当 1 号钢种和 2 号钢种原始组织为回火马氏体时，试样最终获得的铁素体晶粒尺寸较小（图 4-4b 和图 4-6b）。

　　在工艺 b 条件下，随着制取热模拟原样时 500℃温变形量的增加（图 4-5a 与

b），最终铁素体晶粒的尺寸减小，说明增大预应变量在细化奥氏体晶粒的同时，有利于细化最终的铁素体晶粒。同时对比发现，原始组织为铁素体与珠光体的试样与原始组织为回火马氏体的试样相比，获得的铁素体晶粒更细，这和工艺 a 的结果恰好相反。

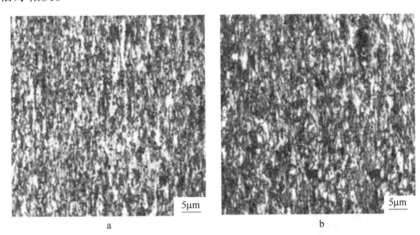

图 4-6　2 号钢种不同原始组织状态下经工艺 a 处理所获得的铁素体组织

（加热温度 900℃，变形温度 700℃，空冷）

a—回火马氏体；b—铁素体和珠光体

4.4　化学成分对显微组织的影响

本章选用的两种实验钢其成分有所差别，相比 1 号钢，2 号钢的碳含量稍高，而且添加了 V 和 Ti，同时提高了 Nb、Si 和 Mn 的含量，其合金成分相对较高。以 1 号和 2 号钢经过相同处理得到原始组织均为回火马氏体的热模拟原样，经过图 4-1a、b 两种工艺路线最后获得的室温组织，如图 4-7 所示。结果表明，在工艺 a 和 b 两种工艺路线下，均以合金成分较高的 2 号钢最终所获得的铁素体组织晶粒更细。可见，合金成分对晶粒尺寸的影响比较明显。微合金元素 Nb、V 和 Ti 等除了具有在加热过程中施加影响细化奥氏体晶粒的作用外，在奥氏体的冷却相变过程中同样发挥作用。

大量的研究工作[4,5]表明，微合金元素 Nb 有利于诱导相变获得细晶铁素体组织，在形变热处理时会产生显著的晶粒细化作用。Nb 提高了钢的应变储能能力，促进了诱导相变热力学；提高 C-Mn 钢的非再结晶区温度，使变形晶界和变形带等有利形核位置得到保留，促进了诱导相变形核动力学；Nb 的细小碳氮化物在晶界析出以及固溶 Nb 的溶质拖曳有效地阻止了细晶铁素体的长大，抑制了铁素体长大动力学，因而添加 Nb 后有利于钢中诱导相变的发生。微合金元素 V 也有一定程度的晶粒细化作用，与 Nb 结合使用效果更显著。当钢中 Ti 含量在

0.02%以下时，对组织和强度的影响很小，而含量超过 0.02%时，其影响趋势和原理与 Nb 相同。这是因为当 Ti 含量在 0.02%以下时，所有的 Ti 与钢中的 N 相结合，形成 TiN 在凝固过程和奥氏体高温区析出，而 TiN 的溶解温度很高，加热过程不溶解。当含量超过 0.02%时，多余的 Ti 将和 C 结合形成 TiC，而 TiC 的固溶与重新析出参与了组织和强度的变化。本文 2 号钢中添加的 Ti 含量为 0.047%。

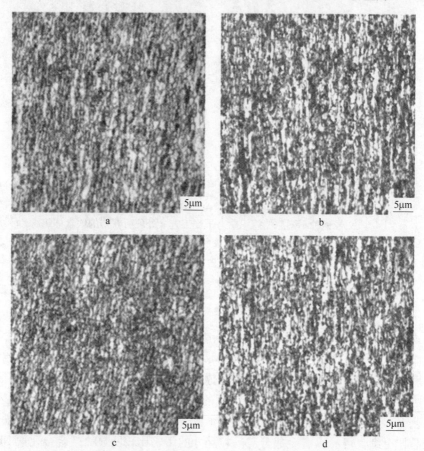

图 4-7 不同钢种（1 号和 2 号）经工艺 a、b 获得的室温组织

（加热温度 900℃，变形温度 700℃，原始组织均为温轧马氏体）

a—1 号钢，工艺 a；b—2 号钢，工艺 a；c—1 号钢，工艺 b；d—2 号钢，工艺 b

4.5 纳米晶组织的 TEM 观察分析

为了对微观组织进一步认识，从而对实验结果进行较深入分析，采用透射电镜对室温组织进行观察，主要内容包括铁素体形态及晶粒尺寸、第二相组成、碳化物含量与分布以及位错组态等，观察的对象限于以 1 号钢为原始材料所进行的实验。

图 4-8 所示为图 4-5b 中铁素体组织的 TEM 照片，结果表明大部分晶粒直径尺寸都在 0.3μm 以下，并且晶界清晰，晶粒呈现较明显的等轴状特征，而且部分区域晶粒尺寸接近纳米级，即 100nm。对应衍射图呈连续细环状，说明晶粒取向差较大。同时组织中还存在少数直径接近 1μm 左右的粗大晶粒。

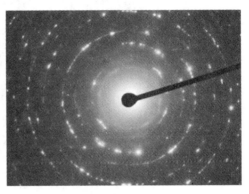

图 4-8　铁素体组织的 TEM 照片（原始组织为温轧马氏体试样经工艺 a 处理，
加热温度为 900℃，变形温度 700℃，水雾冷却至室温）
与对应衍射图（对应金相照片见图 4-5b）

通过 TEM 实验还观察到，在这些铁素体基体组织中，存在少量的马氏体相。这些马氏体多呈板条状，而且大都出现部分分解特征，如图 4-9 所示。部分马氏体板条特征明显，而另一些则呈分解状态。这应该与 700℃ 温度附近的大变形有关。此外，经计算 1 号实验钢 Ms 点温度约为 450℃，据文献[7] 报道，Ms 点温度较高的钢种其马氏体生成后易发生自回火现象，从马氏体组织中析出弥散的渗碳体，这对马氏体的分解起到了促进作用。

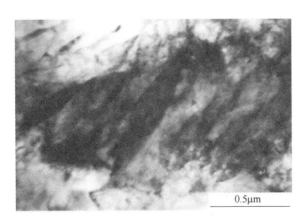

图 4-9　马氏体 TEM 照片（热模拟试样经工艺 b
加热温度 900℃，变形温度 700℃，水冷）

如图 4-10 所示为通过 TEM 观察到的室温组织中的位错形貌，可以看到在铁素体基体中存在较高密度的位错组织。这是由于对过冷奥氏体施加的大变形、在热模拟试样制备过程中的预变形处理及快速加热冷却等工艺措施所导致的。

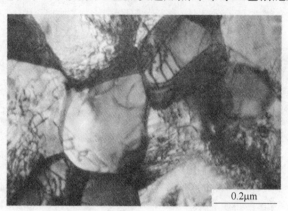

0.2μm

图 4-10　位错形态（对应金相照片见图 4-4c）

4.6　低合金钢组织纳米化的实验室轧制制备

应变诱导相变、动态再结晶及晶内形核铁素体是细化晶粒的有效方法。以往应变诱导相变及动态再结晶的研究通常应用热模拟实验，局限于制备小尺寸试样，而且由于普通低碳钢的应变诱导奥氏体分解温度较高，形成的动态再结晶组织在高温条件下易于粗化。

本节通过在低碳 V-N 钢中添加 Cr 元素提高奥氏体稳定性而降低相变温度，旨在利用 VN 析出物对晶内铁素体形核的促进作用。实验所用材料为 0.1C-1.8Mn-0.3V-0.15N 的 V-N 微合金钢。利用真空感应炉熔炼并铸造成 150kg 钢锭，锻造成钢坯。为了细化原奥氏体晶粒尺寸，坯料进行了两次 900℃ 的循环淬火[12]。

热轧坯料加热至 900℃ 后等温 300s 以保证完全奥氏体化，然后以 35℃/s 速率水冷至 550℃，在此温度下轧至 5.5mm 厚，然后分别空冷和水冷至室温。

图 4-11 为温轧空冷实验钢 SEM 组织和析出物 EDS 分析，温轧空冷实验钢由多边形铁素体和均匀弥散分布的（V，Cr，Fe）（C，N）析出物组成。多边形铁素体晶粒尺寸约为 300~400nm，析出物直径约为 10~50nm。图 4-12 为温轧空冷实验钢 TEM 组织，晶粒尺寸为 300~400nm 的多边形铁素体的晶界清晰，晶粒内部低位错密度表明完全再结晶（图 4-12a）。然而，一些晶界尚未完全形成，在晶界附近存在粗放的轮廓，而且，高密度位错表明处于非平衡状态，具有高内部应力和部分再结晶[12~14]（图 4-12b）。（V，Cr，Fe）（C，N）析出物同时出现在多边形铁素体的晶内和晶界处。

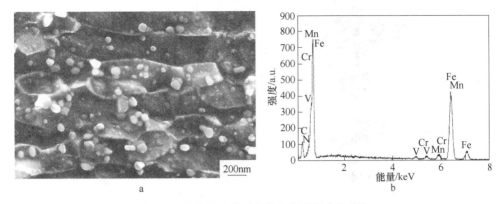

图 4-11　温轧空冷实验钢的组织及析出物分布

a—SEM 组织；b—析出物 EDS 分析

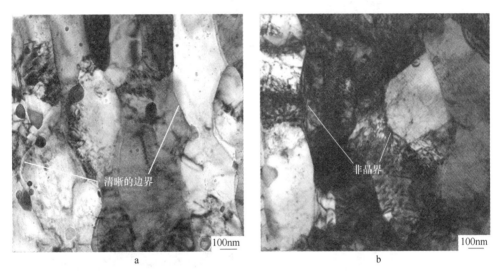

图 4-12　温轧空冷实验钢 TEM 组织

a—带有弥散析出的多边形铁素体；b—具有高密度位错的多边形铁素体

图 4-13 及图 4-14 分别为温轧水淬实验钢的 SEM 及 TEM 组织。与温轧空冷钢相似，温轧水淬钢的多边形铁素体晶粒尺寸约为 300～400nm（图 4-13a 和图 4-14a），良好发育的晶界表明温轧过程中发生了动态相变和动态再结晶。然而，也存在一些厚约 200nm 的长条形态的晶粒，而且含有马氏体组织（图 4-13b 和图 4-14b）。与温轧和空冷实验钢相比，温轧水淬实验钢含有更高比例的非平衡晶界和更高密度的位错。因此，少数温轧空冷实验钢的铁素体晶粒是由变形后长条晶粒的静态再结晶演变而来。与温轧空冷实验钢相比，温轧水淬实验钢的粗大析出物的体积分数较小。因此，细小的析出物形成于温轧过程中，温轧后高冷却速率抑制了析出物的粗化。

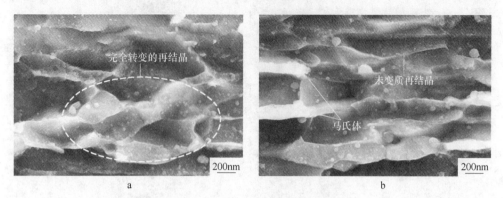

图 4-13 温轧水淬实验钢的 SEM 组织

a—完全相变和充分再结晶；b—部分相变和不充分再结晶

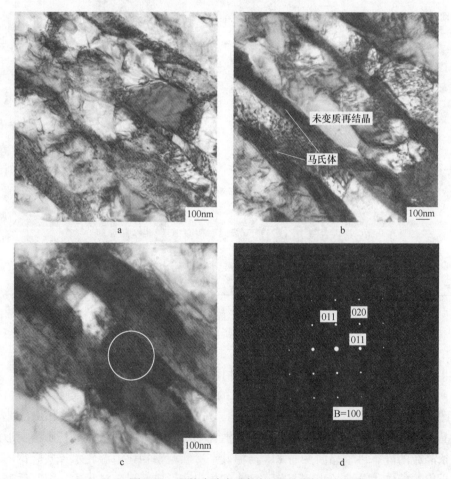

图 4-14 温轧水淬实验钢的 TEM 组织

a—多边形铁素体；b—交替分布的多边形铁素体和马氏体；c—高倍下的马氏体组织；d—图 c 的衍射斑

动态应变诱导奥氏体向铁素体转变在热力学上是可行的。纳米尺度组织在580℃短时保温过程中具有较高的热稳定性，未发现明显的晶粒粗化。添加少量的 V 元素可以增强超细晶低碳钢在受热过程中的组织稳定性，V 元素推迟再结晶，即使再结晶将要发生，形成的纳米尺度析出物可抑制晶粒长大。

温轧水淬实验钢析出物形貌 TEM 分析及 EDS 分析如图 4-15 所示。铁素体基体内分布着（V，Cr，Fe）（C，N）（图 4-15a、b）。典型析出物的化学成分表明尺寸约为 30~40nm 的粗大析出物富 N（图 4-15c），而尺寸约为 10nm 的细小析出物富 C（图 4-15d）。因此，纳米尺度的富 C 析出物形成于温轧低温铁素体相变区。

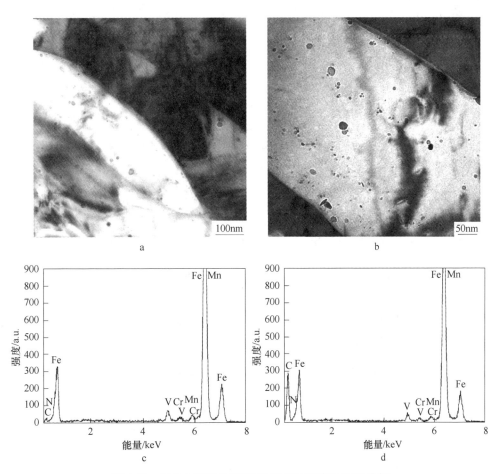

图 4-15　温轧水淬实验钢 TEM 析出物形貌及 EDS 分析
a—铁素体基体中的弥散析出；b—高倍下的析出物；
c—典型粗大析出物的化学分析；d—典型细小析出物的化学分析

温轧空冷实验钢的屈服强度、抗拉强度及断后伸长率分别为 885MPa、920MPa 及 19.8%，温轧水淬实验钢的屈服强度、抗拉强度及断后伸长率分别为 745MPa、935MPa 及 19.5%，可见铁素体/马氏体纳米组织具有较好的加工硬化能力。拉伸过程中，在软的铁素体中开始塑性屈服，硬的马氏体处于弹性状态。铁素体塑性变形过程中，应力从铁素体转移到马氏体。由于快速的位错增值和不协调应变引起的反应力，使得应变硬化速率较高。当转变应力足够大且接近马氏体的弹性变形极限时，马氏体的塑性变形开始，因此在纳米铁素体基体上引入一定数量的纳米马氏体有利于提高加工硬化能力。

参 考 文 献

[1] 雷廷权，姚忠凯，等. 钢的形变热处理 [M]. 北京：机械工业出版社，1979：1~14，324~326.

[2] 杜林秀. 低碳钢变形过程及冷却过程的组织演变与控制 [D]. 沈阳：东北大学，2003.

[3] 杨忠民，赵燕，王瑞珍，等. 形变诱导铁素体的形成机制 [J]. 金属学报，2000，36 (8)：818.

[4] Rune Lagneborg, Tadeusz Siwecki, Stanislaw Zajac, et al. The Role of Vanadium in Microalloyed Steel [J]. Scandinavian Journal of Metallurgy, 1999, 28：186~241.

[5] Radko Kaspar, Josef Siegfried Distl, Klaus-Joachim. Changes in austenite grain structure of microalloyed plate steels due to multiple hot deformation [J]. Steel research, 1998, 57 (6)：271~448.

[6] 霍尼库姆 R W K. 钢的显微组织和性能 [M]. 傅俊岩，等译. 北京：冶金工业出版社，1985：112.

[7] Grange R A. The rapid heat treatment of steel [J]. Metallurgical Transactions, 1971, 2 (1)：65~78.

[8] Shin D H, Kim B C, Park K T, et al. Microstructural changes in equal channel angularpressed low carbon steel by static annealing [J]. Acta Materialia, 2000, 48 (12)：3245~3252.

[9] Takaki S, Iizuka S, Tomimura K, et al. Influence of cold working on recovery and recrystallization of lath martensite in 0. 2%C steel [J]. Materials Transactions JIM, 1992, 33 (6)：577~584.

[10] Park K, Kim Y, Lee J G, et al. Thermal stability and mechanical properties of ultrafine grained low carbon steel [J]. Materials Science and Engineering A, 2000, 293：165~172.

[11] Natori M, Futamura Y, Tsuchiyama T, et al. Difference in recrystallization behavior between lath martensite and deformed ferrite in ultralow carbon steel [J]. Scripta Materialia, 2005, 53 (5)：603~608.

[12] Park K, Kim Y, Shin D H. Microstructural stability of ultrafine grained low-carbon steel containing vanadium fabricated by intense plastic straining [J]. Metallurgical and Materials Transactions A, 2001, 32A：2373~2381.

[13] Shen H P, Lei T C, Liu J Z. Microscopic deformation behavior of martensitic-ferritic dual-phase steels [J]. Materials Science and Technology, 1986, 2 (1): 28~33.

[14] Calcagnotto M, Adachi Y, Ponge D, et al. Deformation and fracture mechanisms in fine- and ultrafine-grained ferrite/martensite dual-phase steels and the effect of aging [J]. Acta Materialia, 2011, 59: 658~670.

5 铁素体晶粒纳米化/亚微米化的马氏体冷轧-退火工艺

最早进行金属材料组织纳米化所用的方法是建立在强烈塑性变形（Severe Plastic Deformation，SPD）基础上的，例如等通道角压缩（Equal Channel Angular Pressing，ECAP）[1~4]，积累叠轧（Accumulative Roll Bonding，ARB)[5,6]等。这种方法尽管能够获得组织纳米化的效果，但它们都需要特殊的设备和特定的制备工艺来实现非常大的应变，因此对于大规模生产应用来说，显得困难而且不经济。本书第 2 章至第 4 章介绍了利用形变和相变进行低合金钢组织纳米化和亚微米化的方法和研究进展，这种方法为某些低合金钢热轧产品组织亚微米和纳米化提供了工业化生产的可能。21 世纪初 Tsuji 等[7~9]和 Zhao X 和 Jing T F 等[10]针对低碳钢开发出了通过冷轧马氏体及随后退火获得纳米组织的方法。这种方法利用马氏体相变、马氏体冷轧及后续退火工艺，通过位错之间相互作用以及回复、再结晶作用形成超细晶粒组织。运用传统的轧制工艺实现应变的积累，制备过程简单易行，有望在大规模生产中得以应用。下面就马氏体冷轧-回火制备超细晶钢的组织演变机理和力学性能特征及进一步提高超细晶钢强塑性匹配的方法进行介绍。

5.1 C-Mn 钢及微合金钢的马氏体冷轧-退火工艺

本节将对冷轧-退火过程中超细铁素体晶粒组织的形成机制进行研究。对马氏体冷轧过程中胞状结构的产生及退火过程中具有大角度晶界的超细晶粒形成加以分析；同时，通过对 C-Mn 钢及微合金钢两种实验钢进行对比，对退火过程中微合金元素碳化物在提高超细晶钢热稳定性方面的作用做进一步探讨。

5.1.1 制备过程

分别采用微合金钢（1 号钢）和低合金钢（2 号钢）两种钢进行实验。两种钢的成分如表 5-1 所示。通过 Thermo-calc 计算，1 号钢和 2 号钢的 A_3 温度分别为 884℃和 894℃。将 12mm 厚度的实验钢经 5 道次热轧，在高于 A_3 温度的终轧温度（终轧温度控制在 940℃左右）下将热轧钢板迅速淬入 10%的盐水中以保证淬火后得到尽可能多的马氏体。将热轧后钢板进行压下量 50%的 15 道次冷轧，之后在 500~650℃退火 60min。

表 5-1　实验用钢的化学成分　　　　（质量分数,%）

实验钢	C	Si	Mn	Nb	Ti	V	P	S
1 号	0.17	2.31	1.58	—	—	—	<0.006	<0.004
2 号	0.16	1.76	1.75	0.050	0.065	0.095	<0.016	<0.006

5.1.2　显微组织演变

图 5-1 所示为 1 号钢和 2 号钢淬火后的扫描电镜组织形貌。可以看出，由不同排列方向的马氏体板条聚集成的马氏体束将淬火前奥氏体晶粒分割成许多部分。图中淬火前奥氏体晶界清晰可见，如箭头所示。通过测量，1 号钢和 2 号钢对应的淬火前奥氏体晶粒尺寸分别为 19μm 和 23μm，远小于 Ueji 等采用热轧冷却后重新加热淬火方法所得到的前奥氏体晶粒尺寸[8]。由此可见，通过热轧直接淬火的方法可以有效地细化淬火前奥氏体组织。

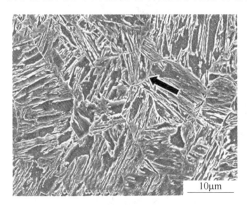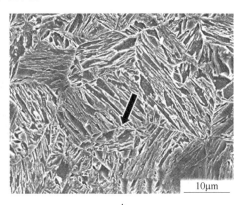

a　　　　　　　　　　　　　　　　　　b

图 5-1　淬火马氏体透射电镜形貌

a—1 号钢；b—2 号钢

图 5-2 所示为 1 号钢淬火后的透射电镜照片。图中可以清楚看出淬火马氏体板条的精细形貌，板条宽约 0.2μm，板条内部存在高密度的位错，板条与板条之间界面清晰。2 号钢淬火后组织形貌与 1 号钢相似。

图 5-3 所示为 1 号钢淬火后冷轧组织几种形貌的扫描电镜照片。冷轧后，马氏体板条的排列与淬火马氏体不同。大部分马氏体板条沿轧制方向呈大致平行分布，如图 5-3a 所示；少数马氏体板条因与轧制方向成一定角度而发生弯曲（图 5-3b），且这种弯曲是根据取向，在同一板条块内协作完成的（图 5-3b 箭头所示）；同时也有因与轧制方向排列接近垂直很难发生转动的部分（如图 5-3c 所示）。

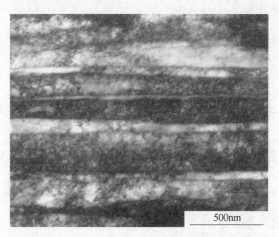

图 5-2　1 号钢淬火马氏体透射电镜组织形貌

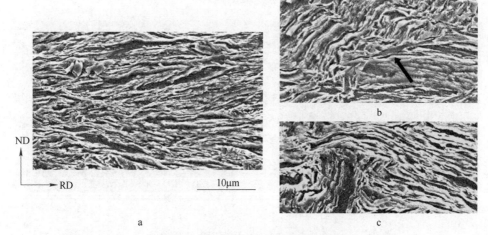

图 5-3　1 号钢冷轧后几种不同的形态
a—板条沿轧制方向分布；b—板条弯曲；c—板条与轧制方向垂直

　　图 5-4 所示为 1 号钢冷轧后不同马氏体形貌的透射电镜照片。图 5-4a 中马氏体板条近乎平行，高密度的位错将马氏体板条分割成"竹节"状，组织呈现出明显的"胞状"结构。从图 5-4a 右上角的选取衍射图样可以看出较明显的环状特征，说明由于冷轧的作用，组织中发展出了更多不同的晶体取向；从图 5-4b 的形态中辨别不出单个的马氏体板条特征，稠密的位错缠结成位错墙，将组织完全分割成胞状结构。马氏体板条界面的消失说明这些区域受到了更大更均匀的塑性变形，与这种解释相一致，图 5-4b 对应的选取衍射图样的环状特征更加明显，也表明了大的塑性变形有利于组织中获得更多取向不同的晶体；图 5-4c 中，马

氏体板条排列规则，板条界面清晰，组织中存在大量高密度的剪切带，对应的选取衍射图样环状特征不明显，说明与此对应的区域受到的应变较小。

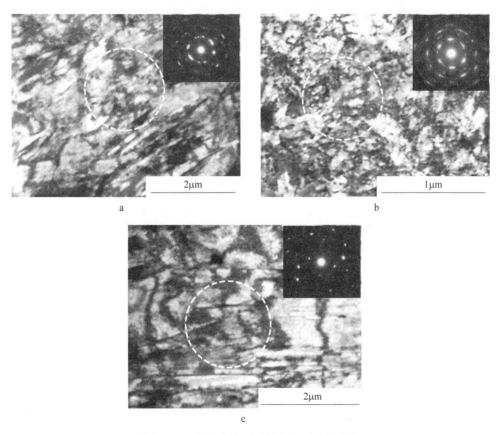

图 5-4　1 号钢冷轧后透射电镜下不同形貌
a—竹节状；b—完全胞状；c—形貌基本不变

　　图 5-5 所示为冷轧后 500~650℃退火 60min 对应的透射电镜照片。可以看出，500℃退火后，马氏体的板条形态消失，冷轧时出现的胞状结构部分转化为晶界（亚晶界）（图 5-5a），尤其对于 2 号钢，这种变化更加明显（图 5-5e）；550℃时，1 号钢中开始出现具有清晰晶界的超细晶粒，可分辨出的晶粒平均尺寸约 230nm（图 5-5b）。相比之下，2 号钢中的超细晶粒更均匀，晶界更加清晰，平均晶粒尺寸为 320nm（图 5-5f），并且在 1 号钢和 2 号钢中同时发现有尺寸为几十纳米至上百纳米的渗碳体析出；600℃时，1 号钢中超细晶粒的形态更清晰，分布更均匀，平均晶粒尺寸约 390nm（图 5-5c），而 2 号钢中晶粒明显长大，同时，碳化物也随之略有长大（图 5-5g）；650℃时，1 号钢中晶粒明显长大，碳化物尺寸也随之增大（图 5-5d）。

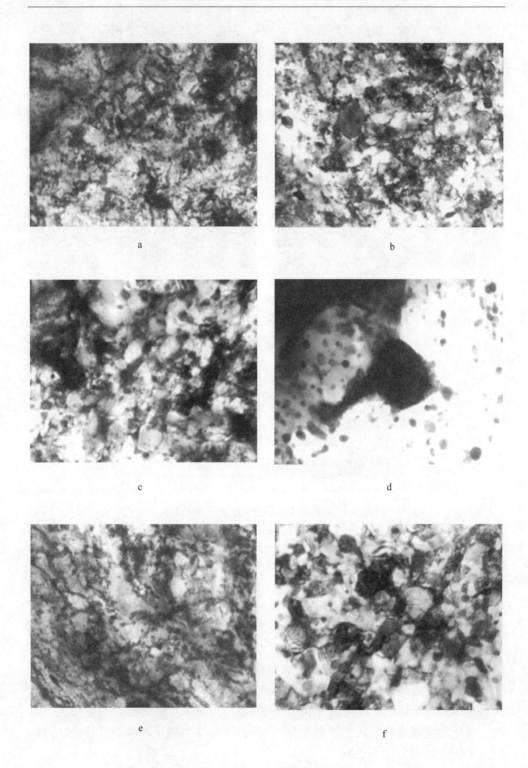

a

b

c

d

e

f

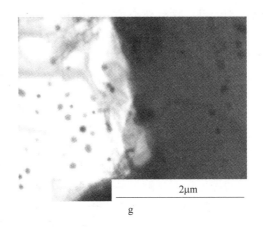

图 5-5 1 号钢和 2 号钢 500~650℃退火 60min 对应的透射电镜组织形貌

1 号：a—500℃；b—550℃；c—600℃；d—650℃；

2 号：e—500℃；f—550℃；g—600℃

对 1 号钢和 2 号钢不同温度退火 60min 后对应的显微硬度测试结果如图 5-6 所示。550℃以下，显微硬度下降缓慢，超过 550℃时，硬度快速下降，且 1 号钢硬度下降幅度小于 2 号钢。与图 5-5 对应可知，550℃时，超细晶粒的出现维持了较高的组织硬度，之后 2 号钢中晶粒迅速长大造成了硬度的急剧降低。结合图 5-5 和图 5-6 发现，超细晶粒的形成能够保持冷轧马氏体组织的硬度，当退火温度升高，超细晶粒长大后硬度将迅速降低。

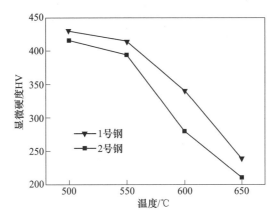

图 5-6 1 号钢和 2 号钢退火后显微硬度随温度的变化

5.1.3 冷轧马氏体对组织的细化作用

马氏体相变后，一个原奥氏体晶粒内晶体学取向相同的马氏体板条聚集成马氏体块，具有相同惯习面的马氏体块集合成马氏体板条束，马氏体块之间，马氏体板条束之间以及相互之间的界面取向差>10.53°，一大部分这种界面属于大角度界面[11]，因此可以把这种马氏体块和马氏体板条束看成是真正意义上的"晶粒"。另外，分析马氏体转变的晶体学特点，在一个晶粒内可以存在4种马氏体板条束，而每种板条束中可能存在6种取向不同的马氏体块，即一个奥氏体晶粒内可以存在24种相互之间具有大角度取向差的晶体取向[12]，由此认为马氏体转变实际上是一种晶粒细化的过程。

冷轧过程中，上述马氏体"晶粒"界面和原奥氏体晶界处容易产生局部不均匀变形，易于形成剪切带，从而有助于晶粒的细化。当初始淬火马氏体板条宏观排列方向与轧制方向夹角较大时，板条发生弯曲，而且这种弯曲是整个板条块协作完成的；当初始淬火马氏体板条排列方向与轧制方向几乎垂直时板条弯曲困难，引起周围板条弯曲，弯曲的板条引起变形的不均匀性，这种不均匀的组织在热处理过程中更容易优先得到回复[13]。淬火过程中马氏体相变诱导产生的位错通常是不可动位错，这种位错的柏氏矢量很少与变形过程中产生的可动位错柏氏矢量平行，使动态再结晶很难发生。因此，这些相变诱导产生的位错会阻碍变形诱导产生可动位错的移动；淬火过程得到过饱和的溶质原子向位错偏聚，阻碍变形过程中位错运动，同时，大量的空位也将降低位错的可动性[14]。所有这些因素都导致了冷轧变形过程中位错密度急剧增加，由淬火时的"树林"状变成了位错墙和位错胞。这些位错墙和位错胞与剪切带和原奥氏体晶界将马氏体组织划分割成胞状结构，如图5-3c所示。这种胞状结构界面取向差随着轧制应变的增加而增大[15]，轧制结束后大部分变为大角晶界（取向差>15°），实现晶粒破碎细化。如图5-7所示为冷轧后1号钢和2号钢晶粒取向差的分布图。可以看出，冷轧后两种钢中取向差大于15°的晶体数占50%以上，这为后续退火获得更多的大角度晶界做好准备。

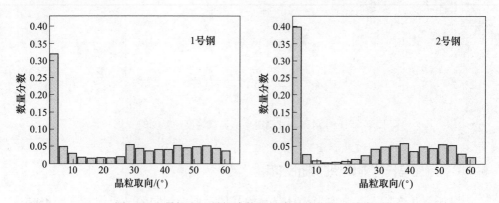

图 5-7　1 号钢和 2 号钢冷轧组织中晶粒取向差分布图

5.1.4 退火对组织的细化作用

Tsuji 等[16]指出，在退火过程中，回复对于获得具有清晰晶界的超细晶粒发挥重要作用。回复实际上是位错成对消失和重排的过程。对于冷轧马氏体组织而言，在回复开始阶段，位错首先由（亚）晶界向晶内运动，位错胞数量增多，原始组织进一步细化；在接下来的回复过程中，很多位错向（亚）晶界聚集，反向矢量的位错相互成对消失使能量降低[17,18]。与此同时，先前模糊的亚晶界变薄，形貌更加清晰，晶界取向差增加，而且已经形成的大角晶界发生局部移动，形成晶粒分布比较均匀的组织。这种组织类似于正常的一次再结晶组织，但大角度晶界移动幅度比一次再结晶晶界移动幅度小，或者说晶粒长大速度比正常再结晶晶粒长大速度慢，称这种回复过程为"延续回复"或者"连续再结晶"[19,20]。通过这种连续再结晶的作用，1 号钢在 550℃和 600℃，2 号钢在 550℃时获得大量晶界清晰、排列规整的超细晶粒。经测试，550℃时 1 号钢和 2 号钢中大角度晶界分别占约 70%和 80%，如图 5-8 所示。可见，通过退火过程发生的连续再结晶有助于获得超细晶粒组织，并且能够大幅提高大角度晶界的比例。

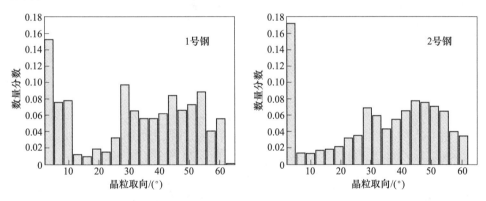

图 5-8　1 号钢和 2 号钢 550℃退火组织中晶粒取向差分布图

5.1.5 微合金元素析出物的作用

如果在回复过程中微合金元素碳化物开始析出，小的析出物将"钉扎"位错，从而减缓位错相互抵消的速度，减慢回复进度。通过碳复型透射电镜试样分析发现，550℃退火时开始有微合金元素碳化物析出，如图 5-9 所示。由对应的 EDX 分析发现析出物为 NbC、VC 和 TiC 的复合析出，而不单是其中一种，其尺寸约为 10nm。根据 Hansen 等人[21]提出的亚晶界模型，析出物"钉扎力"随着碳化物粒子半径的减小而提高。因此，图 5-9 所示的碳化物将有效地"钉扎"位错，从而对获得清晰晶界产生延迟作用。结合实验结果，550℃时 1 号钢与 2 号钢相比，一小部分晶界仍然模糊，且晶粒内部有位错残留，说明这期间微合金元素析出物延缓了回复进程；600℃时，温度的提高给位错运动提供了更大的驱动力，并且碳化物略有长大，"钉扎"作用相对减弱，因此晶界更加清晰。在回复过程后期，弥散分布的碳化物将"钉扎"大角度晶界的局部移动，阻碍晶粒长大，延迟连续再结晶进程，所以，550℃时，1 号钢晶粒尺寸明显小于 2 号钢，如图 5-5b、f 所示；且 1 号钢正常再结晶温度比 2 号钢推迟了 50℃，如图 5-5c、g 所示。

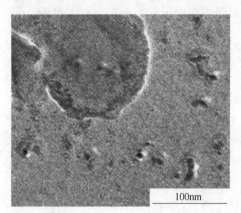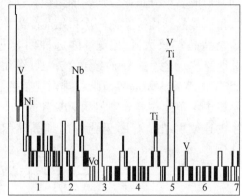

图 5-9　(Nb，V，Ti)C 的碳复型透射电镜照片和对应的 EDX 分析

对 600℃以上退火组织进行 EBSD 观察，如图 5-10 所示为 EBSD 的 IPF 图。对于图中晶界，黑线代表取向差大于 15°晶界，白线代表取向差在 2°到 15°之间。通过测量，600℃和 650℃对应的晶粒尺寸如图 5-11 所示。

a

b

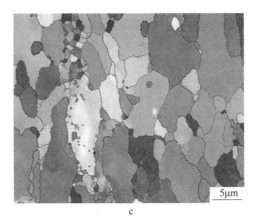

图 5-10 1 号钢和 2 号钢不同退火温度下组织的 EBSD 的 IPF 图
a—1 号 600℃；b—1 号 650℃；c—2 号 600℃；d—2 号 650℃

扫描二维码
看彩图

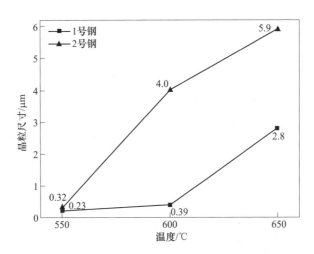

图 5-11 1 号钢和 2 号钢晶粒尺寸随退火温度的变化关系

根据 Zener[22] 理论，在不连续再结晶过程中，由于碳化物析出对晶界移动具有有效的钉扎作用，晶粒长大受阻碍。Manohar[23] 给出了在晶界析出物存在条件下晶粒长大速度的公式：

$$\frac{d\overline{R}^2}{dt} = \frac{1}{2}\alpha M\gamma_b \left(1 - \frac{3F_v\overline{R}}{4r\alpha}\right)^2$$

式中　F_v——析出物体积分数；

　　　r——析出物半径；

　　　M——晶界迁移率；

　　　α——一个数值很小的几何学常数；

$\overline{R}$ —— 平均晶粒半径；

γ_b —— 界面能。

析出物体积分数越大、尺寸越小，晶粒长大速度就越低。实验中，微合金元素析出远比渗碳体析出尺寸小，所以，1 号钢晶粒长大速度比 2 号钢低。这直接导致相同温度下，1 号钢晶粒尺寸比 2 号钢小，1 号钢比 2 号钢再结晶温度推迟50℃，而且 650℃时 1 号钢晶粒尺寸比 600℃时 2 号钢晶粒细小（图 5-11）。从上述分析可以看出，微合金元素析出物有效地延迟了连续再结晶和不连续再结晶进程，从而有效地控制超细晶粒长大速度，提高了超细晶粒钢的热稳定性。

5.2　VN 微合金钢组织超细化及低温超塑性研究

低碳钢马氏体冷轧及退火是获得超细晶/纳米晶结构块体板材的有效方法，由于不需要强烈塑性变形及特殊的设备要求，因而具有极大的工业化潜力。目前，对于马氏体冷轧及退火方法制备超细晶钢的研究一般局限于普通低碳钢或常规微合金钢，对于纳米级析出物对退火过程中再结晶行为影响的研究报道较少。通过前面章节的介绍，我们知道铁素体晶粒的超细化在带来强度提高的同时，加工硬化能力难以令人满意，塑性显著降低，从而造成其应用领域受到限制。20世纪 30 年代，Pearson[24] 首先发表了 Pb-Sn 共熔合金超塑性的研究工作。此后，在不同的材料体系出现了越来越多超塑性的研究。对于钢铁材料而言，超塑性行为研究均局限于超高碳超细晶钢，低碳纳米晶钢高温拉伸性能还未见报道，超细晶钢的超塑性在中温（$(0.5 \sim 0.65) T_m$）实现，开发低于 $0.5 T_m$ 获得超塑性的纳米晶钢意义重大。

本节对两种低碳含 V 钢进行了冷轧及退火处理，首先通过循环淬火细化原奥氏体晶粒尺寸及马氏体板条，继而研究了马氏体在冷轧及退火过程中的组织演变，分析了退火温度、退火时间、变形量及 N 含量对显微组织的影响规律，深入探讨了纳米晶钢的室温及高温拉伸性能，并与超细晶钢板进行了系统的比对。提出了纳米晶钢的制备技术，并获得了优异的力学性能。

5.2.1　制备过程

实验所用普 N 及高 N 含 V 微合金钢的化学成分如表 5-2 所示。实验用钢由真空感应炉熔炼并铸造成 50kg 钢锭，钢锭锻造成 45mm 厚的坯料，经过控轧控冷后获得 5.5mm 厚的钢板。

表 5-2　钢板的化学成分　　　　　　　　　（质量分数,%）

钢种名称	C	Si	Mn	P	S	Al	V	N	Ni
A-普 N 钢	0.11	0.22	1.57	0.003	0.002	0.02	0.1	0.004	0.99
B-高 N 钢	0.1	0.16	1.55	0.003	0.002	0.02	0.1	0.018	0.97

首先通过循环相变方式细化原奥氏体晶粒尺寸，5.5mm 厚钢板加热至 900℃等温 5min，水淬至室温，两次循环淬火后，两块钢板冷轧至 1.6mm，为了研究压下量对组织性能的影响，另两块钢板冷轧至 0.9mm。采用管式炉对冷轧钢板进行退火，退火温度为 450~650℃，退火时间为 2~30min，退火后试样空冷至室温。

试样镶嵌后采用标准金相制备方法抛光，然后采用体积分数 4% 的硝酸酒精溶液腐蚀。显微组织由 Leica DMIRM OM 及 Zeiss Ultra 55 SEM 观察。利用 EDX 分析析出物的化学成分。室温拉伸实验在 Shimadzu AG-X 万能实验机上进行，使用标距为 10mm 的矩形试样。拉伸速率分别采用 3mm/min 及 $0.0001~0.00025s^{-1}$，在室温及 500℃进行。

5.2.2 循环淬火显微组织

两次循环淬火组织形貌如图 5-12 所示，普 N 钢的原奥氏体晶粒尺寸约为 8~10μm，马氏体板条粗大（图 5-12a、c），而高 N 钢的原奥氏体晶粒尺寸约为 3~6μm，且马氏体的板条显著细化（图 5-12b、d）。

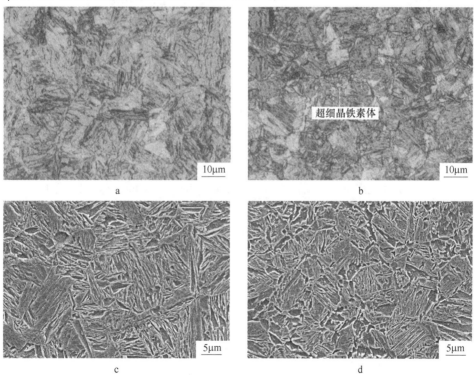

图 5-12 两次循环淬火实验钢 OM 及 SEM 显微组织形貌

a—普 N 钢 A 的金相显微组织；b—高 N 钢 B 的金相显微组织；
c—普 N 钢 A 的扫描显微组织；d—高 N 钢 B 的扫描显微组织

N 含量的提高细化了原奥氏体晶粒，由于晶界数量增多导致马氏体的形核点增加，马氏体板条细化。N 含量提高了 V-N 的固溶度积，因此在 900℃等温过程中，VN 析出物形成，且有效钉扎原奥氏体晶界，抑制奥氏体晶粒的粗化，与临界再加热粗晶热影响区的研究结果相似，VN 析出物也促进了晶界超细晶铁素体形核。

5.2.3　冷轧显微组织

图 5-13 为冷轧 1.6mm 厚实验钢 SEM 显微组织形貌，马氏体经冷轧后板条平行于轧制方向。普 N 钢中细小的板条宽度为 100~150nm，而粗大的板条宽度达 200~300nm（图 5-13a）。高 N 钢中马氏体变形后板条宽度为相对均匀的 100~200nm，少量的超细晶铁素体组织冷轧后也形成平行于轧向的精细板条（图 5-13b）。

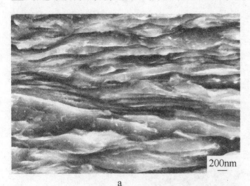

| a | b |

图 5-13　冷轧 1.6mm 厚实验钢 SEM 显微组织形貌
a—普 N 钢 A；b—高 N 钢 B

图 5-14 为冷轧 0.9mm 厚实验钢 SEM 显微组织形貌，马氏体经冷轧后板条平行于轧制方向。普 N 钢中细小的板条宽度为 100~150nm，粗大的板条宽度为 200nm。高 N 钢中马氏体变形后板条宽度为十分均匀的 100~150nm。

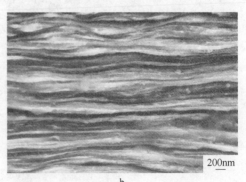

| a | b |

图 5-14　冷轧 0.9mm 厚实验钢 SEM 显微组织形貌
a—普 N 钢 A；b—高 N 钢 B

5.2.4 退火过程中组织演变

图 5-15 为不同退火温度及时间下 0.9mm 厚冷轧普 N 钢的 SEM 显微组织形貌，在 550℃退火 5min 时，形成了少量 150~200nm 的再结晶铁素体晶粒，细小的碳化物开始析出，大部分区域保持板条形态（图 5-15a）。当退火时间为 10min 时，再结晶铁素体的体积分数有所提高，但少数铁素体晶粒尺寸粗化至 300nm，未再结晶的板条粗化至 250nm，碳化物体积分数增大，尺寸粗化至 50~80nm（图 5-15b）。

当 600℃退火 2min 时，形成了 150~200nm 的再结晶铁素体晶粒，部分板条未发生再结晶，且板条间距增大，少数铁素体晶粒粗化至 300nm，形成细小碳化物析出（图 5-15c）。当退火时间为 5min 时，铁素体晶粒粗化至 $0.8~1\mu m$，碳化物沿晶界分布，尺寸约为 50~80nm（图 5-15d）。

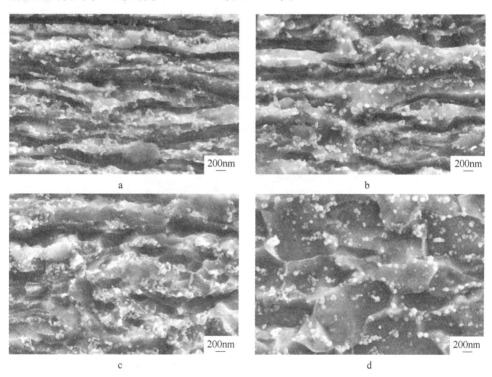

图 5-15 不同退火温度及时间下 0.9mm 厚冷轧普 N 钢的 SEM 显微组织形貌

a—普 N 钢 550℃退火 5min；b—普 N 钢 550℃退火 10min；

c—普 N 钢 600℃退火 2min；d—普 N 钢 600℃退火 5min

图 5-16 为 500℃不同退火时间下 0.9mm 厚冷轧高 N 钢的 SEM 显微组织形貌。退火 5min 时，仅有少量 100~150nm 的再结晶铁素体生成和 20~30nm 的碳

化物析出（图 5-16a）。退火 10min 时，再结晶仍未充分进行，组织仍以板条形态为主，部分板条宽度粗化至 200nm（图 5-16b）。当退火 30min 时，虽然组织仍呈明显的带状分布，但板条间的再结晶铁素体体积分数增大，且 50~60nm 的碳化物已大量析出。500℃长时间退火过程中形成的再结晶铁素体晶粒虽然并未粗化但不呈等轴形态（图 5-16c）。

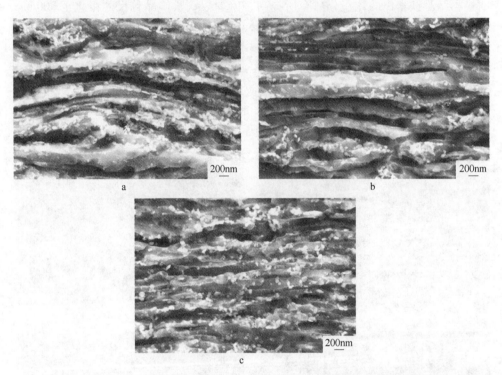

图 5-16　500℃不同退火时间下 0.9mm 厚冷轧高 N 钢的 SEM 显微组织形貌
a—5min；b—10min；c—30min

图 5-17 为 550℃不同退火时间下 0.9mm 厚冷轧高 N 钢的 SEM 显微组织形貌，退火 5min 时，板条特征基本消失，再结晶铁素体晶粒大量形核，细小晶粒尺寸为 150~200nm，少量晶粒尺寸为 200~300nm，细小弥散的碳化物在铁素体晶界析出，尺寸约为 30~50nm（图 5-17a）。退火 10min 时，部分铁素体晶粒粗化至 300~400nm，碳化物析出量增大，尺寸粗化至 50~80nm（图 5-17b）。退火 30min 时，铁素体晶粒粗化至 500~800nm，碳化物的体积分数不变，尺寸仍为 50~80nm（图 5-17c）。

图 5-18 为 600℃不同退火时间下 0.9mm 厚冷轧高 N 钢的 SEM 显微组织形貌，退火 2min 时，再结晶的铁素体晶粒尺寸为 150~200nm，少数铁素体晶粒粗化至 300nm，碳化物尺寸为 50~80nm（图 5-18a），退火 5min 时，细小的再结晶

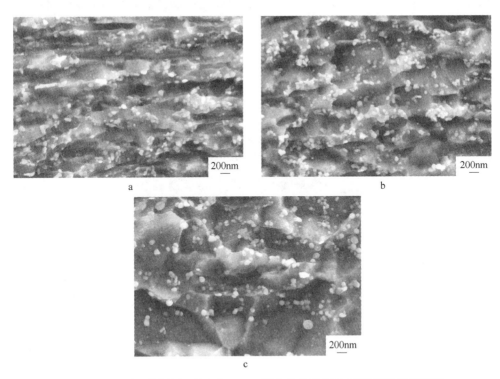

图 5-17　550℃ 不同退火时间下 0.9mm 厚冷轧高 N 钢的 SEM 显微组织形貌

a—5min；b—10min；c—30min

铁素体晶粒尺寸为 200~400nm，粗大的晶粒粗化至 0.8~1μm，碳化物仍为 50~80nm（图 5-18b）。

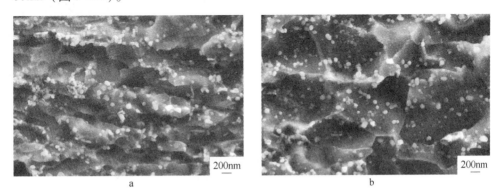

图 5-18　600℃ 不同退火时间下 0.9mm 厚冷轧高 N 钢的 SEM 显微组织形貌

a—2min；b—5min

图 5-19 为 0.9mm 厚冷轧高 N 钢 650℃ 退火 5min 的 SEM 显微组织形貌，铁素

体发生充分再结晶，大部分晶粒粗化至 1~3μm，少量晶粒保持亚微米尺度，弥散分布的碳化物仍为 50~80nm。

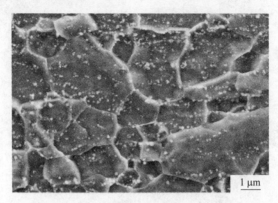

图 5-19   0.9mm 厚冷轧高 N 钢 650℃退火 5min 的 SEM 显微组织形貌

由此可见，短时间退火过程中组织演变情况主要取决于退火温度，450~550℃未发生明显的再结晶，600℃虽然形成了 150~200nm 等轴的再结晶铁素体晶粒，但部分晶粒及板条发生粗化，因此组织均匀性差，650℃再结晶充分进行，但晶粒显著粗化。因此短时快速退火难以获得均匀的 200nm 再结晶铁素体组织。

对于中长时间退火，普 N 钢及高 N 钢具有较为明显的温度敏感性。500℃退火再结晶驱动力不足，550℃退火 5min 时，再结晶得以充分进行，而且晶粒尺寸十分均匀细小。

对 0.9mm 厚高 N 钢进行 550℃退火 5min 处理获得 200nm 的大量等轴铁素体组织，继而在 500℃进行了 5~30min 等温退火，200nm 的铁素体晶粒及细小的渗碳体在 500℃时具有极强的热稳定性，而且等轴程度提高，晶界变得更加明锐。所以，马氏体冷轧钢板可采用两阶段退火工艺：第一阶段采用 550℃退火 5min，形变马氏体板条发生再结晶，形成大量 200nm 的等轴铁素体组织；第二阶段为 500℃长时间退火，此时 200nm 的铁素体具有极强的热稳定性，在退火过程中，晶界逐步发育完全，晶粒间角度差增大。

5.2.5　N 含量对组织演变的影响

N 含量对 V 微合金化钢的组织性能有很大影响。N 的加入增大 V-N 固溶度积，促进 VN 析出物在奥氏体中的形核。通过对比循环淬火普 N 钢与高 N 钢显微组织可知，N 增大奥氏体中 VN 析出的体积分数，900℃等温过程中，VN 有效钉扎原奥氏体晶界，因此高 N 钢的原奥氏体晶粒更细小，细小的原奥氏体晶界也增大了马氏体相变的形核点，使得马氏体板条显著细化。

0.9mm 厚高 N 钢在 550℃退火 5min 时，形成了大量 200nm 的再结晶铁素体晶粒，板条特征基本消失。而普 N 钢在相同的处理条件下，仅有少量的再结晶铁素体形核，板条形态明显，因此，N 的加入促进了再结晶铁素体的形核。

奥氏体中的 VN 析出物可促进晶内铁素体形核，而变形马氏体板条中的 VN 析出物也增大了铁素体再结晶速率。在冷轧大变形过程中，马氏体板条中的 VN 析出物周围积累了大量的位错及空位等缺陷，使得 VN 析出物与变形马氏体间的界面形变储能增大。在退火过程中，这些缺陷是再结晶铁素体的有效形核点，VN 析出物与变形马氏体间高界面能有向低能界面转变的趋势，而且 VN 析出物与新形成的再结晶铁素体间的界面能低，因此大量的 VN 析出物促进了再结晶铁素体的形核。

5.2.6　纳米晶钢的热稳定性

图 5-20 为 0.9mm 厚冷轧高 N 钢 550℃退火 5min 获得的纳米晶组织在 500℃不同等温时间下的 SEM 显微组织。550℃退火 5min 形成了约为 200nm 的铁素体晶粒，随后在 500℃退火过程中，5～30min 均未发生明显的粗化现象，晶粒尺寸仍保持 200nm，而且板条形态逐渐消失，晶粒等轴程度增强，碳化物为 50～80nm（图 5-20a～c）。

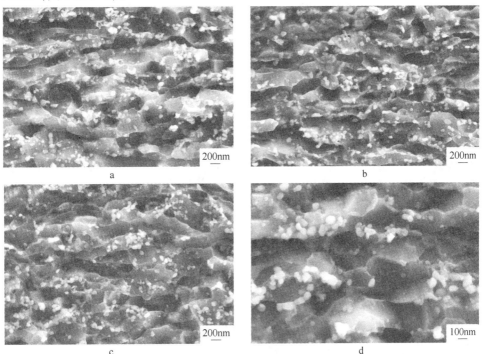

图 5-20　0.9mm 厚冷轧高 N 钢 550℃退火 5min 纳米晶组织在 500℃不同等温时间下的 SEM 显微组织
a—5min；b—10min；c—30min（低倍）；d—30min（高倍）

高倍 SEM 图像显示，550℃形成的 150~200nm 的再结晶铁素体晶粒在 500℃长时间退火过程中具有极强的热稳定性（图 5-20d），保证在 500℃拉伸过程中晶粒尺寸的稳定性。

5.2.7　冷轧马氏体退火过程的析出行为

图 5-21 为冷轧 0.9mm 厚高 N 钢中析出物 SEM 形貌及 EDX 能谱分析，冷轧钢板的组织形貌为均匀细小的板条结构，板条间分布着 10~20nm 细小的球形析出物（图 5-21a），对多个析出物进行 EDX 分析，结果表明析出物为 V(C，N)，且 N 含量高于 C（图 5-21b~d），因此这类细小弥散的析出物形成于 900℃奥氏体区的等温过程，冷轧中未改变原始形态。

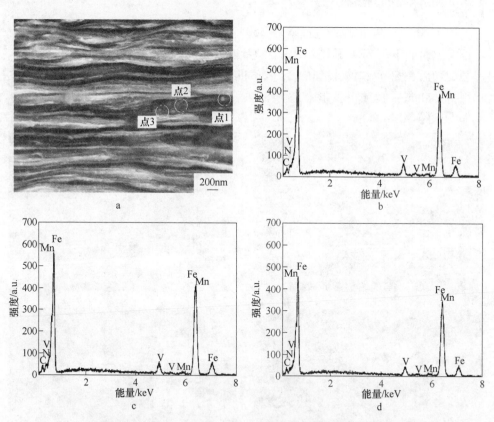

图 5-21　冷轧 0.9mm 高 N 钢中析出物 SEM 形貌及 EDX 分析
a—析出物形貌；b—点 1 对应的 EDX；c—点 2 对应的 EDX；d—点 3 对应的 EDX

图 5-22 为 0.9mm 厚冷轧高 N 钢 550℃退火 5min 后 500℃退火 30min 的析出物 SEM 形貌及 EDX 化学成分，50~80nm 大尺寸的析出物为渗碳体（图 5-22b，c），10~20nm 的析出物为 V(C，N)，其中 C 含量高于 N（图 5-22d，e），因此

10~20nm 的析出物可能形成于退火过程中的铁素体相变区，也可能形成于奥氏体相变区的细小 VN，随后在铁素体相变区退火过程中外围包裹 VC。

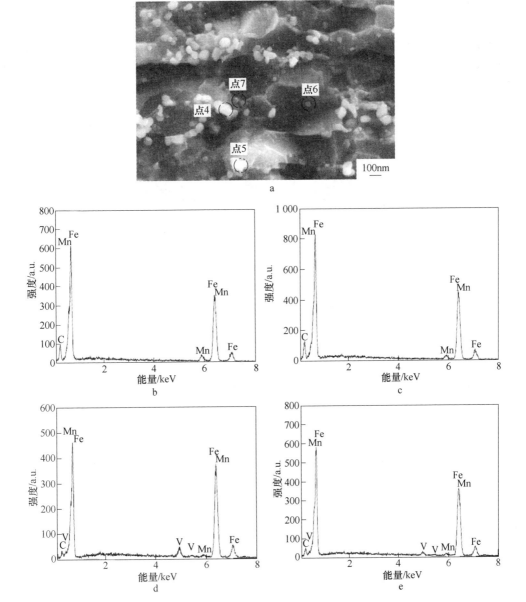

图 5-22　0.9mm 厚冷轧高 N 钢 550℃退火 5min 后 500℃退火 30min 的
析出物 SEM 形貌及 EDX 成分

a—析出物扫描形貌；b—点 4 对应的 EDX；c—点 5 对应的 EDX；d—点 6 对应的 EDX；e—点 7 对应的 EDX

5.2.8 高 N 0.9mm 厚纳米晶钢的拉伸性能和超塑性

图 5-23 为 550℃退火 5min 试样在 20℃不同拉伸速率条件下的应力-应变曲线。该条件下的显微组织为细小晶粒尺寸为 150~200nm、少量晶粒尺寸为 200~300nm 的再结晶铁素体及在铁素体晶界析出的尺寸约为 30~50nm 细小弥散的碳化物。纳米晶组织在分别以 3mm/min 及 0.00025s^{-1} 速率拉伸过程中，应力均迅速增大至 1400MPa，没有加工硬化行为，断后伸长率分别为 12.6%及 12.4%。

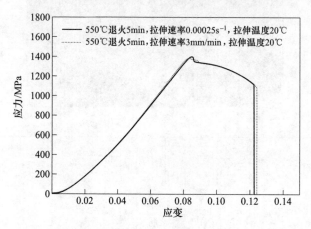

图 5-23   0.9mm 厚冷轧高 N 钢 550℃退火 5min 后在 20℃
不同拉伸速率条件下应力-应变曲线

图 5-24 为不同退火温度及不同拉伸温度条件下的应力-应变曲线。550℃退火 5min 试样在 500℃以 0.00025s^{-1} 拉伸时，屈服强度为 287.5MPa，当最大应力

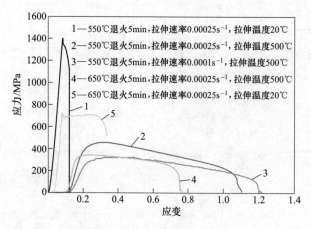

图 5-24   0.9mm 厚冷轧高 N 钢不同退火温度及不同拉伸温度
及速率条件下的应力-应变曲线

达到457MPa后，随着应变的增大，应力缓慢降低，断后伸长率达到95%。当拉伸速率减小至0.0001s^{-1}时，屈服强度降低至266.8MPa，抗拉强度为326.6MPa，应力下降速率减小，断后伸长率提高至106%。650℃退火5min试样在20℃的拉伸曲线出现了明显的屈服平台，屈服强度为714.1MPa，随后发生加工硬化现象，抗拉强度为722.5MPa，断后伸长率为29%。在500℃拉伸时，仍具有较为明显的加工硬化现象，应力达到峰值点后减小速率较快，最后呈现突然下降，屈服强度、抗拉强度及断后伸长率分别为266MPa、343.3MPa及57%。

在20℃室温拉伸过程中，拉伸速率对于晶粒尺寸为200nm铁素体钢板的变形行为影响较小，而在500℃，拉伸速率对于纳米晶钢板的变形行为具有显著的影响。

在20℃室温拉伸过程中，以位错控制为主，而在500℃拉伸过程中，以扩散模式的晶界滑动及晶界扭转为主。在20℃，200nm的铁素体晶粒难以发生加工硬化，因此断后伸长率较低，而1~3μm的铁素体晶粒容易发生位错增值而产生加工硬化，因此断后伸长率提高。在500℃，200nm等轴的铁素体晶粒发生了晶界滑动及晶界扭转，呈均匀延展状态，因此断后伸长率很高，而1~3μm的铁素体晶粒难以发生扭转，而展示出较差的高温延展性。

当铁素体晶粒尺寸细化至等轴的200nm时，在500℃拉伸过程中，参与滑动的晶界数量增大，且协调变形的晶界滑动及扭转扩散距离变短，因此在拉伸速率为0.0001s^{-1}时，实现了伸长率>100%的超塑性。晶粒的纳米化降低超塑性温度区间至0.5T_m以下。

5.3 基于马氏体冷轧-回火工艺的强塑性改善

在过去的几十年中，超细晶材料及其生产方法因其巨大的潜在应用前景而受到广泛关注。最近，Tsuji等[6,7]通过回火冷轧马氏体制成超细晶粒钢。通过冷轧，在马氏体中产生了较大的边界错位的位错单元，并在随后的回火过程中演变成具有高角度和尖锐晶界的超细晶粒[25]。该方法以马氏体为初始组织，通过常规的冷轧和回火工艺获得了较大的累积变形，从而为实际应用提供了路径。然而，在回火过程中，超细晶粒通常容易粗化。例如，晶粒尺寸从200nm突然增加到几微米，而回火温度从550℃增加到600℃，显示出较差的热稳定性。众所周知，微合金元素通过钉扎晶界可以有效阻止再结晶和晶粒长大[26~28]。在先前的工作中，我们发现微合金化的沉淀物可以阻止超细铁素体晶界的运动，从而有效地提高了UFG钢的热稳定性。

超细晶粒钢大规模应用的必要条件是在其使用期间必须足够安全，这就要求其具有良好的强塑性匹配。这可以称为机械稳定性。研究发现[29]，将晶粒尺寸减小到小于1μm可以显著提高强度，但会导致过早的塑性失稳与塑性降低，其他很多研究也面临同样的问题[30,31]。这可能归因于晶粒细化使得位错累积能力差，从而导致加工硬化能力降低。为此，研究人员提出了一些改善强度-塑性平衡的策略。例如，利用第二相引入的方法，Zhao 等[32]通过对热轧低碳钢进行退火，制备出铁素体-渗碳体组织。在这种情况下，将大量弥散的渗碳体颗粒引入到超细晶铁素体中，显著改善了强度-塑性平衡。

5.3.1　超细晶铁素体-马氏体组织

众所周知，铁素体-马氏体双相钢中铁素体和马氏体分别提供良好的塑性和足够的强度，并且两相的配合可以获得良好的加工硬化能力，因而具有优异的强塑性匹配。为此，将马氏体引入到超细晶铁素体组织中，有望提高超细晶钢的加工硬化能力，实现高强塑性匹配。

以 5.1 小节中的实验钢的冷轧原料为研究对象，将两种实验钢分别经 760℃回火 1min、2min 和 3min 后淬火至室温，获得了铁素体+马氏体双相组织。图 5-25所示为两种实验钢经 760℃不同时间回火对应组织的 EBSD 图像质量（IQ）图。可以看出，发现 1 号钢中的马氏体分布均匀，随回火时间延长，铁素体晶粒尺寸变化不明显，平均晶粒尺寸为 2~3μm。而 2 号钢中马氏体分布不均匀，且铁素体晶粒尺寸比 1 号钢大得多，部分晶粒尺寸大于 10μm。

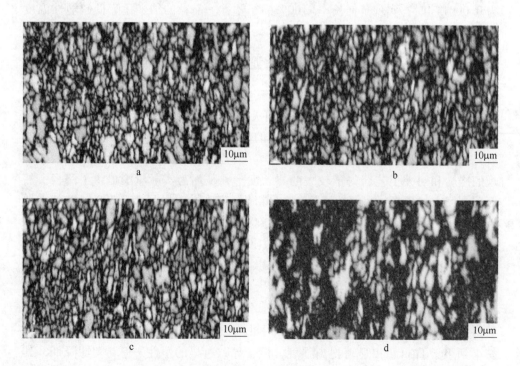

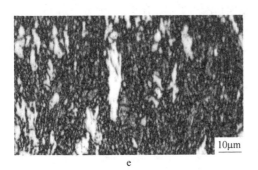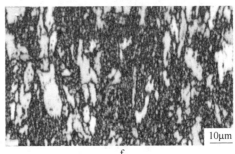

图 5-25 两种实验钢不同回火时间对应组织的 EBSD 图像质量图

1 号钢：a—回火 1min；b—回火 2min；c—回火 3min；

2 号钢：d—回火 1min；e—回火 2min；f—回火 3min

图 5-26 所示是 1 号和 2 号钢经 760℃回火 3min 后的 TEM 照片。可以看出，与图 5-25c 和 f 一致，1 号钢中马氏体岛（标记为"M"）沿铁素体（标记为"F"）晶界均匀分布（图 5-26a），而在 2 号钢中铁素体晶粒尺寸较大，周围存在大量相互连接的岛状马氏体（图 5-26b）。在马氏体附近的铁素体晶粒中存在大

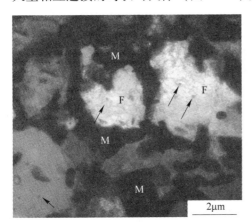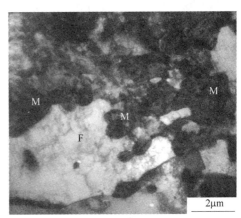

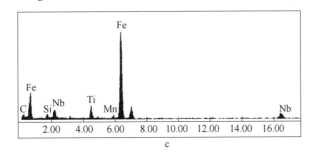

图 5-26 1 号和 2 号钢经 760℃回火 3min 后的 TEM 照片

a—1 号钢 TEM 照片；b—2 号钢 TEM 照片；c—1 号钢析出粒子的 EDX 分析

量密集的位错，这些位错通常称为几何必须位错[33,34]，在应变硬化中起重要作用。另外，能谱分析显示在图 5-26a 铁素体中存在大量细小弥散的（Nb，Ti）(CN)析出粒子。

图 5-27 所示为 1 号和 2 号钢 760℃回火 3min 对应的真应力-真应变曲线，表5-3 为与之对应的力学性能数据。从应力-应变曲线的特征上看，细晶粒双相钢表现出典型的连续屈服和高初始加工硬化率特征。与 5.1 节中具有超细铁素体组织的 1 号钢对比可以看出，细晶铁素体-马氏体组织对应的伸长率明显提高。尽管2 号钢中马氏体体积分数更高，但 1 号钢屈服强度显著高于 2 号钢，可见 1 号钢屈服强度的提高主要取决于其铁素体晶粒尺寸的细化。

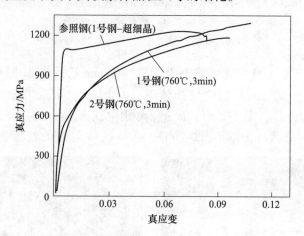

图 5-27　两种实验钢的真应力-真应变曲线

表 5-3　超细铁素体-马氏体钢的力学性能

实验钢	工艺	屈服强度/MPa	抗拉强度/MPa	均匀伸长率/%	抗拉强度×均匀伸长率/MPa·%
参照钢	550℃，60min	1063	1073	6.6	7082
1 号钢	760℃，3min	653	1035	11.9	12317
2 号钢		495	975	9.8	9555

根据 Holloman 公式：$\sigma = K\varepsilon^n$，其中 K 为强度系数，n 为加工硬化指数，σ 为真应力，ε 为真应变。根据 Considere 准则，n 值越大，则材料在失稳之前容许发生的变形程度越大。图 5-28 为两种实验钢及参照钢对应的 $\ln\sigma\text{-}\ln\varepsilon$ 曲线，其中线性拟合的斜率为 n 值。可以看出，超细晶铁素体钢中的 n 值远低于细晶铁素体-马氏体钢。在超细晶铁素体钢中，由于位错累积能力差，导致加工硬化率低，进而造成伸长率较低。通过在硬质马氏体岛周围的铁素体中引入可动的几何必须位错可以显著提高加工硬化能力[33,35]。

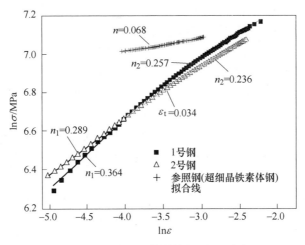

图 5-28　1 号和 2 号钢的 $\ln\sigma\text{-}\ln\varepsilon$ 曲线

此外，从图 5-28 中可以看出，1 号钢和 2 号钢均表现出两阶段的加工硬化行为，与常规双相钢类似[36,37]。通常认为[38]，在第一阶段，铁素体发生塑性变形，然后在第二阶段两相协调变形。在第一阶段中，1 号钢的 n_1 值明显高于 2 号钢。其原因在于，1 号钢中的铁素体晶粒细小且分不均匀，因此马氏体的分布更均匀，且马氏体岛之间的间距较小，因此可以提供更多可动位错。两种钢在第二阶段的 n_2 值非常接近，因为在该阶段塑性变形主要由马氏体决定。因此，较高的加工硬化率使得 1 号钢中的均匀伸长率更高。

将第二相马氏体引入细晶铁素体中可以显著提高超细晶钢的加工硬化能力，从而有效地改善强度-塑性平衡。微合金元素的添加有助于获得更为细小均匀的组织，从而获得更为优异的强塑性匹配。这种方法为超细晶钢高使用性能的实现这提供了一种新的途径。

5.3.2　超细晶铁素体-奥氏体组织

早在 1972 年，Miller[39]研究发现，将较高 Mn 含量（5.7%）或 Ni 含量的低碳钢热轧后冷却至室温得到全马氏体组织，之后经冷轧及 500~640℃ 回火后，可以获得超细晶铁素体+奥氏体组织，平均晶粒尺寸为 0.4~1.1μm。640℃ 回火 1h 对应的抗拉强度为 1144MPa，伸长率达到 30%。他们认为通过调控铁素体晶粒尺寸，并调控奥氏体的稳定性以获得良好的 TRIP 效应，可以获得良好的强塑性匹配。

2007 年，Merwin 等[40]发现将 5%~7%Mn-0.1%C 的中锰钢热轧冷却后，经冷轧后在不同温度回火，得到铁素体-马氏体-残余奥氏体混合组织。研究发现，残余奥氏体含量的提高有助于获得更加优异的综合力学性能，强塑积可到

30000MPa·%。

2010 年之后，钢铁研究总院研发团队提出了"多相、亚稳和多尺度"的 M^3（Multi-phase、Meta-stable、Multi-scale）组织调控思路来大幅提高材料的强度和塑性，形成了第三代汽车用钢研发技术思路。通过对系列 Mn 含量的热轧和冷轧态中锰钢退火后的组织演变和元素配分行为进行了大量研究[41~43]，掀起了国内外中锰钢的研发热潮。

随着人们对中锰钢的强塑性机理认识越来越深刻，越来越多的高强度、高塑性的中锰钢被设计出来。人们开始探索合金元素设计及工艺条件与残余奥氏体稳定性之间的定量关系[44,46]，并深入探索中锰钢变形机制。

从众多研究者给出的显微组织图片中可以看出，中锰钢经冷轧退火后得到的均是超细的等轴铁素体+亚稳奥氏体组织。大量亚稳残余奥氏体来源于退火过程中 Mn 的配分导致奥氏体稳定性大幅提高，从而在冷却过程中残余奥氏体得以保留。研究表明[42]，亚稳残余奥氏体将在拉伸过程中的第二阶段通过 TRIP 效应转变为马氏体，提高了中锰钢的均匀伸长率。

如前所述，超细晶铁素体带来了高屈服强度。通过在超细晶铁素体中引入韧性相，可以在保证高强度的基础上进一步提高超细晶钢的强塑性匹配。由此可见，马氏体冷轧-回火制备方法为第三代汽车用冷轧中 Mn 钢的开发提供了原型工艺，与此同时，第三代汽车用钢"多相、亚稳和多尺度"的组织控制思想又为该工艺方法的进一步完善提供了新的思路。

参 考 文 献

[1] Yuntian Theodore Zhu, Terry C Lowe. Observations and issues on mechanisms of grain refinement during ECAP process [J]. Materials Science and Engineering A, 2000, 291: 46.

[2] Zenji Horita, Takayoshi Fujinami, Terence G. Langdon. The potential for scaling ECAP-Effect of sample size on grain refinement and mechanical properties [J]. Materials Science and Engineering A, 2001, 318: 34.

[3] Stolyarov V V, Zhu Y T, Lowe T C, et al. Two step SPD processing of ultrafine-grained titanium [J]. Nanostructured Materials, 1999, 11: 947.

[4] Dong Hyuk Shin, Kyung-Tae Park. Ultrafine grained steels processed by equal channel angular pressing [J]. Materials Science and Engineering A, 2005, 410~411: 299.

[5] Saito Y, Tsuji N, Utsunomiya H, et al. Ultra-fine grained bulk aluminum produced by accumulative roll-bonding (ARB) process [J]. Scripta Materialia, 1998, 39: 1221.

[6] Tsuji N, Saito Y, Utsunomiya H., et al. Ultra-fine grained bulk steel produced by accumulative roll-bonding (ARB) process [J]. Scripta Materialia, 1999, 40: 795.

[7] Tsuji N, Ueji R, Minamino Y, et al. A new and simple process to obtain nano-structured bulk

low-carbon steel with superior mechanical property [J]. Scripta Materialia, 2002, 46: 305.

[8] Ueji R, Tsuji N, Minamino Y, et al. Ultragrain refinement of plain low carbon steel by cold-rolling and annealing of martensite [J]. Acta Mater. , 2002, 50: 4177.

[9] Ueji Rintaro, Tsuji Nobuhiro, Minamino Yoritoshi, et al. Effect of rolling reduction on ultrafine grained structure and mechanical properties of low-carbon steel thermomechanically processed from martensite starting structure [J]. Science and Technology of Advanced Materials, 2004, 5: 153.

[10] Zhao X, Jing T F, Gao Y W, et al. Annealing behavior of nano-layered steel produced by heavy cold-rolling of lath martensite [J]. Materials science and engineering A, 2005, 397: 117~121.

[11] Hiromoto Kitahara, Rintaro Ueji, Nobuhiro Tsuji, et al. Crystallographic features of lath martensite in low-carbon steel [J]. Acta Materialia, 2006, 54: 1282~1283.

[12] Morito S, Tanaka H, Konishi R, et al. The morphology and crystallography of lath martensite in Fe-C alloys [J]. Acta Materialia, 2003, 51: 1790.

[13] Belyakov A, Kimura Y, Tsuzaki K. Recovery and recrystallization in ferritic stainless steel after large strain deformation [J]. Materials science and engineering A, 2005, 403: 249~259.

[14] 毛卫民, 赵新兵. 金属的再结晶与晶粒长大 [M]. 北京: 冶金工业出版社, 1994: 21.

[15] Kuhlmann-Wilsdorf D, Niels Hansen. Geometrically necessary, incidental and subgrain boundaries [J]. Scripta Metallurgica & Materialia, 1991, 25: 1557~1559.

[16] Tsuji N, Ueji R, Saito Y, et al. Proc. of the 21st RISΦ Int. Symp on materials Science [A]. RISΦ National Laboratory, Denmark, 2000: 607~616.

[17] Rolf Sandstrom. On recovery of dislocations in subgrains and subgrain coalescene [J]. Acta Metallurgica, 1997, 25: 897~904.

[18] Christian J W. The theory of transformations in metals and alloys [M]. Pergamon, 2002: 836.

[19] Belyakov A, Sakai T, Miura H. , et al. Continuous recrystallization in austenitic stainless steel after large strain deformation [J]. Acta Mater. , 2002, 50: 1547.

[20] Davies R K, Randle V, Marshall G J. Continuous recrystallization—related phenomena in a commercial Al-Fe-Si alloy [J]. Acta mater. , 1998, 46: 6021.

[21] Hansen S S, Vander Sande J B, Cohen M. Niobium carbonitride precipitation and austenite recrystallization in hot-rolled microalloyed steelsMeall [J] . Mater. Trans. A, 1980, 11A: 387~402.

[22] Zener C, Smith C S. Grains, Phases and Interfaces: An Interpretation of Microstr-ucture [M]. Trans-AIME, 1948, 175: 15.

[23] Manohar P A, Ferry M, Chandra T. Five decades of the zener equation [J]. ISIJ International, 1998, 38 (9): 920.

[24] Pearson C E. Viscous properties of extruded eutectic alloys of lead-tin and bismuth-tin [J]. Journal of the Institute of Metals, 1934, 54: 111~124.

[25] Lan H F, Liu W J, Liu X H. Ultrafine ferrite grains produced by tempering cold-rolled martensite in low carbon and microalloyed steels [J]. ISIJ Int 2007; 47: 1652~1657.

[26] Deardo A J. Niobium in modern steels [J]. Inter Mater Rev 2003; 48: 371~402.

[27] Gladman T. The physical metallurgy of microalloyed steels [M]. London: The institute of Materials; 1997.

[28] Charleux M, Poole W J, Militzer M, et al. Precipitation behavior and its effect on strengthening of an HSLA-Nb/Ti steel [J]. Metall Mater Trans A 2001; 32: 1635~1647.

[29] Liu X H, Lan H F, Du L X, et al. High performance low cost steels with ultrafine grained and multi-phased microstructure [J]. Science in China (Series E) 2009, 52: 2147~2480.

[30] Tsuchida N, Masuda H, Harada Y, et al. Effect of ferrite grain size on tensile deformation behavior of a ferrite-cementite low carbon steel [J]. Mater Sci Eng A 2008, 488: 446~452.

[31] Shin D H, Pak J J, Young K K, et al. Effect of pressing temperature on microstructure and tensile behavior of low carbon steels processed by equal channel angular pressing [J]. Mater Sci Eng A 2002, 325: 31~37.

[32] Zhao M C, Hanamura T, Yin F X, et al. Formation of bimodal-sized structure and its tensile properties in a warm-rolled and annealed ultrafine-grained ferrite/cementite steel [J]. Metall Mater Trans A 2008, 39: 1691~1701.

[33] Speich G R. Phisical metallurgy of dual-phase steels [J]. In: Fundamemtals of dual-phase steels, Metallurgical society of AIME, 1981: 20~22.

[34] Aldazabal J, Gil Sevillano J. Hall-Petch behaviour induced by plastic strain gradients [J]. Mater. Sci. Eng. A 2004, 365: 186~190.

[35] Needleman A, Gil Sevillano J. Preface to the view point set on: geometrically necessary dislocations and size dependent plasticity [J]. Scripta Mater, 2003, 48: 109~111.

[36] Akbarpour M R, Ekrami A. Effect of ferrite volume fraction on work hardening behavior of high bainite dual phase steels [J]. Mater Sci Eng A 2008, 477: 306~310.

[37] Movahed P, Kolahgar S, Marashi S P H, et al. The effect of intercritical heat treatment temperature on the tensile properties and work hardening behavior of ferrite-martensite dual phase steel sheets [J]. Mater Sci Eng A 2009, 518: 1~6.

[38] Tomita Y. Effect of morphology of second-phase martensite on tensile properties of Fe-0.1C dual phase steels [J]. J Mater Sci 1990; 25 (12): 5179~5184.

[39] Miller R L. Ultra-fine grained microstructures and mechanical properties of alloy steels [J]. Metall. Trans. , 1972, 3: 905~912.

[40] Merwin M J. Hot- and Cold-Rolled Low-Carbon Manganese TRIP Steels. SAE Transactions, Vol. 116, Section 5: Journal of Materials and Manufacturing, 2007, 8~19.

[41] Luo H W, Shi J, Wang C, et al. Experimental and numerical analysis on formation of stable austenite during the intercritical annealing of 5Mn steel [J]. Acta Mater. , 2011, 5 (9): 4002~4014.

[42] Cao W Q, Wang C, Shi J, et al. Microstructure and mechanical properties of Fe-0.2C-5Mn steel processed by ART-annealing [J]. Mate. Sci. Eng. , 2011, 528A (22-23): 6661~6666.

[43] Cao W Q, Wang W, Wang C Y, et al. Microstructures and mechanical properties of the third generation automobile steels fabricated by ART-annealing [J]. Sci. China Tech. Sci. , 2012, 55 (7), 1815~1822.

[44] He B B, Luo H W, Huang M X. Experimental investigation on a novel medium Mn steel combining transformation-induced plasticity and twinninginduced plasticity effects [J]. Int. J. Plast. ,

2016, 78: 173~186.

[45] Sohn S S, Song H J, Kwak J H, et al. Dramatic improvement of strain hardening and ductility to 95% in highly-deformable high-strength duplex lightweight steels [J]. Sci. Rep., 2017, 7: 1927.

[46] Kisko A, Hamada A S, Talonen J, et al. Effects of reversion and recrystallization on microstructure and mechanical properties of Nb-alloyed low-Ni high-Mn austenitic stainless steels [J]. Mater. Sci. Eng., 2016, 657A: 359~370.

6 奥氏体不锈钢深冷轧制及组织纳米化

1965 年美国 Lousiana 技术大学的 Barron[1, 2]教授对 12 种工具钢、3 种不锈钢和其他 4 种钢材分别进行了深冷处理实验，发现经深冷处理与未经深冷处理的模具钢相比，耐磨性比原来提高 2~6.6 倍，且经−190℃深冷处理工件的耐磨性是经−84℃冷处理的 2.6 倍。随后美国、日本等世界各国学者都对其进行了较为广泛和深入的研究。20 世纪 80 年代末开始，国内的一些科研机构开始钢铁材料深冷处理工艺方面的研究。从国内外研究深冷处理工艺机理的情况来看，主要是围绕深冷处理工艺对残余奥氏体转变量和马氏体中析出超细碳化物的影响。

深冷处理使合金钢的显微组织发生变化，以此为基础，再对深冷处理后的材料进行超低温轧制即为深冷轧制，目前深冷轧制是制备某些超细晶金属材料新的有效手段之一。

深冷轧制技术与 SPD[3~5]技术相比，仅需相对小的变形量即可获得超细晶粒材料[6]，能有效降低轧机负荷，同时在一定程度上改善显微组织的均匀性，且细化晶粒的能力明显高于室温冷轧，产品尺寸较大，表面质量较好。以亚稳态奥氏体不锈钢为深冷轧制的对象，实现深冷轧制技术制备超细晶奥氏体不锈钢组织、织构和力学性能的精确控制，既拓宽了深冷加工的研究视野，也为深冷轧制技术在工业上的推广应用提供理论依据。

6.1 深冷处理与深冷轧制

6.1.1 深冷处理

低温处理分为冷处理（Sub-zero Treatment）和深冷处理（Deep Cryogenic Treatment）。一些学者[7~9]定义深冷处理是指置于低温（−125~−196℃）的处理，冷处理是指在低温（−60 ~−80℃）的处理；也有学者[10~12]认为深冷处理是−130℃或−160℃以下的处理，而冷处理温度约为−100℃以上。区分两种低温处理温度的依据是两种冷处理方式下影响被处理件的效果不同[9]。冷处理有利于奥氏体转变为马氏体，常应用于制造工序中提高样件的表面硬度和热稳定性。深冷处理能获得高的耐磨性和韧性，最近几年常用于提高产品的使用寿命。

深冷处理作为传统热处理的扩展，能够改善材料组织和性能。它不仅能提高材料的尺寸稳定性、减少变形，还可以提高材料的耐磨性、冲击韧性、抗拉强度、残余应力等[11,13]，并且操作简便，无污染、成本低，属绿色制造技术范畴。深冷处理能使组织中的残余奥氏体完全转变为马氏体以及马氏体分解和超微细碳化物的析出等组织结构的改变，使硬度、强度、耐磨性、热稳定性提高[14]。目前深冷处理钢铁材料强化机理主要有以下几种观点。

（1）残余奥氏体的转变。由于钢中奥氏体在低温环境下不稳定，深冷处理过程中残余奥氏体向马氏体转变，使位错密度提高，使原来的缺陷（微孔及内应力集中的部分）产生塑性流动而发生组织细化，因此只要将金属置于超低温环境下，其中的奥氏体就会转变成马氏体，使工件的硬度、强度均得到提高，也可稳定工件的尺寸，但降低了韧性[15]。通常由于高碳钢的马氏体转变终了温度 M_f 低于 0℃，淬火冷却至室温时有大量的奥氏体未转变完全，残余奥氏体可达 20% 以上。深冷处理温度远低于马氏体转变终了温度 M_f，提供了极大的过冷度作为驱动力，使得残余奥氏体向马氏体转变发生，而温度越低，相变驱动力越大，相变量越多，因此经过深冷处理后大量马氏体发生转变，但仍有少量奥氏体残留。深冷处理改变了残留奥氏体的含量、形状、分布和亚结构，经处理后的残留奥氏体处于等轴压应力状态，不会引起塑性变形，是相当稳定的组织，在使用过程中以韧性相出现，起到缓和应力，防止接触疲劳扩展的作用，有利于提高钢的强韧性。

（2）微细碳化物的析出。深冷处理后从马氏体中析出了大量弥散分布的微细碳化物，从而形成了弥散强化，改善材料的力学性能。文献[16~18]认为深冷处理过程中马氏体发生了分解，由于铁的点阵常数有缩小的趋势，过饱和的碳可引发点阵畸变增大，增强碳原子析出的驱动力，但由于低温下碳原子扩散困难，扩散距离变短，由低温向室温回复过程中，碳原子扩散能力相对增强，偏聚在孪晶界或晶体缺陷处，析出微细碳化物。Huang J Y 等[19]研究得出深冷处理不仅可以促进碳化物的形成，增加马氏体基体中碳化物的体积分数，同样可以提高碳化物分布的均匀度。

文献[9，12，16]认为淬火过程中马氏体的形成引起邻近奥氏体出现大量位错，由于过饱和空位的存在使碳原子的扩散系数增大，又由于间隙碳原子与位错应力场的相互作用使碳原子在位错线附近偏聚。深冷处理降温过程中，残留奥氏体继续转变为马氏体，位错不断增加，也伴随着碳原子的偏聚。在随后升温的过程中，由于马氏体晶胞收缩，碳原子与位错的相互吸引，位错附近的碳原子不会向晶格中扩散，而是沿位错线和晶界扩散，此时碳原子趋向于沿位错线均匀分布，并可沿晶界向外扩散，碳原子可以从奥氏体和马氏体中扩散到渗碳体中，造成碳化物的析出。

（3）组织细化。组织细化是指原来粗大的马氏体板条发生碎化，从马氏体的基体上析出大量的微细弥散碳化物，从而改善工件的强韧性，提高耐磨性。关于组织细化问题，文献[19]认为随深冷处理时间的延长，会引起粗大的原始马氏体针片内亚单元碎化，马氏体组织得到了细化，从而导致晶粒尺寸细化；文献[20]认为在室温下除了碳原子外其他合金元素几乎不发生扩散，由于深冷处理引起相变而产生的应变能导致位错发生移动，晶格发生畸变，而低温下原子的振动能降低，导致微裂纹的产生，晶粒尺寸细化；文献[21]认为深冷处理引起残余奥氏体向马氏体发生转变，使面心立方点阵 γ-Fe 以切变的方式定向有序地向体心立方点阵的 α-Fe 转变，由于马氏体晶粒比奥氏体的细小，马氏体增多意味着深冷处理后基体中形成细晶强化。晶粒细化是冲击韧性提高的主要原因，大量微细碳化物的弥散析出是其硬度获得少许提高的主要原因。目前深冷处理组织细化的理论尚没有明确定论，可能是由于马氏体点阵常数发生了变化，也可能是由马氏体分解析出微细碳化物所造成。

6.1.2　深冷轧制

深冷轧制（Cryorolling，CR）技术是近几年国际上出现的一种制备超细晶粒金属板材的新方法，该技术是通过对常规热轧（或冷轧）材料在液氮低温的条件下多道次轧制，抑制轧制过程中的动态回复并保留轧制过程中形成的高密度位错并积累大量的变形能，利用这些位错和变形能增加后续快速退火过程中的再结晶形核点和驱动力，形成亚晶或超细晶材料。由于累积的大量变形能带来较大的再结晶驱动力，将降低再结晶温度或加速退火过程的再结晶行为，可有效减少轧机的消耗并大大改善显微组织的均匀性，而深冷轧制技术具备突出细化晶粒的优势，得到尺寸较大和表面质量较好的产品。近几年国际上关于深冷轧制的相关报道陆续见刊。将 CR 技术与快速退火（SA）工艺相结合，通过控制奥氏体不锈钢组织、织构和性能等来制备超细晶材料，可为深冷轧制技术的理论研究提供必要的实验基础。

目前国际上关于深冷轧制的研究处于起步阶段，相关文献资料较少。美国学者 Jain[22] 对 304 不锈钢进行常温轧制压下 63% 和深冷轧制压下 65%，得到了晶粒尺寸约 200nm 的超细晶。美国 Wang 等[23] 通过对纯铜深冷轧制压下 93%，发现屈服强度提高约 6 倍，后续进行快速退火处理（200℃，3min），屈服强度降低较少，但韧性提高很多，并得到了晶粒尺寸呈双峰分布、具有高强度和优良伸长率的超细晶组织。强度的提高是因为深冷轧制得到的高密度位错网；韧性的提高是因为退火产生了完全再结晶与二次再结晶晶粒共存的显微组织结构，粗晶粒嵌入基体纳米级晶粒中，使韧性提高。Lee 等[6] 和 Rangaraju 等[24] 分别研究了深冷轧制及退火工艺对 5083 铝合金和工业纯铝组织和力学性能的影响，而 Chang 等[25] 和 Nagarjuna 等[26] 则针对纯镍和 Cu-1.5Ti 合金展开相似研究，所得结果均表明，深冷轧制能有效抑制动态回复的发生，在强度提升和晶粒细化方面具有明显优势。Jayaganthana 等[27]对 7075 铝合金在深冷轧制条件下的显微组织和织构演变进行了研究，发现增大深冷轧制变形量，晶粒越易破碎并产生很高的位错密度，抑制动态回复从而使晶粒细化。熊毅等[28]研究了深冷轧制和室温轧制及退火工艺对工业纯铝组织和性能的影响，结果表明，深冷轧制细化晶粒的能力高于室温轧制，前者等轴状超细晶粒尺寸约为 $0.5\mu m$，后者则约为 $1\mu m$，深冷轧制试样的硬度值均高于室温轧制试样。

Ryota Ihira 等[29]研究深冷轧制及随后的热处理工艺对纯铜和沉淀硬化 CuCrZr 合金拉伸性能的影响。深冷轧制 CuCrZr 合金与常规冷轧相比，提高了强度的同时并没有塑性的损失，深冷轧制的纯铜同时提高了强度和塑性。Panigrahi 等[30]采用深冷轧制技术研究了 Al-Mg-Si 合金进的不同变形实验，在液氮低温条件下，剧烈塑性变形使晶粒内部产生了高密度的位错，加之深冷轧制能有效抑制位错的动态回复，位错之间相互作用，从而促使超细晶粒的形成，而在应变值为 3.6 时，则形成了具有大角度晶界的晶粒尺寸约为 $100\sim500nm$ 的超细晶 Al-Mg-Si 合金。李跃凯等[31]采用深冷轧制工艺对纯钛的组织及性能进行了相关分析，所得结果表明，深冷轧制技术细化晶粒效果好，晶粒尺寸从原始的 $57\mu m$ 进一步细化至 75nm，而钛的硬度更是高达 3.36GPa。郭得峰等[32]研究了深冷轧制条件下应变速率对纯金属锆显微组织演变和力学性能的影响，结果表明，位错密度随应变速率的提高而提高，位错从位错胞缠绕结构逐渐转变成规则排列的层状位错，这就导致退火后得到多峰晶粒组织，这种组织具有较高的强韧性。

随着经济的发展，不锈钢的使用越来越广泛，由于奥氏体不锈钢含有较高的铬和镍，可以形成致密的氧化膜，同时热强性较高，且具有无磁性，所以奥氏体不锈钢比其他不锈钢具有更为优良的耐腐蚀性能、塑性和成型性，成为产量和用量最大的一种不锈钢，约占整个不锈钢产量的 70%，广泛应用于海洋工程，家庭用品，汽车配件，医疗器具，食品工业等领域[33]。目前国外深冷轧制技术主要应用于铝合金、纯金属及面心立方结构等金属材料，多以铝合金为对象来探讨深冷轧制技术对组织超细化等微观结构演变及强塑性影响的研究。而对于应用广泛的面心立方晶体材料奥氏体不锈钢，对其组织超细化的研究，目前主要有机械合金化、放电等离子烧结技术及等通道转角挤压技术。

ECAP 是利用加工过程中产生的加工硬化、动态回复以及再结晶来控制材料显微组织的形成和发展，有效促进大角度晶界的形成，从而细化晶粒并提高材料性能，是制备大块纳米金属材料的有效方法之一[34]。但奥氏体不锈钢在加工过程中容易发生马氏体相变而产生加工硬化，这样就增加了 ECAP 变形难度，而且生产效率较低。虽然高永亮等[35]采用等通道热挤压变形工艺制备出晶粒尺寸在 $200\sim300nm$ 的超细晶组织的亚微米级不锈钢，但是挤压模具强度偏低的问题难以解决，而且产品尺寸小，难以满足实际的应用；王敏等[36]对通过利用形变诱导马氏体逆转变细化晶粒的方法对 1Cr18Ni9Ti 奥氏体不锈钢的冷变形和再结晶退火进行探索，得到的晶粒尺寸为 6～10μm，但组织没有超细化，强度提高也不大。

　　国外学者已在采用液氮低温轧制及快速退火技术开发超细晶奥氏体不锈钢方面，开始进行探索性研究。当前开展对奥氏体不锈钢深冷轧制组织超细化的微结构演变及强塑性控制机理的研究很有必要，这样将会极大改善普通奥氏体不锈钢的显微组织和力学性能，也将会是今后研究的热点，将会带动深冷轧制技术在更广阔的材料领域进行应用。

6.2　深冷轧制工艺对 304 不锈钢组织的影响

6.2.1　轧制变形量对组织的影响

　　对 304 奥氏体不锈钢热轧板进行固溶处理后，经不同压下率深冷轧制的不锈钢显微组织由图 6-1 所示，当压下率为 40%时，可观察到等轴态的晶粒被一定程

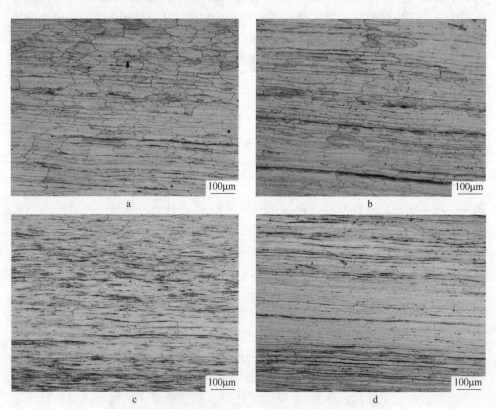

图 6-1　不同深冷轧制压下率下试样的金相组织图像

a—40%；b—50%；c—60%；d—65%

度地压扁，平行于轧制方向出现了较明显的变形带。随着压下率增加，晶粒被压扁的程度更加明显，且平行于轧制方向的变形带密度随之增加，这有利于在随后快速退火过程中形成超细晶。

图 6-2 为深冷轧制 50% 奥氏体不锈钢试样的透射电镜形貌照片。由低倍下的明场像形貌可知，奥氏体晶粒在塑性变形过程中因外力作用使位错不断增殖，沿轧制方向随着晶粒的碎化也会产生高密度位错胞，并伴有许多形变胞，与此同时，形变过程中有形变诱导马氏体生成，部分马氏体呈极细的板条状。在高倍下观察试样的微观组织，如图 6-2c、d 所示。透射电镜下试样的明场像和暗场像对比分析可知，在轧态的不锈钢中存在板条状马氏体，对此沿 bcc ［111］晶带轴方向入射进行选区衍射分析，表明试样微观组织为马氏体，板条尺寸为 100nm 左右。由于 304 不锈钢碳含量较低，形变诱导形成的马氏体组织多为相互平行的板条束。

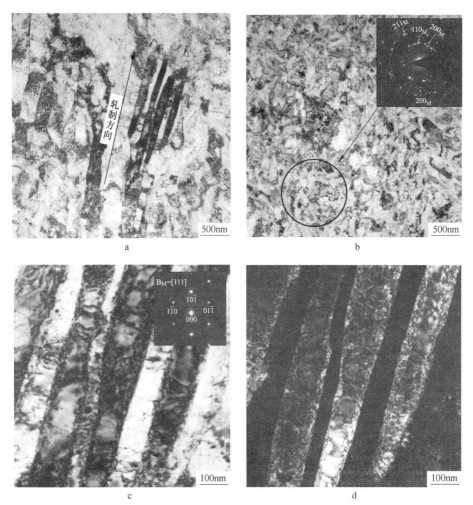

图 6-2

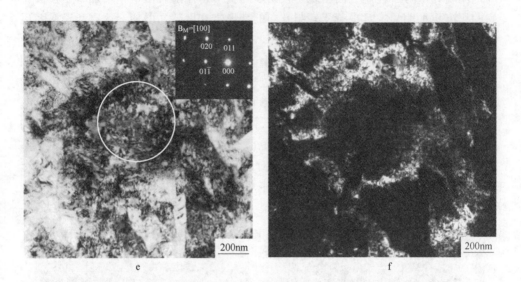

图 6-2　深冷轧制压下率为 50% 不锈钢试样的透射电镜微观形貌

图 6-2e 和 f 为低倍下观察的复杂缠节位错胞状结构的明场像和暗场像对比图，对此沿 bcc［110］晶带轴方向入射进行选区衍射分析，表明此处也存在马氏体组织。高度碎化的晶粒组织及高密度位错缠节表现为各向异性。图 6-2b 为低倍下均匀的位错胞状结构，进行选区衍射分析可知，仅发现了马氏体（211）、（200）和（110）晶面，以上分析说明亚稳态的 304 奥氏体不锈钢深冷轧制使奥氏体形变诱导形成马氏体，同时抑制动态回复过程形成高密度位错，为后续退火过程的再结晶提供了大量形核点。

6.2.2　轧后退火工艺对组织的影响

6.2.2.1　快速退火对不锈钢显微组织的影响

图 6-3 和图 6-4 分别为 304 不锈钢深冷轧制 50% 和 65% 经 650~800℃ 不同时间快速退火处理后的二次电子像。当压下率为 50% 时，经 650℃ 退火处理 5min 的试样，显微组织中大部分已由形变诱导的马氏体逆转变为等轴态的奥氏体小晶粒。随着退火温度升至 700℃，可观察到显微组织中逆转变形成的奥氏体晶粒几乎全部为等轴态，晶粒尺寸进一步增大，但仍小于 500nm，晶粒尺寸分布相比于 650℃ 更加均匀。当退火温度升至 750℃ 和 800℃ 时，显微组织中的晶粒均为等轴态，虽然退火时间分别只有 3min 和 1.5min，但组织中已有超过 1μm 的大晶粒形

成，如图 6-3c 所示。而 800℃退火 1.5min 试样组织相比于 750℃的晶粒尺寸更均匀，如图 6-3d 所示。

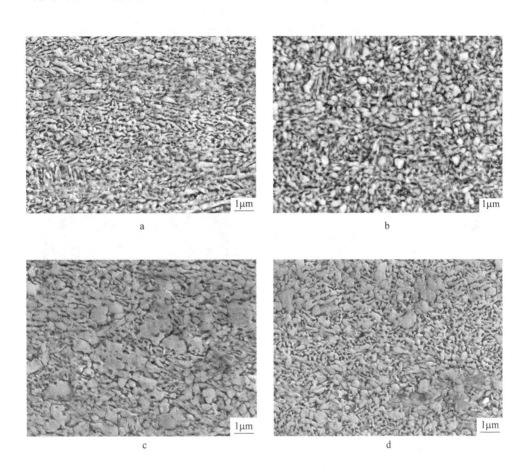

图 6-3　50%压下率不同退火温度及退火时间下试样的二次电子图像
a—650℃，5min；b— 700℃，5min；c—750℃，3min；d—800℃，1.5min

　　与压下率为 50%相比，图 6-4 所示的试样也随着退火温度升高晶粒尺寸增大。当退火温度为 750℃和 800℃时，显微组织中也出现了急剧长大的晶粒，但组织中大部分晶粒尺寸还维持在 500nm 左右。通过对比图 6-3 和图 6-4，可观察到在所选的退火工艺中，当压下率为 65%时，其组织中晶粒尺寸的均匀程度明显好于压下率为 50%的试样。这可以归因于随着深冷轧制压下率的增加，变形可深入试样内部，使试样发生均匀变形，而均匀变形有利于在随后快速退火过程中形成晶粒尺寸分布均匀的等轴态晶粒。

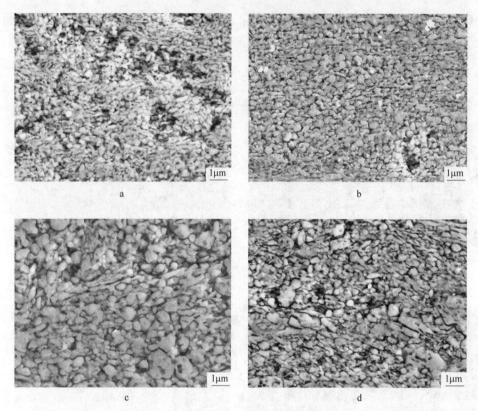

图 6-4　65%压下率不同退火温度及退火时间下试样的二次电子图像
a—650℃，5min；b—700℃，5min；c—750℃，3min；d—800℃，1.5min

6.2.2.2　循环退火处理的不锈钢显微组织观察

　　图 6-5 为经循环退火和一次退火处理不锈钢试样的显微组织，利用热模拟实验分别在 700℃和 750℃对不锈钢试样进行了循环退火处理。对比图 6-5a 和 c 可知，相同退火时间下提高退火温度，晶粒急剧长大且其晶粒尺寸分布不均匀。经循环退火处理试样的组织与一次退火试样相比，晶粒细化效果明显，晶粒尺寸分布均匀。750℃下循环退火试样的晶粒尺寸要稍大于 700℃下循环退火处理的试样，如图 6-5b 和 d 所示。

　　利用 IPP（Image-Pro Plus）软件对经循环退火和一次退火处理的试样进行晶粒尺寸统计，结果如图 6-6 所示。当深冷轧制压下率为 50%和 60%时，晶粒尺寸未表现出明显的变化趋势，其晶粒尺寸相差不大，维持在 280～360nm 之间，除 50%压下率下经 750℃时 5min 循环处理试样的平均晶粒尺寸急剧长大至 2.9μm。当压下率为 65%时，经循环退火和一次退火处理试样的晶粒尺寸表现出明显的规律，相同退火时间下提高退火温度，组织中的晶粒会急剧长大，750℃一次退火

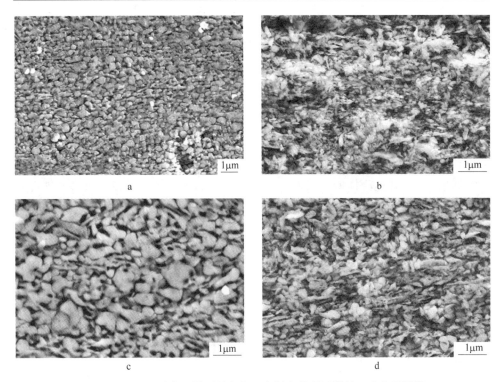

图 6-5 65%压下率经循环退火和一次退火处理试样的二次电子图像
a—700℃，5min；b—700℃，5min-X；c—750℃，5min；d—750℃，5min-X

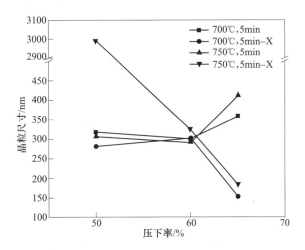

图 6-6 经循环退火和一次退火处理的不锈钢晶粒尺寸分布

处理试样的平均晶粒尺寸为 411nm，700℃一次退火处理试样的平均晶粒尺寸 360nm。同样经 750℃循环退火试样的平均晶粒尺寸为 184nm，700℃循环退火试样的平均晶粒尺寸 152nm。由图 6-6 可知，经一次退火处理试样的平均晶粒尺寸随着压下率的增加而增大，经循环退火处理试样的平均晶粒尺寸随着压下率增加有减小的趋势，当压下率为65%时，经循环退火处理试样的平均晶粒尺寸明显小于一次退火处理试样，其晶粒尺寸约为一次退火处理试样的二分之一。

图 6-7 为循环退火与一次退火处理试样的组织对比。同样在 700℃ 下退火 5min，经循环退火处理试样的晶粒要明显小于一次退火处理的试样，但一次退火试样的晶界相比于循环退火的试样清晰，如图 6-7b 和 d 所示。对图 6-7a 和 c 所示区域进行选区衍射分析发现，经一次退火处理试样中只观察到了马氏体的 {211} 晶面，而经循环退火处理的试样中分别观察到了马氏体的 {110}、{002}、{211} 和奥氏体的 {002}、{202}、{311} 晶面。当在 750℃ 下进行循环退火处理时，通过选区衍射同样观察到了马氏体和奥氏体共存，相比于 700℃ 下的循环退火处理，两种工艺下的晶粒尺寸并无明显区别，但经 750℃ 循环退火处理后显微组织中的位错密度有所降低，如图 6-7d 和 f 所示。

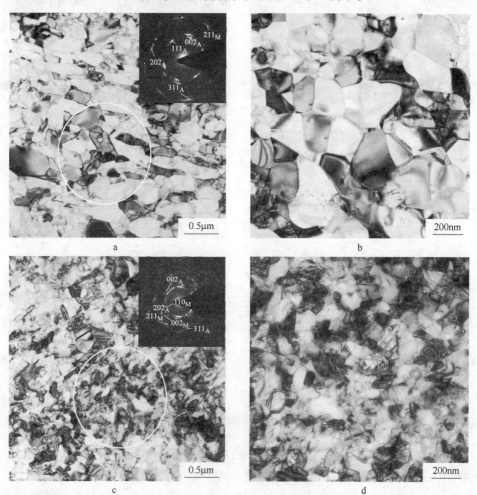

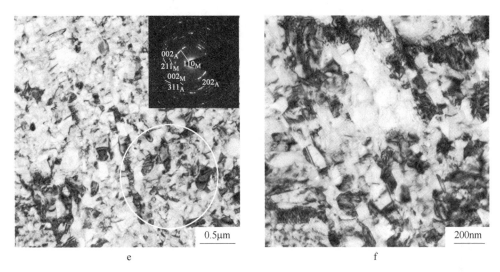

图 6-7 经循环退火与一次退火处理的组织对比

a，b—700℃，5min；c，d—700℃，5min-X；e，f—750℃，5min-X

6.2.2.3 轧制方式对不锈钢组织的影响

图 6-8 为 50%压下率下深冷和室温两种轧制方式不锈钢试样的组织对比。在低倍镜下观察试样的显微组织，可观察出试样的轧制方向，如图 6-8a 和 b 中箭头所示。对比图 6-8a 和 b 发现，两种方式下变形组织中均表现为剪切变形带的形貌特征，且含有较高密度的位错，经深冷轧制的试样中其剪切变形带的宽度要小于室温轧制的试样。进一步观察对比两种轧制方式对不锈钢组织的影响，如图 6-8c 和 d 所示。在深冷轧制 50%试样中，可清晰地观察到马氏体板条，其尺寸在100nm 左右，如图 6-8c 所示。经室温轧制 50%的试样中既观察到了马氏体，也观察到了奥氏体，说明室温轧制条件下相变并不完全。

图 6-9 为 50%压下率下两种轧制方式退火后的组织对比。在低倍镜下对比观察可知，经深冷轧制的试样在 650℃退火 5min 处理后，组织中已大部分呈现为等轴态的晶粒，如图 6-9a 所示。而经室温轧制的试样在 700℃退火 5min 处理后，组织中的晶粒大部分仍呈现为拉长的状态，但晶界已发生向等轴晶粒的迁移，如图 6-9b 所示。对室温轧制试样进行选区衍射分析，只观察到了奥氏体的存在，并对奥氏体的 {111}、{002} 和 {311} 晶面进行了标定。在高倍镜下对两种轧制方式退火处理的试样进行对比观察，如图 6-9c 和 d 所示。经深冷轧制的试样中晶粒尺寸分布均匀，在 200~300nm 之间，且晶粒几乎全部为等轴态。经室温轧制退火处理的试样，通过拉长态晶粒的分布仍可推断出轧制方向，晶粒由拉长态向等轴态的转变并不完全。

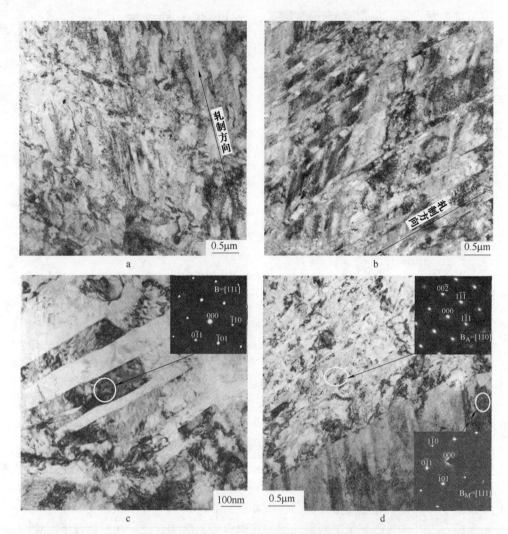

图 6-8 压下率 50% 不同轧制方式的组织对比

a，c—50%；b，d—RT50%

6.2.2.4 压下率对退火处理后不锈钢组织的影响

图 6-10 为压下率 40%~65% 试样在 650℃ 退火 5min 处理后的组织对比。当压下率为 40% 时，经退火处理后的组织中仍可观察出轧制方向，微观组织中部分区域仍呈现为剪切带状的形貌，如图 6-10a 中白色矩形框内所示，部分区域的晶粒处于拉长态向等轴态转变的过渡段，如图 6-10b 所示。当压下率为 50% 时，显微组织中几乎全部为等轴态晶粒，并在组织中发现了孪晶的存在，如图 6-10c 和 d

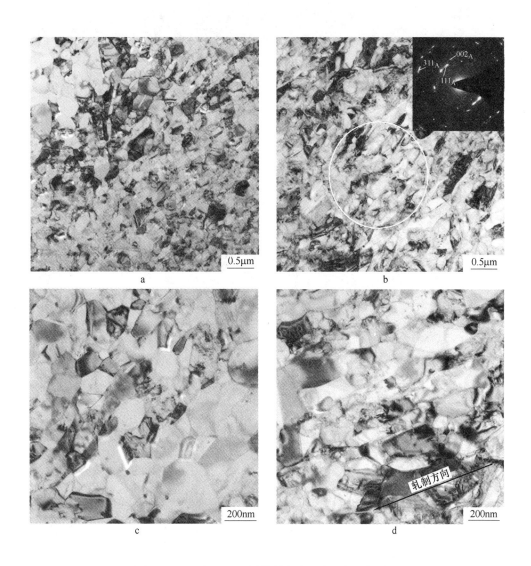

图 6-9　压下率 50% 不同轧制方式退火后的组织对比

a，c—50%，650℃，5min；b，d—RT50%，700℃，5min

中白圈内所示。在压下率为 60% 和 65% 的退火试样中，由形变诱导的马氏体向奥氏体的逆转变进行得更完全，组织中晶粒的等轴态好，且晶粒尺寸的分布也好于压下率 50% 的试样。在高倍镜下进一步观察试样，可发现更多的孪晶，如图 6-10e 和 f 中白圈内所示，且晶粒尺寸均小于 300nm。随着压下率增加，试样中累积的形变储能越高，在相同的退火条件下，压下率大的试样容易获得尺寸小于 500nm 的等轴晶粒。

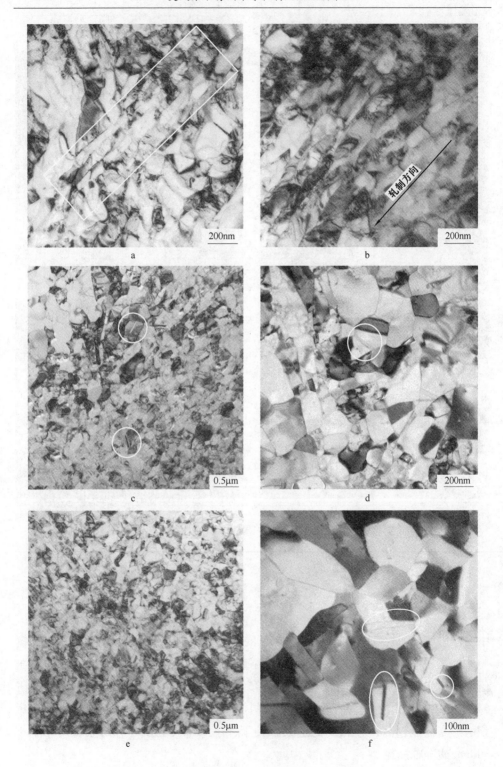

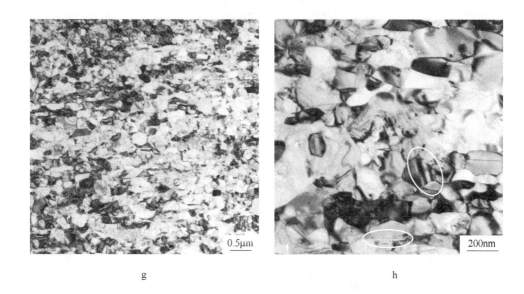

图 6-10　不同深冷轧制压下率下 650℃退火 5min 的组织对比

a，b—40%；c，d—50%；e，f—60%；g，h—65%

6.2.2.5　退火温度及时间对不锈钢组织的影响

图 6-11 为压下率 65%经不同退火工艺条件下试样的组织对比。650℃退火 5min 的试样中已形成了晶粒尺寸小于 500nm 的等轴态，如图 6-11a 和 b 所示。随着退火温度的升高，变形组织用于向奥氏体转变所获得的能量就越高，组织中大量的形变诱导马氏体可同时向奥氏体逆转变，导致组织中形成尺寸均匀的晶粒，如图 6-11c 和 d 所示。当试样分别在 750℃退火 3min 和 800℃退火 1.5min 处理后，由于退火时间短，显微组织中逆转变发生的并不完全，仍存在部分位错密度较高的区域，且晶粒尺寸已表现出分布不均的现象。分别对图 6-11c、e、g 中所示的区域进行选区衍射分析可知，经 700℃以上温度退火处理的试样中大部分组织已逆转变为奥氏体，在衍射环中只发现了马氏体的 {211} 晶面。对于 800℃退火 1.5min 处理的试样，其对应的选区衍射环中，只发现了奥氏体的 {111}、{002}、{202} 和 {311} 晶面。这说明在对形变诱导马氏体向奥氏体转变程度大小的影响因素中，退火温度的影响程度要大于退火时间。

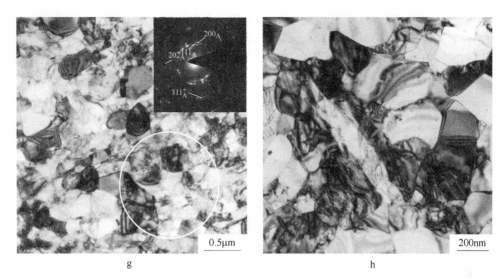

图 6-11 压下率 65% 经不同退火温度及时间处理后的组织对比

a，b—650℃，5min；c，d—700℃，5min；e，f—750℃，3min；g，h—800℃，1.5min

6.2.3 深冷轧制退火 304 不锈钢物相的影响

6.2.3.1 冷轧方式对奥氏体不锈钢物相的影响

图 6-12 为不同退火工艺下深冷轧制和室温轧制的奥氏体物相分析图。图 6-12a 所示，在冷轧状态下，对比深冷轧制和室温轧制的 X 射线衍射图谱可知，深冷轧制的不锈钢试样中发现马氏体 α'的（110）、（200）、（211）三个衍射峰，但在 2θ=97.81°发现了峰值很低的奥氏体（220）衍射峰。经计算可知，奥氏体含量约为 6.9%，如图 6-12d 所示。室温轧制的不锈钢试样中有（110）、（200）和（211）马氏体 α'衍射峰的同时，存在峰值相对较高的（220）奥氏体峰。经计算可知，奥氏体含量为 40.5%，仍含有大量的奥氏体组织，如图 6-12d 所示。由于在深冷轧制条件下，降低了奥氏体不锈钢的层错能，使亚稳态的奥氏体更加不稳定，在同样轧制力的条件下，更容易形成层错，层错叠加变厚，从奥氏体相中产生很薄的密排六方 ε 相，因所需切变和形变状态改变很小，故很容易形核。ε 相按马氏体机构形成，故称为 ε 马氏体，最后形成大量的 α'马氏体。

由图 6-12b，深冷轧制和室温轧制的不锈钢试样在 700℃退火 180s 时，深冷轧制的不锈钢中有奥氏体（200）、（220）和（311）衍射峰，奥氏体（200）和（311）衍射峰的峰值比室温轧制的相应峰值高，经计算可知，深冷轧制和室温轧制的奥氏体含量为 38.1% 和 43.5%，与冷轧态相比分别提高了约 4.5 倍和 0.07 倍。当退火时间在 320s 时，奥氏体含量增多，到达了 39.6% 和 53.2%，当在

750℃退火320s时，深冷轧制中奥氏体（200）、（220）和（311）衍射峰的峰值升高，经计算可知，深冷轧制和室温轧制的奥氏体含量分别为45.9%和61.8%，如图6-12c所示。而深冷轧制和室温轧制的奥氏体含量变化均随退火温度的升高和退火时间的增加而增多，而退火温度比时间的影响程度大，如图6-12d所示。

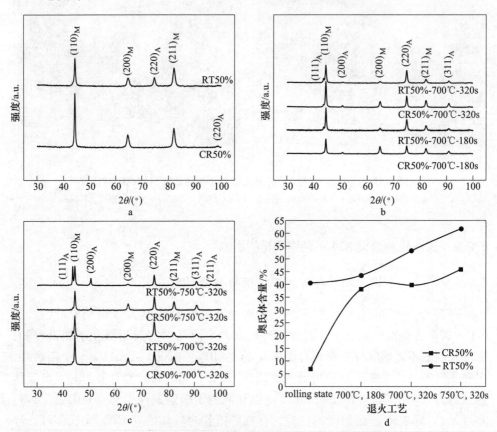

图 6-12　深冷轧制和室温轧制的不锈钢试样的物相分析图

a—冷轧态不锈钢 XRD 图谱；b—700℃下不同退火时间下不锈钢 XRD 图谱；

c—320s 下不同退火温度下不锈钢 XRD 图谱；d—不锈钢中奥氏体含量对比图

6.2.3.2　快速退火工艺对奥氏体不锈钢物相的影响

图6-13为深冷轧制压下率40%的奥氏体不锈钢退火处理后的物相分析图。退火温度在700℃条件下，退火时间在320s时，马氏体有（110）、（200）和（211）三个衍射峰，仅有奥氏体（220）和（311）两个衍射峰，随着退火时间增加到600s时，马氏体有（110）、（200）和（211）三个衍射峰的峰值降低，

奥氏体（220）和（311）衍射峰的峰值升高，经计算奥氏体的含量分别为
33.9% 和 39.0%。当退火时间在 320s 时，退火温度 650℃ 时，马氏体有
（110）、（200）和（211）三个衍射峰，奥氏体（220）和（311）的衍射峰的峰
值很低，奥氏体含量为 19.4%，随着退火温度升高到 700℃和 750℃时，马氏
体（200）和（211）衍射峰峰值逐渐降低，奥氏体（220）和（311）的衍射峰
的峰值逐渐升高。而在 750℃时，出现了（111）奥氏体衍射峰，但峰值很低，
此时，奥氏体含量分别为 33.9%和 44.9%，如图 6-13a 所示。而退火处理后奥氏
体的含量随着退火温度的升高和退火时间的增加而增多，退火温度对奥氏体含量
增多的影响大于退火时间，如图 6-13b 所示。

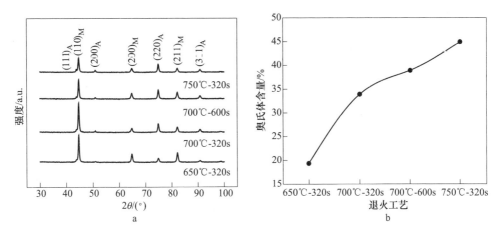

图 6-13　40%压下率的不同退火工艺下不锈钢试样的物相分析图
a—不同退火工艺下不锈钢的 XRD 图谱；b—压下率 40%的不锈钢中奥氏体含量对比图

图 6-14 为深冷轧制压下率为 50%退火处理的奥氏体不锈钢物相分析图。由
图 6-14a 和 d 可知，退火温度在 700℃ 条件下，退火时间为 180s 时，马氏体
有（110）、（200）和（211）三个衍射峰，而奥氏体（200）、（220）和（311）
衍射峰的峰值相对不高，经计算可知，奥氏体含量为 38.1%。随着退火时间延长
至 320s 和 600s 时，马氏体（200）和（211）衍射峰的峰值变化不大，但奥氏
体（200）、（220）和（311）衍射峰的峰值均不断升高，经计算奥氏体含量分别
为 39.6%和 44.8%。

由图 6-14b 和 d 可知，当退火时间在 320s 条件下，退火温度在 650℃时，马氏
体（110）、（200）和（211）衍射峰的峰值很高，奥氏体（200）、（220）和（311）
衍射峰的峰值相对较低，此时奥氏体含量约为 24.7%，随着退火温度升高到
700℃和 750℃时，马氏体（200）和（211）衍射峰峰值逐渐降低，奥氏
体（200）、（220）和（311）衍射峰的峰值逐渐升高，奥氏体含量约为 39.6%

和 45.9%。

　　由图 6-14c 和 d 可知，退火时间在 180s 时，退火温度从 700℃ 到 800℃，马氏体（200）和（211）衍射峰的峰不断降低，奥氏体（200）、（220）和（311）衍射峰的峰值升高，奥氏体含量分别为 38.1% 和 47.8%。由图 6-14d 可知，奥氏体的含量随着退火温度的升高和退火时间的延长不断增多，而退火温度对奥氏体含量的影响大于退火时间。

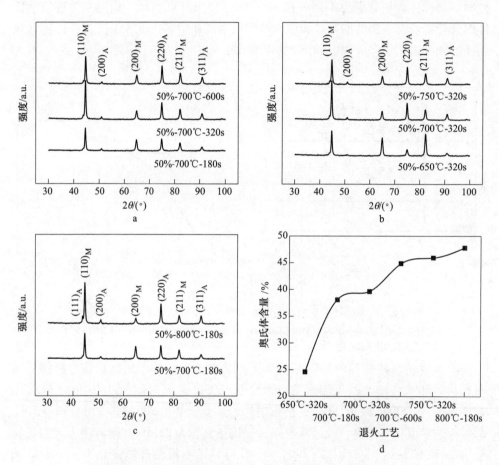

图 6-14　50% 压下率的不同退火工艺下不锈钢试样的物相分析图

a—700℃ 下不同时间的不锈钢的 XRD 图谱；b—750℃ 下不同时间的不锈钢的 XRD 图谱；
c—320s 下不同温度不锈钢的 XRD 图谱；d—50% 压下率的不锈钢中奥氏体含量（体积分数）对比图

　　图 6-15 为深冷轧制压下率 60% 的退火工艺处理的奥氏体不锈钢物相分析图。由图 6-15a 可知，退火温度在 700℃ 时，随着退火时间从 180s 到 320s，马氏体（200）和（211）衍射峰的峰值下降，而奥氏体（200）、（220）和（311）衍射峰的峰值升高，经计算奥氏体含量分别为 36.3% 和 43.5%。当退火时间为 320s

时，退火温度在 650℃，马氏体有（110）、（200）和（211）衍射峰的峰值相对很高，奥氏体（200）、（220）和（311）衍射峰的峰值较低，随着退火温度升高到 700℃和 750℃时，马氏体（200）和（211）衍射峰的峰值不断下降，奥氏体（200）、（220）和（311）衍射峰的峰值不断升高，当在 750℃时，发现了奥氏体（111）衍射峰，经计算奥氏体含量分别为 43.5%和 58.3%。随着退火温度升高和退火时间的延长，奥氏体含量逐渐增多，退火温度对奥氏体含量的影响大于退火时间，如图 6-15b 所示。

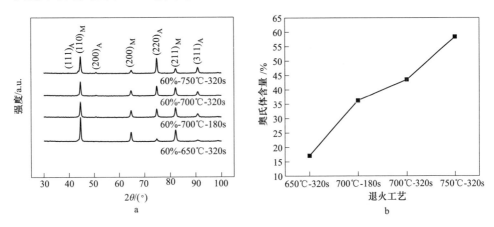

图 6-15　60%压下率的不同退火工艺下不锈钢试样物相分析图
a—不同退火工艺下不锈钢 XRD 图谱；b—60%压下率的不锈钢中奥氏体含量对比图

　　图 6-16 为深冷轧制压下率 65%的退火工艺处理的奥氏体不锈钢物相分析图。由图 6-16a，当在 700℃退火温度下，随着退火时间从 180s 到 320s 时，马氏体有（110）、（200）和（211）衍射峰的峰值，且（200）和（211）衍射峰的峰值升高，奥氏体（200）、（220）和（311）衍射峰的峰值均升高，且（220）衍射峰的峰值很高，此时经计算，奥氏含量分别为 50.5%和 53.9%。由图 6-16b，当退火温度在 750℃时，随着退火时间的增加，马氏体有（110）、（200）和（211）衍射峰的峰值降低，奥氏体（200）、（220）和（311）衍射峰的峰值升高，在此温度下，观察到了奥氏体（111）衍射峰，此时，奥氏体的含量分别为 57.2%和 65.1%。

　　当退火时间均在 320s，退火温度在 650℃时，马氏体有（110）、（200）和（211）衍射峰的峰值相对不高，同样发现奥氏体（200）、（220）和（311）衍射峰的存在，在此条件下，还观察到了奥氏体（111）衍射峰，奥氏体含量为 42.9%。随着退火温度的升高，马氏体的（200）和（211）衍射峰降低，奥氏体（111）、（200）、（220）和（311）衍射峰的峰值升高，在 750℃时，奥氏体（220）衍射峰的峰值很高，经计算奥氏体含量分别为 53.8%和 65.1%，如图

6-16c 所示。而随着退火温度的升高和退火时间的延长，不锈钢中奥氏体含量不断增多，而退火温度的影响大于退火时间，如图 6-16d 所示。

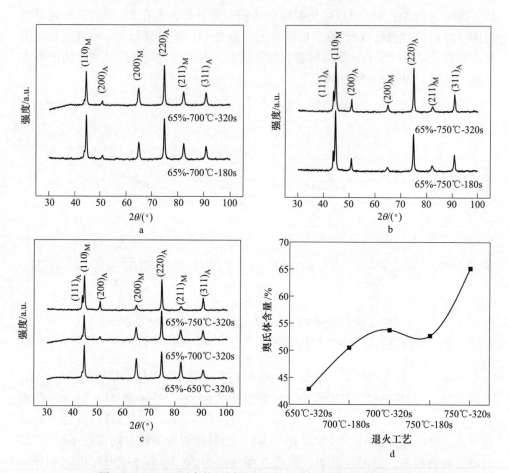

图 6-16　65%压下率的不同退火工艺下不锈钢试样物相分析图

a—700℃下不同时间的不锈钢 XRD 图谱；b—750℃下不同时间的不锈钢 XRD 图谱；
c—320s 下不同温度不锈钢 XRD 图谱；d—65%压下率的不锈钢中奥氏体含量对比图

6.2.3.3　深冷轧制压下率对奥氏体不锈钢物相的影响

图 6-17 所示为不同深冷轧制压下率的奥氏体不锈钢物相分析图。由图可知，当压下率为 40% 时，奥氏体不锈钢衍射图谱中基本都是代表 α′ 马氏体的 (110)、(200) 和 (211) 衍射峰，仅存在一个奥氏体衍射峰值 (220)，峰值强度很低，经公式计算可知，奥氏体含量约为 8.3%，绝大部分组织均为马氏体，随着轧制压下率的增大，奥氏体含量降低，当压下率达到 60% 及以上时，衍射图

谱中全部为马氏体组织，马氏体的衍射峰（110）强度逐渐减弱，而衍射峰（200）和（211）强度逐渐增强。由于 304 不锈钢为亚稳态奥氏体不锈钢，其加工硬化行为主要归结为形变诱导马氏体相的生成，由于马氏体硬且脆，强度高于奥氏体组织，随着冷轧变形过程中应变诱发马氏体含量的增加，直至全部形成马氏体，不锈钢的强度提高塑性降低，而且不锈钢在冷变形中晶粒细化，晶格扭曲和高密度位错的形成同样会导致合金的加工硬化，马氏体的生成和高密度位错共同决定了深冷轧制奥氏体不锈钢的高强性。

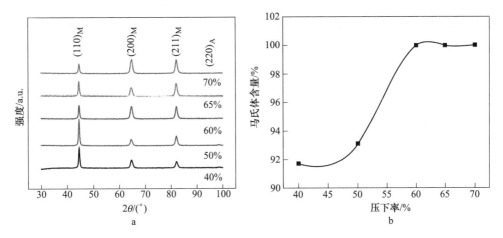

图 6-17　轧制态下不同压下率的不锈钢试样物相分析图
a—不同压下率下不锈钢 XRD 图谱；b—不同压下率下不锈钢中马氏体含量对比图

　　图 6-18 为不同深冷轧制压下率的奥氏体不锈钢试样的物相分析图。由图 6-18a 可知，在 700℃退火 320s，当深冷轧制压下率为 40% 时，发现马氏体（110）、（200）和（211）的三个衍射峰，而（110）衍射峰峰值很高，奥氏体（200）、（220）和（311）衍射峰峰值较低。经计算奥氏体含量为 33.9%。随着深冷轧制压下率的增加，马氏体（110）、（200）和（211）衍射峰峰值不断降低，而奥氏体（200）、（220）和（311）衍射峰峰值不断升高。当压下率为 65% 时，奥氏体（220）的峰值很高，此时奥氏体的含量为 53.8%。由图 6-18b 可知，在相同退火工艺条件下，随着轧制压下率的升高奥氏体含量逐渐升高。由图 6-18c 可知，在 750℃退火 320s 时，当深冷轧制压下率为 40% 时，发现马氏体（110）、（200）和（211）的三个衍射峰，奥氏体（200）、（220）和（311）衍射峰峰值较低，经计算可知奥氏体含量为 44.9%。随着深冷轧制压下率的增加，马氏体（110）、（200）和（211）的衍射峰峰值不断降低，而奥氏体（200）、（220）和（311）衍射峰峰值不断升高。当压下率达到 65% 及以上时，出现了奥氏体（111）的衍射峰，压下率为 65% 时，奥氏体含量为 65.1%。由图 6-18d 可知，在相同退火工艺条件下，随着轧制压下率的升高，奥氏体含量逐渐升高。

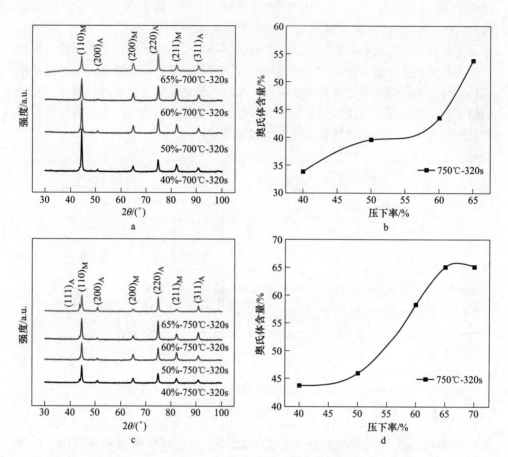

图 6-18　退火时间 320s 下不同压下率的不锈钢试样物相分析图

a—700℃不同压下率下不锈钢的 XRD 图谱；b—700℃不同压下率不锈钢中奥氏体含量对比图；

c—750℃不同压下率下不锈钢的 XRD 图谱；d—750℃不同压下率不锈钢中奥氏体含量对比图

6.3　深冷轧制对 304 不锈钢力学性能的影响

6.3.1　拉伸性能

6.3.1.1　冷轧方式对奥氏体不锈钢拉伸性能的影响

图 6-19 为深冷轧制和室温轧制的奥氏体不锈钢力学性能曲线。当压下率均在 50%时，在轧态及退火工艺下，深冷轧制试样的抗拉强度和屈服强度均比室温轧制大。室温轧制和深冷轧制的强塑积均随着退火温度的升高或退火时间的延长而提高，退火温度从 650℃升高到 700℃，两种轧制条件的强塑积均有大幅度的提高，而强塑积随时间的延长仅有小幅度的提高，故退火温度对强塑积的影响明

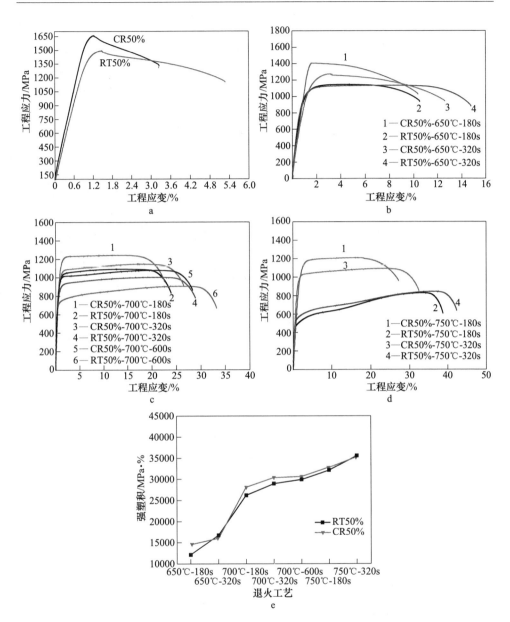

图 6-19 退火工艺下深冷轧制和室温轧制的奥氏体不锈钢力学性能对比图

a~d—50%压下率的奥氏体不锈钢的工程应力-工程应变曲线对比图;

e—50%压下率的奥氏体不锈钢的强塑积对比图

显大于退火时间。在相同退火工艺下,深冷轧制工艺的强塑积大于室温轧制,尤其在 700℃退火温度下,退火时间为 320s 和 600s 时,深冷轧制试样的强塑积分别 30295MPa·%和 30611MPa·%,室温轧制分别为 28940MPa·%和 29898MPa·%,

深冷轧制的强塑积比室温轧制有一定程度的提高，如图 6-19d 所示。

由于在深冷轧制工艺下形变诱导马氏体的含量大，轧制过程抑制了动态回复，并形成了高密度位错网和积累了大量形变能，轧态深冷轧制试样的强度大于室温的；随后在相同退火工艺下，深冷轧制和室温轧制相比，回复和再结晶程度高，逆转变奥氏体含量高，晶粒的等轴态更好。在伸长率仅有较小降低的情况下，抗拉强度明显提高，故在 700℃ 退火，深冷轧制试样的强塑积比室温轧制的大。

6.3.1.2   快速退火工艺对奥氏体不锈钢拉伸性能的影响

图 6-20 为深冷轧制压下率 40% 时不同退火工艺下不锈钢试样力学性能对比图。由图 6-20 可知，压下率为 40% 的试样抗拉强度和屈服强度均随着退火温度的升高和退火时间的延长而降低。而退火温度对试样抗拉强度和屈服强度下降程度的影响大于退火时间，压下率相同试样的伸长率和强塑积随着退火温度的升高和退火时间的延长而增大。由图 6-20g 和 h 所示，在 650℃ 退火 180s 的试样的强塑积为 16252MPa·%，而在 700℃ 退火 180s 时，强塑积为 24265MPa·% 以及在 650℃ 退火 320s 时，强塑积为 19502MPa·%，可见退火温度对不锈钢试样的强塑积的影响大于退火时间的影响。压下率为 40% 退火温度在 700℃ 以上，强塑积均可达到 20000MPa·% 以上。

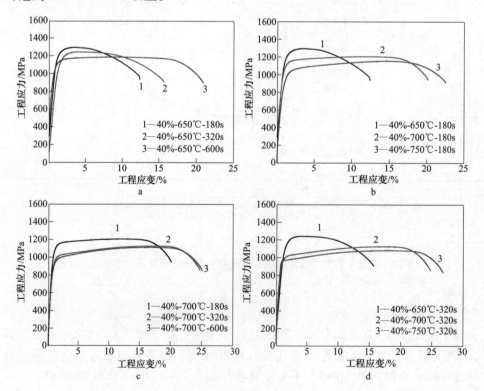

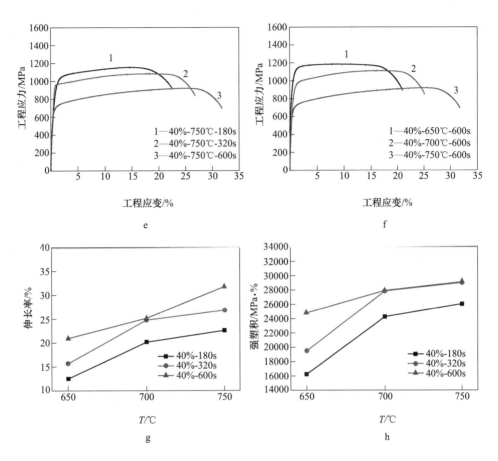

图 6-20　40%压下率的不同退火工艺下奥氏体不锈钢力学性能对比图

a，c，e—不同退火时间的试样工程应力-应变曲线图；

b，d，f—不同退火温度的试样工程应力-应变曲线图；

g，h—不同退火工艺试样延伸率和强塑积对比图

对图 6-20 进一步分析，因深冷轧后的试样快速退火处理后，退火温度处于低温 650℃ 时，轧后的试样组织回复程度低且还残留大量的位错，形变诱导马氏体转变量很低，伸长率很差，强塑积不高。而随着退火温度的升高，高密度位错网及各种缺陷逐渐消失，逆转变奥氏体的含量增加，长条状的奥氏体组织逐渐减少，等轴奥氏体晶粒增多，高温下会发生局部奥氏体晶粒长大，抗拉强度逐渐降低，而强塑积增大。经压下率 40%的试样在 700℃ 及以上快速退火后试样的综合性能优良。

图 6-21 所示为深冷轧制压下率为 50%的不同退火工艺下试样力学性能曲线图。经深冷轧制后的试样，抗拉强度和屈服强度随着退火温度升高和退火时间增

加而降低，且随时间下降的幅度较平稳，而随温度下降的幅度较大，尤其是退火温度从750℃到800℃时。通过观察对比分析可知，退火温度对试样强度的影响程度大于退火时间。由图6-21g和h可知，随着退火温度的升高和退火时间的延长，试样的伸长率和强塑积不断提高，当退火温度从650℃升高到700℃时，伸长率和强塑积提高的幅度相对较大，在650℃退火320s和700℃退火320s的条件下，强塑积从16025MPa·%提高到30295MPa·%，后者约为前者的2倍。而当退火温度为700~800℃，强塑积的增大程度相对趋于一致，无论退火时间是320s还是600s。由以上分析可知退火温度对试样强塑积的影响大于退火时间。当退火温度在700℃及以上，强塑积均达到20000MPa·%以上。结合形貌分析可知，压下率为50%的试样快速退火处理后，形变诱导马氏体逐渐逆转变为奥氏体，逆转变的奥氏体晶粒逐步从拉长态向等轴态转变，当退火温度在700℃以上时，逆转变奥氏体持续转变，部分转变完成的奥氏体组织逐步形成细小等轴奥氏体晶粒，试样的综合力学性能较好。

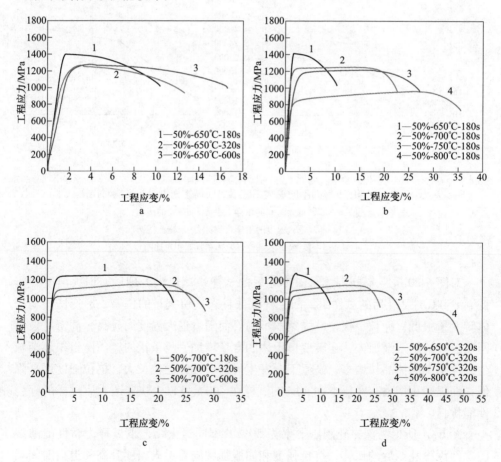

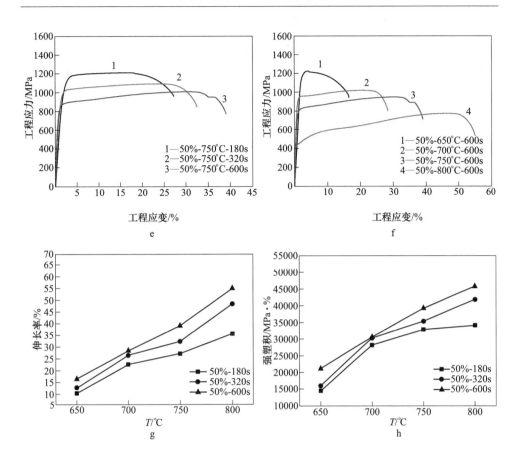

图 6-21　50%压下率的不同退火工艺下奥氏体不锈钢力学性能对比图

a, c, e—不同退火时间的不锈钢工程应力-应变曲线图；

b, d, f—不同退火温度的不锈钢工程应力-应变曲线图；

g, h—不同退火工艺下不锈钢伸长率和强塑积对比图

　　图 6-22 为深冷轧制压下率 65%的不同退火工艺下奥氏体不锈钢力学性能。试样的抗拉强度和屈服强度随着退火温度的升高或退火时间的增加而降低。随着退火时间的增加，抗拉强度降低的幅度较平稳；而随着退火温度的升高，试样的抗拉强度下降的幅度较大。在轧制压下率为 65%时，随着退火温度的升高或退火时间的延长，试样的伸长率和强塑积不断提高，从 650℃退火 320s 到 700℃退火 320s 时，伸长率从 10.86%到 27.83%，提高了 156.2%，强塑积从 15402MPa·%增加到 33078MPa·%，强塑积提高了 114.8%（后者是前者的 2.15 倍），而当温度升高到 750℃时，伸长率增加的幅度基本不变，强塑积增大的量相对较少，如图 6-22g 和 h 所示。当压下率为 65%并在 650℃快速退火后，随着退火时间的延长，回复程度较低，仅有部分形变诱导马氏体逆转变为奥氏体，抗拉强度较高，

但强塑积较低。当退火温度升高到 700℃ 时，随着退火时间的延长，逆转变奥氏体的含量逐步提高，拉长态的奥氏体晶粒逐步转变为细小的等轴态，而当温度升高到 750℃ 时，发生了部分奥氏体晶粒长大。因此当退火温度在 700℃ 以上，等轴态奥氏体晶粒逐步形成，强塑积较大，均在 30000MPa·% 以上，故奥氏体不锈钢的综合力学性能较好。

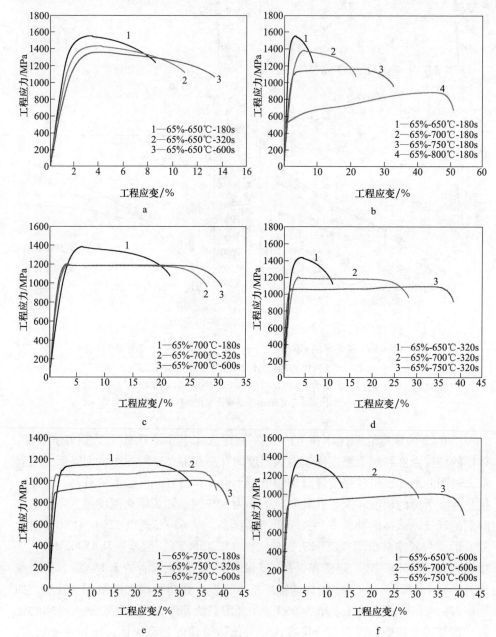

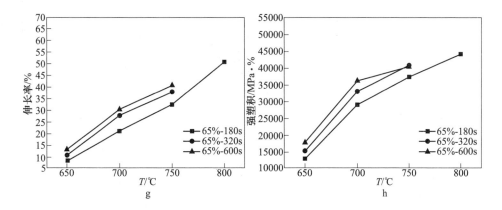

图 6-22 不同退火工艺下奥氏体不锈钢力学性能对比图
a, c, e—不同退火时间的不锈钢工程应力-应变曲线图;
b, d, f—不同退火温度的不锈钢工程应力-应变曲线图;
g, h—不同退火工艺下不锈钢伸长率和强塑积对比图

6.3.1.3 深冷轧制压下率对奥氏体不锈钢拉伸性能的影响

图 6-23 为不同深冷轧制压下率对奥氏体不锈钢力学性能的对比图。随着深冷轧制压下率的增加,不锈钢试样的抗拉强度和屈服强度均逐步增大,当压下率在 40% 到 60% 时,抗拉强度增大的幅度较小,而当压下率达到 65%,抗拉强度和屈服强度呈现大幅度的增加,其值高达 1820MPa 和 1780MPa,随着深冷轧制压下率的增加,强塑积和伸长率均逐步降低。因为随着深冷轧制压下率的增加,奥氏体组织逐渐形变诱导形成马氏体,抑制动态回复且沿轧制方向形成高密度位错网,所以强度大幅增大而伸长率下降。

当退火时间相同时,在 650℃ 退火,随着压下率增大,抗拉强度和屈服强度逐渐增大,如图 6-23b~d 所示。由图 6-23e 可知,在相同退火工艺条件下,强塑积随着压下率的增大而降低,而下降的幅度趋于一致。由于在 650℃ 快速退火,温度较低及时间较短,试样发生再结晶的程度低,还存在位错缠节结构,试样抗拉强度仍然很高,塑性很差,仅有少量形变诱导马氏体再结晶逆转变为奥氏体,随着退火时间的延长对其组织变化影响不大。

图 6-24 为 700℃ 退火时不同轧制压下率的奥氏体不锈钢力学性能对比图。当退火时间相同和退火温度在 700℃ 时,抗拉强度和屈服强度均随压下率的增大而增加,但幅度很小,如图 6-24 a~c 所示。由图 6-24d 可知,在相同退火工艺时,随着压下率增加强塑积不断增大;当压下率为 50% 及以上时,在 700℃ 退火处

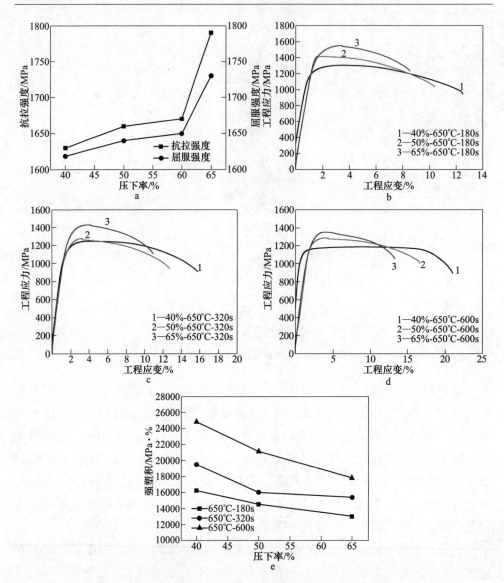

图 6-23　650℃下不同深冷轧制压下率的奥氏体不锈钢力学性能对比图

a—压下率-强度对比图；b~d—工程应力-应变曲线对比图；e—强塑积对比图

理，随着退火时间从 180s 延长到 320s，逆转变奥氏体含量增多。随着奥氏体晶粒逐渐均匀细小，晶界面积增大，抵抗外界的应力增大，抗拉强度越大。而当退火时间在 600s 时，再结晶完成的细小奥氏体晶粒发生部分晶粒长大，抗拉强度降低，但强塑积仍较高。当压下率为 65% 时，在 700℃ 退火 600s，强塑积达到 36305MPa·%。综合来看，退火温度在 700℃ 及以上时，压下率在 50% 及以上的不锈钢试样的综合性能较好。

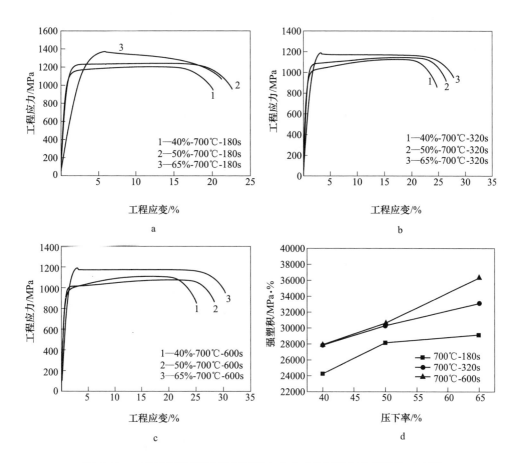

图 6-24 700℃下不同深冷轧制压下率的奥氏体不锈钢力学性能对比图

a~c—工程应力-应变曲线对比图；d—强塑积对比图

图 6-25 为不同压下率 750℃退火条件时奥氏体不锈钢力学性能对比图。当退火温度 750℃，随着压下率增大抗拉强度和屈服强度增大，但增大的幅度较小。当退火时间延长至 320s 时，抗拉强度和屈服强度随着压下率增大基本保持不变，如图 6-25a~c 所示。在退火工艺相同时，强塑积随压下率增大而不断增加，当退火时间在 320s 和 600s 时，强塑积增加的幅度比较平稳。而在 750℃退火 180s 时，压下率从 40% 增加到 50%，强塑积增加的幅度变大，从 26054MPa·% 增加到 32802MPa·%，提高了 25.9%，如图 6-25d 所示。当压下率在 50% 及以上时，在退火温度 750℃时，回复和再结晶程度较高，大部分形变诱导马氏体已完全逆转变成奥氏体，随着退火时间的延长，部分奥氏体晶粒长大，但强塑积仍很高，综合性能较好。

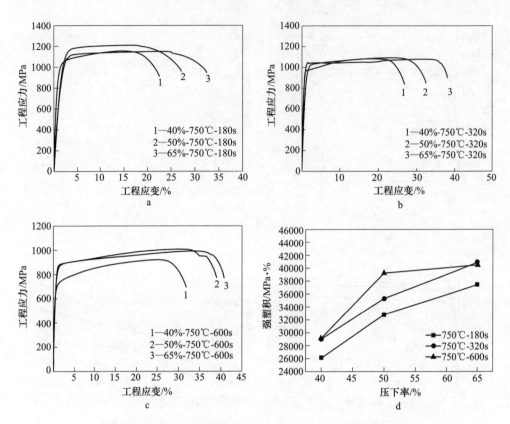

图 6-25　750℃下不同深冷轧制压下率的奥氏体不锈钢力学性能对比图

a~c—工程应力-应变曲线对比图；d—强塑积对比图

6.3.2　拉伸断口

6.3.2.1　冷轧方式对奥氏体不锈钢拉伸试样断口形貌的影响

图 6-26 为室温轧制和深冷轧制奥氏体不锈钢拉伸试样的断口形貌对比图。由图 6-26a 和 b 可知，室温轧制的拉伸断口韧窝大小不均匀，存在细小的韧窝，而深冷轧制工艺的韧窝细小，断口为塑性断裂。因此在断口形貌差别不大的情况下，深冷轧制下不锈钢的强度更高。

6.3.2.2　快速退火工艺对奥氏体不锈钢拉伸试样断口形貌的影响

图 6-27 为不锈钢深冷轧制压下率 65% 不同退火工艺下拉伸试样的断口形貌照片。由图 6-27a 可见，在 700℃ 退火 320s，存在部分大而深的韧窝，局部存在大量的细小韧窝。随着退火时间延长至 600s，细小等轴的韧窝大量增加，如图

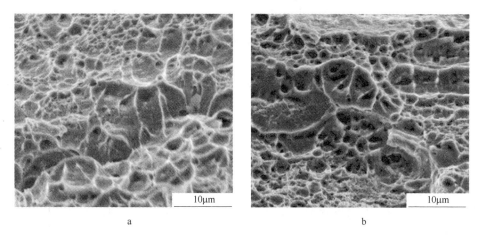

图 6-26 室温轧制和深冷轧制的不锈钢拉伸试样断口形貌图像

a—RT50%；b—CR50%

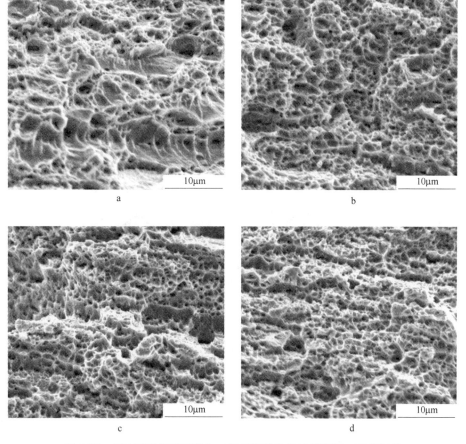

图 6-27 65%压下率不同退火工艺不锈钢拉伸试样的断口形貌图像

a—700℃-320s；b—700℃-600s；c—750℃-320s；d—750℃-600s

6-27a 和 b 所示。而当退火温度升高到 750℃时，如图 6-27c 和 d 所示，断口形貌中的韧窝更加等轴、细小，呈典型的塑性断口形貌，不锈钢试样的塑性有所提高。由图6-27c 和 d 可知，退火温度在 750℃时，随着退火时间的延长，试样的断口形貌中均匀细小的等轴态韧窝的形态变化不大。由以上分析可知，温度对断口形貌的影响大于退火时间。

6.3.2.3　深冷轧制压下率对奥氏体不锈钢拉伸试样断口形貌的影响

图 6-28 为不同压下率奥氏体不锈钢的拉伸试样断口形貌照片。当压下率为 40%时，存在大而深的韧窝和细小浅的韧窝，韧窝分布不均匀，随着压下率的增大，断口形貌中韧窝大量减少，断口变得平整，但依然可以发现若干空穴，说明随着压下率的增大，不锈钢的晶界发生弱化，材料沿晶界断裂。以上分析说明奥

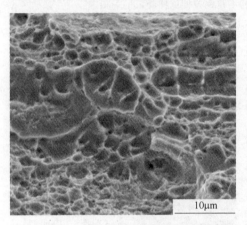
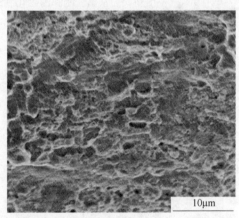

a　　　　　　　　　　　　　　　　　　　b

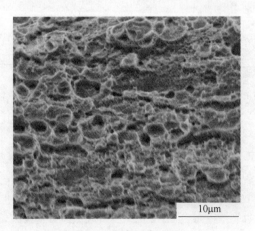

c

图 6-28　不同压下率下不锈钢拉伸试样的断口形貌图像

a—40%；b—50%；c—65%

氏体不锈钢试样随着压下率的增大，发生准解理与韧性的混合断裂。因为随着压下率的增大，马氏体含量大幅度增加，当压下率较大时，奥氏体完全转变为马氏体，故不锈钢试样的强度很高。

图6-29为奥氏体不锈钢在700℃不同压下率下拉伸试样断口形貌照片。当退火工艺在700℃退火320s时，如图6-29a、c和e所示，随着压下率的增大，断口形貌差别不大，均呈典型的塑性断裂，存在少量大且深的韧窝和大量细小等轴韧窝，说明随着压下率的增大，塑性不明显。在退火温度相同而退火时间延长至600s的条件下，当压下率为40%时，断口形貌中出现大量等轴细小的韧窝，尺寸不均匀。随着压下率的增大，等轴细小的韧窝含量增加，且韧窝尺寸越加细小均匀，断口呈典型的塑性断裂，易于变形，塑性有所提高。以上分析表明随着轧制压下率的提高，不锈钢试样的塑性提高。

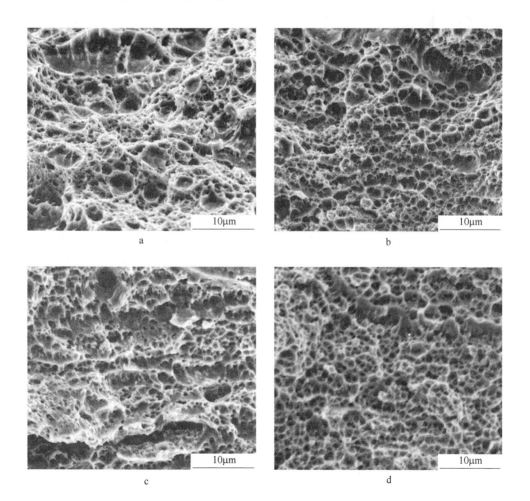

a

b

c

d

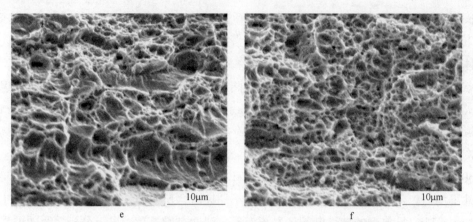

图 6-29   700℃ 不同压下率下不锈钢拉伸试样的断口形貌图像

a—40%，320s；b—40%，600s；c—50%，320s；d—50%，600s；e—65%，320s；f—65%，600s

图 6-30 为不同压下率 750℃ 退火 320s 的不锈钢拉伸试样断口形貌照片。随着压下率增大，断口中细小等轴的韧窝含量逐渐变多且分布均匀，呈典型的塑性形貌。当压下率为 65% 时，分布着大量的均匀细小的韧窝，说明不锈钢的塑性较好。

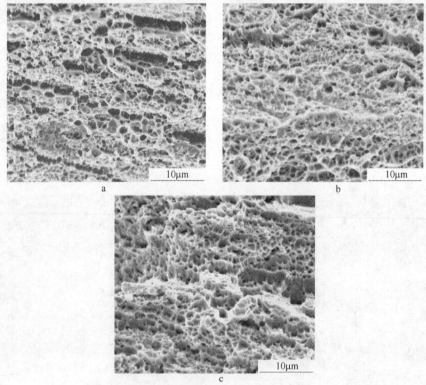

图 6-30   750℃ 退火 320s 不同压下率下不锈钢拉伸试样的断口形貌图像

a—40%；b—50%；c—65%

6.4 深冷轧制对 304 不锈钢织构的影响

6.4.1 深冷轧制工艺对不锈钢宏观织构的影响

图 6-31 为室温轧制不同压下率不锈钢试样表层织构的恒 $\varphi_2 = 45°$ ODF 截面图。由图可知，对于不同压下率下的不锈钢试样，均以 α 纤维织构为主，但强点位置及强度不同。随着压下率增加，γ 纤维织构强度增强，但对于不同工艺也有所不同，如图 6-31b~d 所示。图 6-31a 所示为室温轧制 50%试样表层织构的恒 $\varphi_2 = 45°$ ODF 截面图，其织构以 α 纤维织构为主，其强点偏离 $\{115\}$<110>组分

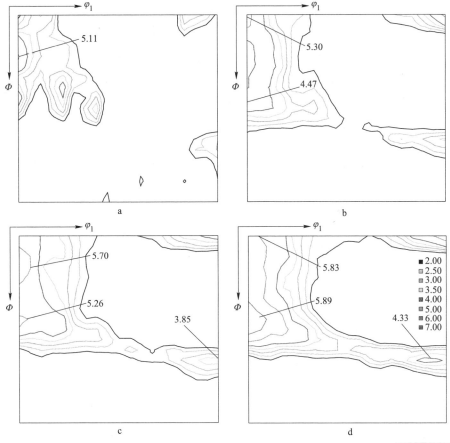

图 6-31 不同轧制压下率下不锈钢试样
织构的恒 $\varphi_2 = 45°$ ODF 截面图
a—室温轧制压下率 50%；b—深冷轧制压下率 50%；
c—深冷轧制压下率 60%；d—深冷轧制压下率 65%

扫描二维码

看彩图

5°（$\Delta\Phi=5°$，$\Delta\varphi_1=0°$），取向密度为 $f(g)=5.11$。当深冷轧制 50% 时，以旋转立方织构和 α 织构为主，其强点分别集中在 {001}<1$\bar{1}$0> 和 {223}<1$\bar{1}$0>，取向密度分别为 $f(g)=5.30$ 和 $f(g)=4.47$。当深冷轧制 60% 时，α 纤维织构的强点分别在 {115}<1$\bar{1}$0> 和 {223}<1$\bar{1}$0>，取向密度分别为 $f(g)=5.70$ 和 $f(g)=5.26$。当深冷轧制压下率升至 65% 时，其织构的强点与深冷轧制 50% 试样一致，取向密度分别上升至 $f(g)=5.83$ 和 $f(g)=5.89$，由图 6-7b 和 d 可知，对于深冷轧制 60% 和 65% 的试样，存在一定强度的 γ 纤维织构，其强点分别偏离 {111}<$\bar{1}$ $\bar{1}$2>组分 7.1°（$\Delta\Phi=5°$，$\Delta\varphi_1=5°$）和 11.2°（$\Delta\Phi=5°$，$\Delta\varphi_1=10°$）。

图 6-32 为不同轧制压下率下不锈钢试样的 α 和 γ 取向线的取向密度值。由图可知，相对于深冷轧制的试样，室温轧制 50% 试样的 α 织构取向密度要低于深冷轧制试样。对于深冷轧制试样，其 α 织构取向密度沿 α 取向线的分布趋势相似，特别是 {001}<1$\bar{1}$0> ~ {223}<1$\bar{1}$0>织构的取向密度随着深冷轧制压下率的增加而增强，并且其强点沿 α 取向线下移。而对于未退火处理试样的 γ 纤维织构的取向密度，室温轧制试样的取向密度低于深冷轧制试样，深冷轧制试样的取向密度随压下率的增加而增加，且 {111}<$\bar{1}$ $\bar{2}$3>组分要高于 {111}<$\bar{1}$ $\bar{1}$2>组分。室温轧制试样织构的取向密度低于深冷轧制的原因在于，室温轧制的温度不能够抑制塑性变形时产生的形变热，导致组织中会发生部分回复，而深冷轧制条件下的

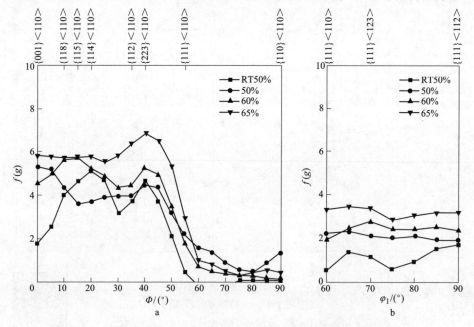

图 6-32　不同轧制压下率下不锈钢试样的 α 和 γ 取向线的取向密度值

a—α 取向线的取向密度值；b— γ 取向线的取向密度值

低温可抑制回复的发生，促使变形织构随压下率的增加向 γ 纤维织构转变。不同轧制方式下不锈钢试样织构的差异会导致退火处理后试样织构的不同。

图 6-33 为 650℃退火温度下不锈钢试样表层织构的恒 $\varphi_2 = 45°$ ODF 截面图。由图可知，经 650℃退火 5min 处理的不锈钢试样，仍以 α 纤维织构为主，但强点位置及强度不同，同时 γ 纤维织构的相对强度也有所变化。对于室温轧制压下率为 50%的试样，主要以 α 织构为主，其强点偏离 $\{115\}<1\overline{1}0>$ 组分 5°（$\Delta\Phi = 5°$，$\Delta\varphi_1 = 0°$），取向密度为 $f(g) = 5.53$。当深冷轧制压下率为 50%的试样在

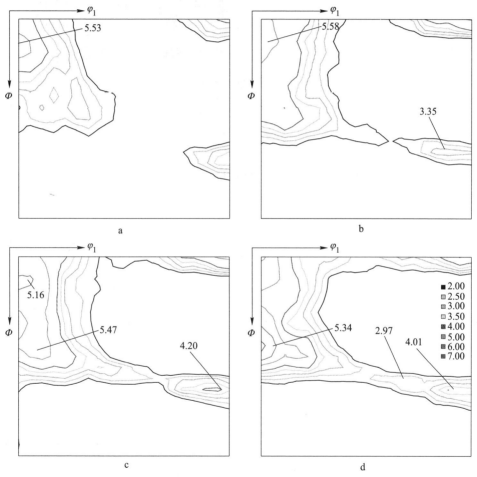

图 6-33 650℃退火温度下不锈钢试样织构的
恒 $\varphi_2 = 45°$ ODF 截面图

a—室温轧制压下率为 50%；b—深冷轧制压下率为 50%；
c—深冷轧制压下率为 60%；d—深冷轧制压下率为 65%

扫描二维码

看彩图

650℃退火 5min 后，其 α 织构强点仍偏离 {115}<$\bar{1}$10>组分 5° （$\Delta\Phi=5°$，$\Delta\varphi_1=0°$），取向密度为 $f(g)=5.58$。同时 γ 纤维织构强度增加，其强点偏离 {111}<$\bar{1}$ $\bar{1}$2>组分 11.2° （$\Delta\Phi=5°$，$\Delta\varphi_1=10°$），取向密度为 $f(g)=3.35$。随着深冷轧制压下率的增加，α 织构的强点沿 α 取向线下移，并向 γ 织构取向发展。当深冷轧制压下率为 60% 时，其 α 织构的强点下移至 {223}<$1\bar{1}$0>组分附近，偏离该组分 5°（$\Delta\Phi=0°$，$\Delta\varphi_1=5°$），取向密度为 $f(g)=5.47$。γ 织构的强点偏离 {111}<$\bar{1}$ $\bar{1}$2>组分 7.1° （$\Delta\Phi=5°$，$\Delta\varphi_1=5°$），取向密度为 $f(g)=4.20$。当压下率升至 65% 时，α 织构的强点集中在 {223}<$1\bar{1}$0>，取向密度为 $f(g)=5.34$。γ 织构的强点偏离 {111}<$\bar{1}$ $\bar{1}$2>组分 11.2° （$\Delta\Phi=5°$，$\Delta\varphi_1=10°$），取向密度为 $f(g)=4.01$，γ 织构的次强点集中在 {111}<$0\bar{1}$1>，取向密度为 $f(g)=2.97$。

　　图 6-34 为 650℃退火温度下不锈钢试样的 α 和 γ 取向线的取向密度值。由图可知，经退火处理后，α 织构的强度有所减弱，但并不明显，只有 {223}<$1\bar{1}$0>组分处取向密度减弱明显，尤其是室温轧制 50% 的试样。经退火处理后，{001}<$1\bar{1}$0> ~ {223}<$1\bar{1}$0>织构的取向密度下降，其强点集中在 {118}<$1\bar{1}$0>，除 650℃退火和压下率 65% 试样。此时退火处理试样 γ 纤维织构的取向密度稍有下

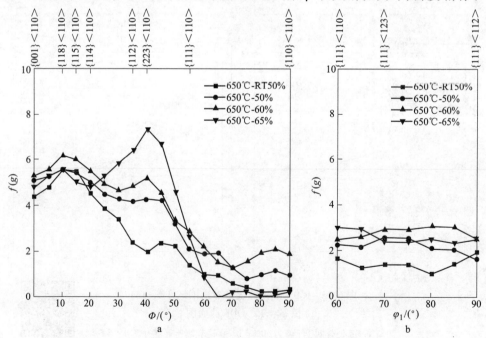

图 6-34　650℃退火温度下不锈钢试样的 α 和 γ 取向线的取向密度值

a—α 取向线的取向密度值；b— γ 取向线的取向密度值

降，室温轧制的取向密度仍为最低，{111}<$\overline{1}$10> ~ {111}<112>织构的取向密度分布均匀。退火处理后 γ 纤维织构的变化，与试样组织中马氏体含量减少奥氏体含量增加有关，由于650℃的退火温度还不足以让大量马氏体逆转变为奥氏体，故 γ 纤维织构弱化效果不明显。

综上所述，对比室温轧制和深冷轧制，深冷轧制可以促使纤维织构的强点沿 α 取向线下移至 {223}<$\overline{1}$10>，提高 γ 纤维织构的强度，且取向密度分布均匀。

图 6-35 为不同退火温度下不锈钢试样表层织构的恒 φ_2 = 45° ODF 截面图。对于深冷轧制65%的试样，其织构强点集中在 α 织构的 {223}<$\overline{1}$10>组分，取向密

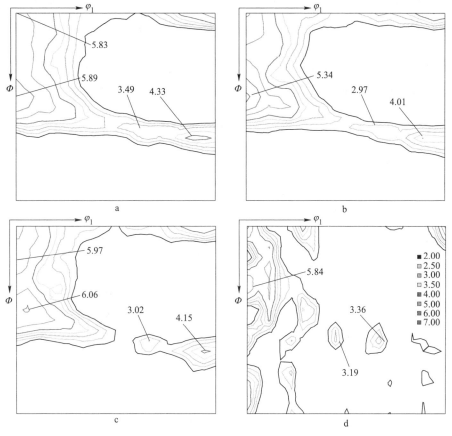

图 6-35　不同退火温度下不锈钢试样织构的恒 φ_2 = 45° ODF 截面图
a—未退火，65%；b—650℃，65%；c—700℃，65%；d—750℃，65%

扫描二维码

看彩图

度为 $f(g)$ = 5. 89。其织构次强点在旋转立方织构的 $\{001\}<1\bar{1}0>$ 组分，取向密度为 $f(g)$ = 5. 83。同时在未退火处理的试样中存在一定强度的 γ 织构，其强点偏离 $\{111\}<\bar{1}\,\bar{1}2>$ 组分 11. 2° （$\Delta\Phi=5°$，$\Delta\varphi_1=10°$），取向密度为 $f(g)$ = 4. 33，γ 织构的次强点集中在 $\{111\}<0\bar{1}1>$。经退火处理后，试样的 α 织构强度稍有下降或发生偏移，同时随着退火温度升高，γ 织构的贯穿性被破坏。这是因为在退火处理过程中，形变诱导马氏体会向奥氏体发生逆转变，相变的发生会弱化织构强度，并且马氏体为 bcc 结构，其稳定织构为 α 和 γ 织构，而奥氏体为 fcc 结构，其稳定织构并不在 α 和 γ 织构处，故会出现图 6-35b~d 的现象。

当退火温度为 650℃时，其 α 织构强点在 $\{223\}<1\bar{1}0>$，取向密度为 $f(g)$ = 5. 34，此时 γ 织构仍保持较好的贯穿性，其强点偏离 $\{111\}<\bar{1}\,\bar{1}2>$ 组分 11. 2° （$\Delta\Phi=5°$，$\Delta\varphi_1=10°$），取向密度 $f(g)$ = 4. 01，γ 织构的次强点集中在 $\{111\}<0\bar{1}1>$，取向密度为 $f(g)$ = 2. 97。当退火温度为 700℃时，α 织构的强点偏离 $\{223\}<1\bar{1}0>$ 组分 5° （$\Delta\Phi=0°$，$\Delta\varphi_1=5°$），取向密度为 $f(g)$ = 6. 06，α 织构的次强点集中在 $\{115\}<1\bar{1}0>$，取向密度为 $f(g)$ = 5. 97。此时 γ 织构的贯穿性已发生破坏，其强点偏离 $\{111\}<\bar{1}\,\bar{1}2>$ 组分 7. 1° （$\Delta\Phi=5°$，$\Delta\varphi_1=5°$），取向密度为 $f(g)$ = 4. 15，γ 织构的次强点集中在 $\{111\}<0\bar{1}1>$，取向密度为 $f(g)$ = 3. 02。当退火温度升至 750℃时，α 织构的强点偏离 $\{223\}<1\bar{1}0>$ 组分 5° （$\Delta\Phi=0°$，$\Delta\varphi_1=5°$），取向密度为 $f(g)$ = 5. 84，同时 γ 织构的分布并不连续，γ 织构的强点集中在 $\{111\}<0\bar{1}1>$，其次强点集中在 $\{111\}<\bar{1}32>$，取向密度分别为 $f(g)$ = 3. 36 和 $f(g)$ = 3. 19。

图 6-36 为不同退火温度下不锈钢试样 α 和 γ 取向线的取向密度值。由图可知，随着退火温度的升高，试样 α 和 γ 取向线的取向密度均随之减弱，其中 α 织构的强点仍在 $\{223\}<1\bar{1}0>$ 组分处，γ 纤维织构 $\{111\}<\bar{1}\,23>$ 组分处的取向密度明显下降，α 和 γ 织构取向密度随退火温度的变化趋势符合随退火温度升高奥氏体体积分数增加的规律。当退火温度为 750℃时，其 α 和 γ 织构的取向密度分布不具有贯穿性。

6.4.2　深冷轧制工艺对不锈钢微观织构的影响

图 6-37 为不同压下率不锈钢试样 700℃退火沿板厚方向的晶体取向图。由图可知，在相同的退火条件下，随着深冷轧制压下率的增加，逆转变过程进行得越充分，当压下率大于 50%时，晶粒呈现为等轴态且尺寸分布均匀。当压下率为 40%~60%时，组织中存在较多的 <001>~<112>//ND 取向晶粒，在压下率 65%时该种取向的晶粒含量减少。经过特定晶粒取向计算，其中 <110>//ND 取向晶粒随压下率增加，其对应的体积分数分别为 78. 7%、52. 2%、46. 2% 和 68. 4%，而 <111>//ND 取向晶粒随压下率增加对应的体积分数分别为 4. 6%、2. 5%、2. 11% 和 1. 62%。

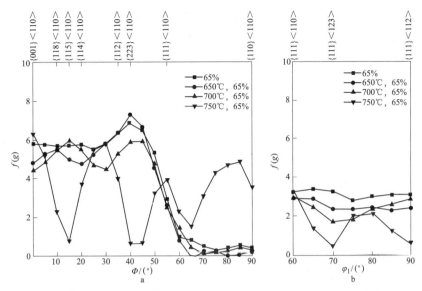

图 6-36 不同退火温度下不锈钢试样的 α 和 γ 取向线的取向密度值

a—α 取向线的取向密度值；b—γ 取向线的取向密度值

图 6-37 700℃退火温度下不锈钢试样的晶体取向图

a—40%；b—50%；c—60%；d—65%

扫描二维码
看彩图

图 6-38 为不锈钢试样不同温度退火处理后沿板厚方向的晶体取向图。由图可知，在相同退火时间下，当退火温度为 700℃时，由形变诱导马氏体逆转变的等轴态奥氏体晶粒较小，且晶粒尺寸分布较均匀，组织中多为<110>∥ND 取向晶粒。当退火温度为 750℃时，组织中的晶粒分布出现不均，有较多的<111>∥ND 和<001>∥ND 取向晶粒存在，有较明显的晶粒簇，并平行于轧制方向分布。当退火时间缩短至 1.5min，退火温度升至 800℃和 850℃时，逆转变的奥氏体晶粒尺寸增大明显分布不均，晶粒大致平行于轧制方向，如图 6-38c、d 所示。当退火温度为 800℃时，组织中蓝色或接近于蓝色的<111>∥ND 取向晶粒明显增大，而红色的<001>∥ND 取向晶粒略微增大，并有所减少。在分布上，可看出<110>∥ND 取向晶粒在整个厚度范围内均匀分布，且晶粒尺寸较小，而红色的<001>∥ND 和蓝色的<111>∥ND 取向晶粒分布较弥散。当退火温度为 850℃时，晶粒尺寸严重不

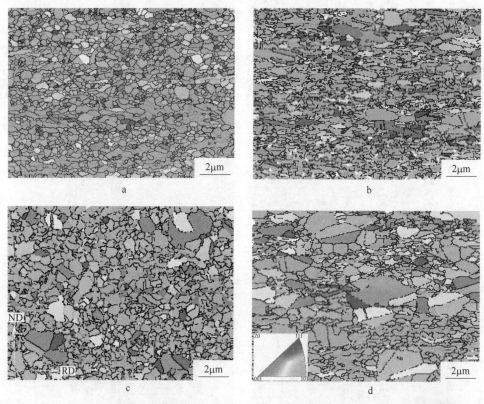

图 6-38　不同退火温度下不锈钢试样的晶体取向图
a—700℃，65%，5min；b—750℃，65%，5min；
c—800℃，65%，1.5min；d—850℃，65%，1.5min

扫描二维码

看彩图

均，部分<111>∥ND 和接近<001>∥ND 取向晶粒出现异常粗大，形成明显较粗大、集中的晶粒簇，如图 6-38d 所示。

由此可见，随着退火温度的升高，一方面<110>∥ND 取向晶粒的体积分数小幅减小，蓝色<111>∥ND 和红色<001>∥ND 取向晶粒的体积分数逐渐增大。另一方面，即便缩短退火时间，随着退火温度的升高，晶粒尺寸分布均匀性遭到破坏，只有<110>∥ND 取向的晶粒分布仍比较均匀。当退火温度过高时，由于部分晶粒异常粗大，导致各个取向晶粒分布均匀性恶化。图 6-39 为经循环退火和一次退火处理不锈钢试样沿板厚方向的晶体取向图。当退火温度为 700℃ 时，循环退火与一次退火处理相比，其晶粒尺寸要明显小于一次退火处理试样的，且循环退火处理试样中蓝色和接近蓝色的<111>∥ND 取向晶粒的体积分数增多，并均匀分布在板厚方向上，这有利于改善板材的成型性。当退火温度升至 750℃ 时，蓝色的<111>∥ND 和红色的<001>∥ND 取向晶粒的体积分数进一步增加，且分布更加均匀，但经循环退火处理试样中出现了少量异常粗大的晶粒。

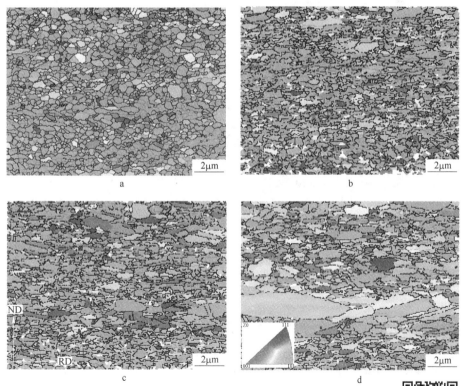

图 6-39 循环退火和一次退火处理后不锈钢试样的晶体取向图

a—700℃，65%；b—700℃，65%，循环；

c—750℃，65%；d—750℃，65%，循环

扫描二维码

看彩图

参 考 文 献

[1] Barron R F. Effect of cryogenic treatment on lathe tool wear [C]. Process of the 13 the Internal Congress of Refrigeration. Washington DC: AVI Publishing Company Inc, 1973, 529~534.

[2] Barron R F. Cryogenic treatment of metals to improve wear resistance [J]. Cryogenics, 1982, 22 (8): 409~413.

[3] Valiev R Z, Islamgaliev R K, Alexandrov I V. Bulk nanostructured materials from severe plastic deformation [J]. Progress in Materials Science, 2000, 45 (2): 103~189.

[4] Valiev R Z. Materials science: Nanomaterial advantage [J]. Nature, 2002, 419 (6910): 887~889.

[5] Valiev R Z, Korznikov A V, Mulyukov R R. Structure and properties of ultrafine-grained materials produced by severe plastic deformation [J]. Material Science Engineering A, 1993, A168 (2): 141~148.

[6] Lee Y B, Shin D H, Park K T, et al. Effect of annealing temperature on microstructures and mechanical properties of a 5083 Al alloy deformed at cryogenic temperature [J]. Scripta Materialia, 2004, 51: 355~359.

[7] Molinari A, Pellizzari M, Gialanella S, et al. Effect of deep cryogenic treatment on the mechanical properties of tool steels [J]. Journal of Materials Processing Technology, 2001, 118 (1-3): 350~355.

[8] Baldissera P, Delprete C. Effects of deep cryogenic treatment on static mechanical properties of 18NiCrMo5 carburized steel [J]. Materials & Design, 2009, 30 (5): 1435~1440.

[9] Xu N, Cavallaro G P, Gerson A R. Synchrotron micro-diffraction analysis of the microstructure of cryogenically treated high performance tool steels prior to and after tempering [J]. Materials Science and Engineering: A, 2010, 527 (26): 6822~6830.

[10] Dennis J K. Cryogenic process update [J]. Advanced Materials and Processes, 1999, 155: 67~69.

[11] 陈鼎, 黄培云. 金属材料深冷处理发展概况 [J]. 热加工工艺, 2001 (4): 57~59.

[12] Li Shaohong, Min Na, Deng Lihui, et al. Influence of deep cryogenic treatment on internal friction behavior in the process of tempering [J]. Materials Science and Engineering: A, 2011, 528 (3): 1247~1250.

[13] 陈鼎, 刘芳, 滕杰, 等. 深冷处理对低碳钢组织与性能的影响 [J]. 金属热处理, 2008, 33 (9): 66~69.

[14] Liu Haohuai, Wang Jun, Yang Hongshan. Effect of cryogenic treatment on property of 14Cr2Mn2V high chromium cast iron subjected to subcritical treatment [J]. Journal of Iron and Steel Research, International, 2006, 13 (6): 43~48.

[15] 吴红艳, 艾峥嵘, 刘相华. 钢铁材料深冷处理技术研究和应用进展 [J]. 材料热处理学报, 2013 (12): 1~8.

[16] Tyshchenko A I, Theisen W, Oppenkowski A, et al. Low-temperature martensitic transformation and deep cryogenic treatment of a tool steel [J]. Materials Science and Engineer-

ing: A, 2010, 527 (26): 7027~7039.

[17] 林晓娉, 王亚红. 高速钢深冷处理及其机理研究 [J]. 金属热处理学报, 1998, 19 (2): 21~25.

[18] 邓黎辉, 汪宏斌, 李绍宏, 等. 高强韧冷作模具钢深冷处理性能及组织 [J]. 材料热处理学报, 2011, 32 (4): 76~81.

[19] Huang J Y, Zhu Y T, Liao X Z, et al. Microstructure of cryogenic treated M2 tool steel [J]. Materials Science and Engineering: A, 2003, 339 (1): 241~244.

[20] Johnson Jo W. Applicability of cryogenic treatments advanced with computerized processing [J]. Industrial Heating, 1988, 7: 18~20.

[21] 曾志新, 李勇, 周志斌, 等. 深冷处理对 W9Mo3Cr4V 刀具耐磨性能影响的研究 [J]. 中国机械工程, 2003 (9): 80~82, 86.

[22] Jain M, Christman T. Processing of submicron grain 304 stainless steel [J]. Journal of Materials Research, 1996, 11 (11): 2677~2680.

[23] Wang Y, Chen M, Zhou F. High tensile ductility in a nanostructured metal [J]. Nature, 2002, 419: 912~915.

[24] Rangaraju N, Raghuram T, Krishna B V, et al. Effect of cryo-rolling and annealing on microstructure and properties of commercially pure aluminium [J]. Materials Science Engineering A, 2005, 398 (1-2): 246~251.

[25] Lee T R, Chang C P, Kao P W. The tensile behavior and deformation microstructure of cryorolled and annealed pure nickel [J]. Materials Science Engineering A, 2005, 408: 131~135.

[26] Nagarjuna S, Babu C U, Ghosal P. Effect of cryo-rolling on age hardening of Cu-1.5Ti alloy [J]. Materials Science Engineering A, 2008, 491: 331~337.

[27] Jayaganthana R, Brokmeiera H G, Schwebkea B, et al. Microstructure and texture evolution in cryorolled Al 7075 alloy [J]. Journal of Alloys and Compounds, 2010, 496: 183~188.

[28] 熊毅, 贺甜甜, 郭志强, 等. 不同温度重度变形及退火对工业纯铝组织的影响 [J]. 材料热处理学报, 2011, 32 (9): 63~66.

[29] Ihira R, Gwon H, Kasada R, et al. Improvement of tensile properties of pure Cu and CuCrZr alloy by cryo-rolling process [J]. Fusion Engineering and Design, 2016, 109-111, Part A: 485~488.

[30] Panigrahi S K. A study on the mechanical properties of cryorolled Al-Mg-Si alloy [J]. Materials Science and Engineering A, 2008, 480 (1-2): 299~305.

[31] 李跃凯, 刘芳, 郑广平. 低温冷轧工艺制备纳米晶纯钛及其力学性能 [J]. 塑性工程学报, 2013, 20 (6): 17~20.

[32] Guo D F, Li M, Shi Y D, et al. Effect of strain rate on microstructure evolutions and mechanical properties of cryorolled Zr upon annealing [J]. Materials Letters, 2012, 66 (1): 305~307.

[33] 史勤益, 颜余仁, 赵先锐, 等. 304 奥氏体不锈钢的热处理工艺研究 [J]. 科学技术与工程, 2011, 11 (24): 5910~5913.

[34] 杨刚, 刘正东, 林肇杰. 用等径角挤压变形法制备纳米晶金属结构材料的组织演变[J].

钢铁, 2003, 38 (12): 38~42.

[35] 高永亮, 杨钢, 王立民, 等. 等通道热挤压变形制备奥氏体不锈钢纳米级组织 [J]. 钢铁
　　　研究学报, 2006, 18 (10): 41~44.

[36] 王敏, 郭鸿镇. 大块料 1Cr18Ni9Ti 奥氏体不锈钢的晶粒细化研究 [J]. 材料热处理技术,
　　　2008, 37 (20): 24~26, 30.

7 纳米/亚微米晶冷轧奥氏体不锈钢的制备及组织性能调控

由于奥氏体不锈钢具有许多优良的性能,如无磁、耐腐蚀、耐氧化、易焊接、便于冲压成型等,因此其广泛应用于家具装饰、食品医疗、石油化工、航天航空等领域。虽然奥氏体不锈钢具有高韧高塑性,但是其屈服强度普遍很低,严重限制了其在结构工程领域的应用。奥氏体不锈钢在室温依然保持奥氏体组织,通常利用变形的方式对其进行强化。因此,在提高强度同时保证塑性的前提下,细晶强化显然是最为合适的强化方式。304 不锈钢是一种通用型奥氏体不锈钢,用量极大,业内又称为 18-8 型不锈钢。作为亚稳态奥氏体不锈钢的典型代表,304 不锈钢在室温进行塑性变形时,会发生变形诱导马氏体相变,在随后的退火过程中,利用马氏体向奥氏体的逆相变可有效细化奥氏体晶粒。

目前,国内外研究人员在利用冷轧及退火方式制备纳米/亚微米晶奥氏体不锈钢方面已经开展了大量的研究工作。Schino 等[1]指出利用这种方式制备纳米晶奥氏体组织需满足以下两点:(1)冷轧过程中,奥氏体组织需完全转变成α′-马氏体;(2)为避免晶粒过度长大,马氏体逆相变退火需在低温进行。基于此,Ma 等[2]利用两阶段室温冷轧和退火工艺成功制备出平均晶粒尺寸约 100nm 的奥氏体钢。Eskandari 等[3]利用低温轧制及逆相变退火的方法制备出晶粒尺寸为 70nm 的 301 奥氏体不锈钢。Rajasekhara 等[4]系统研究了纳米/亚微米晶 301LN 不锈钢的组织演变,综合分析了冷轧马氏体的形态及其在退火初期的组织特征。

如上所述,利用冷轧及退火的方式对亚稳态奥氏体不锈钢进行组织纳米化多基于一个前提:冷轧组织几乎全为马氏体。因此,在后续退火的过程中仅涉及马氏体向奥氏体的逆相变过程。然而,对于部分奥氏体不锈钢,如 304、316 不锈钢等,在室温进行冷轧变形时,即使经过较大的塑性变形(压下量在 70% 以上),组织中依然包含大量的残余奥氏体[5,6]。由于马氏体逆相变和残余奥氏体再结晶的驱动力有所不同,因此具有马氏体和残余奥氏体的双相冷轧组织在后续退火过程中的组织演变规律势必较为复杂。目前,关于这方面的研究报道还比较少。

本章以 304 不锈钢为研究对象,提出两种制备块体纳米/亚微米晶奥氏体不锈钢的研究思路:(1)初始奥氏体晶粒尺寸越小,产生的马氏体板条越细小,逆相变奥氏体的晶粒尺寸也越小。基于课题组之前关于超细晶钢的研究思路，利用循环相变细晶原理，首先通过轻微冷轧变形及再结晶退火的方式将初始奥氏体晶粒进行初步细化，然后进行室温大压下量变形诱导马氏体相变，最后通过低温逆相变退火制备块体纳米/亚微米晶 304 不锈钢薄板。（2）对实验钢直接进行一阶段多道次大压下室温冷轧变形，使奥氏体充分发生马氏体相变，并利用大压下量使马氏体组织充分破碎，然后利用马氏体向奥氏体的逆相变制备纳米/亚微米晶 304 不锈钢薄带。随后以具有马氏体和残余奥氏体双相组织的冷轧 304 不锈钢为对象，系统地分析了其在等温退火过程中的组织演变规律，阐明了退火温度和保温时间对马氏体逆相变及残余奥氏体再结晶的影响，并对其拉伸力学性能进行研究。

7.1　纳米/亚微米晶 304 不锈钢的制备

7.1.1　三阶段冷轧及退火制备纳米/亚微米晶 304 不锈钢

本小节所使用的实验钢为一种商用的 304 不锈钢，主要化学成分如表 7-1 所示。将尺寸为 50mm×60mm×120mm 的锻造坯在加热炉中随炉加热至 1200℃ 并保温 3h，随后在 RAL 实验室 φ450mm 热轧机上进行 7 道次热轧实验，轧后立即淬火至室温。开轧温度和终轧温度分别是 1180℃ 和 1080℃。终轧厚度约为 5mm，总压下量约为 90%。多阶段冷轧及退火实验工艺示意图如图 7-1 所示。前两阶段

表 7-1　304 不锈钢的化学成分　　　　　　　　（质量分数,%）

C	Si	Mn	P	Al	Nb	V	Ni	Cr	Mo	Fe
0.055	0.40	1.63	0.03	0.015	0.04	0.08	8.45	17.30	0.12	其余

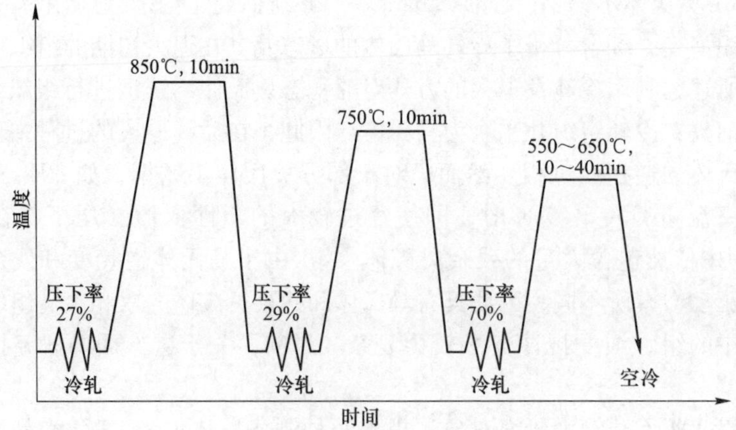

图 7-1　三阶段冷轧及退火实验工艺示意图

的冷轧压下量较小，约为30%，第三阶段冷轧压下量约为70%。实验钢经过前两阶段冷轧变形后均进行一次再结晶退火。三阶段多道次室温冷轧实验在 RAL 实验室直拉式冷轧实验机上进行，冷轧板最终厚度为 0.7mm 左右，总的冷轧压下量约为85%。等温退火实验在 ϕ100mm 管式加热炉中进行，退火完成后空冷至室温。

热轧实验钢的金相组织如图 7-2 所示，为完全奥氏体组织，平均晶粒尺寸为18μm 左右。实验钢经前两阶段冷轧及退火处理后的金相组织如图 7-3 所示。执行前两阶段冷轧及退火处理的原则是，每次均以最细的组织状态进行下一步的冷轧实验，通过两次冷轧及再结晶退火来实现奥氏体晶粒的初步细化。经过第一阶段的冷轧，组织中有少量马氏体的产生，在随后的退火过程中，马氏体发生逆相变，而残余奥氏体发生再结晶。如图 7-3b 所示，第一阶段冷轧实验钢在850℃保温 10min 后，组织已完全再结晶，形成了由大于 10μm 的粗晶奥氏体和小于 5μm 的细晶奥氏体构成的混晶组织。与热轧态组织相比，奥氏体组织得到了明显的细化。随后进行第二阶段冷轧及退火处理，变形和退火组织的 OM 形貌分别如图 7-3c 和 d 所示。第二阶段冷轧实验钢经 750℃退火 10min 后，变形带消失，组织完全再结晶，由均匀、细小的等轴奥氏体晶粒组成，平均晶粒尺寸约为 1.8μm。实验钢经过前两阶段的轻微冷轧及再结晶退火处理，奥氏体组织得到了明显的细化。

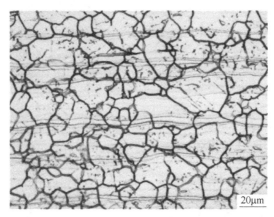

图 7-2 热轧实验钢的光学显微组织

经过第三阶段冷轧变形，实验钢的 SEM、TEM 组织形貌及 XRD 图谱如图 7-4 所示。如图 7-4a 所示，实验钢冷轧组织呈纤维状，这是典型的冷轧形貌。冷轧组织的精细结构如图 7-4c 所示，马氏体组织的形貌分为位错胞状和板条状两种，对应的选区电子衍射分别如图 7-4d 和 e 所示。位错胞状马氏体的衍射斑呈环状，而板条马氏体的衍射斑为点状。Takakai 等[7]指出：随着冷轧压下量的增大，组织中位错胞状马氏体所占比例增多。相比于板条状组织，位错胞状马氏体中包含更多的缺陷，因此逆相变奥氏体的形核点更多，更有利于纳米/亚微米组织的获得[8]。如图 7-4b 所示，冷轧试样的 XRD 图谱中 $\gamma(220)$ 衍射峰的出现表明冷轧组织中仍存在部分的残余奥氏体，根据经验公式计算出冷轧实验钢中 α'-马氏体和残余奥氏体的体积分数分别约为 78% 和 22%。

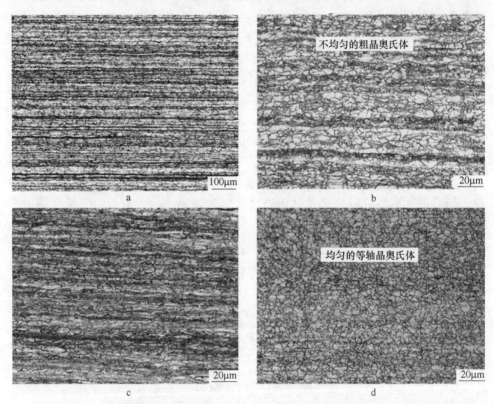

图 7-3　实验钢经前两阶段冷轧及退火后的 OM 显微组织

a—第一阶段冷轧；b—850℃保温 10min；c—第二阶段冷轧；d—750℃保温 10min

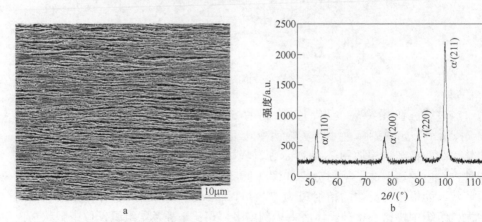

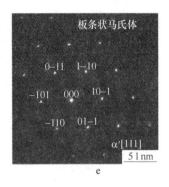

图 7-4　实验钢经第三阶段冷轧后的显微组织和 XRD 图谱

a—SEM 形貌；b—XRD 图谱；c—TEM 形貌；d—位错胞状马氏体的衍射斑；e—板条马氏体的衍射斑

　　图 7-5 和图 7-6 分别是实验钢经三阶段冷轧退火后的 SEM 和 TEM 形貌。为了避免晶粒长大，采用低温退火，退火温度为 $550 \sim 650℃$。如图 7-5a ~ c 中箭头所示，变形带依然存在。这说明低温退火时，马氏体的逆相变及残余奥氏体的再结晶均需较长时间的保温才能完成。如图 7-5b 和图 7-6a 所示，550℃ 退火 40min 试样的显微组织中出现了部分等轴的纳米/亚微米奥氏体晶粒。随着退火温度升

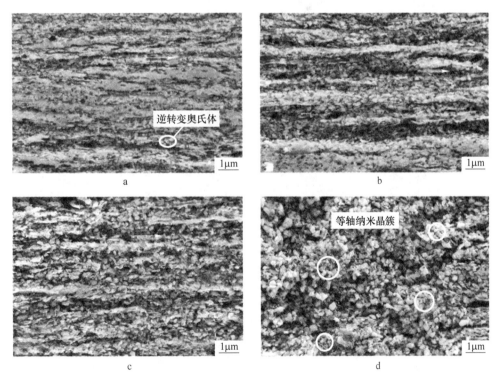

图 7-5　实验钢经三阶段冷轧退火后的 SEM 形貌

a—550℃保温 30min；b—550℃保温 40min；c—580℃保温 20min；d—580℃保温 30min

高，马氏体逆相变程度大。如图 7-5d 和图 7-6c 所示，580℃退火 30min 试样的显微组织中出现了更多的等轴的、尺寸在 100nm 左右的逆相变奥氏体，XRD 结果（见图 7-7）表明此时奥氏体的体积分数为 85%。此时变形带已基本消失，逆相变奥氏体由边界清晰的大角晶界包裹，晶内位错密度较低，且部分区域出现了纳米晶簇，如图 7-5d 中圆圈所标记。提高退火温度至 650℃，马氏体向奥氏体转变的驱动力进一步提高，试样保温 10min 后组织中的奥氏体体积分数达到了 91%。如图 7-6d 所示，试样的显微组织主要由位错密度较低等轴奥氏体晶粒组成。同时，退火温度的提高使逆相变奥氏体发生了轻微的长大，平均晶粒尺寸为 300nm。

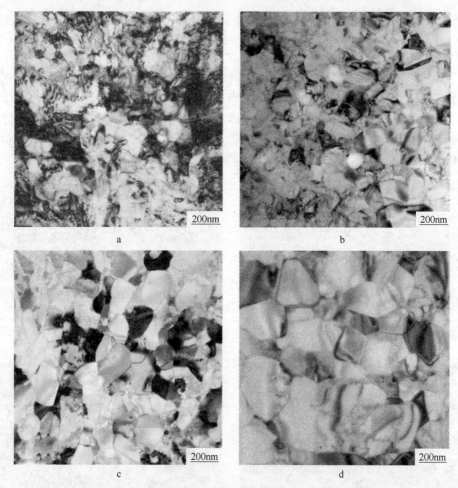

图 7-6　实验钢经三阶段冷轧退火后的 TEM 形貌

a—550℃保温 40min；b—580℃保温 20min；c—580℃保温 30min；d—650℃保温 10min

　　实验钢经三阶段冷轧退火后的 XRD 图谱如图 7-7 所示。如上所述，在第三阶段冷轧的过程中，约 78% 的奥氏体发生了马氏体转变。550℃保温 30min 后试样的 XRD 图谱中出现了新的奥氏体衍射峰 $\gamma(111)$ 和 $\gamma(311)$，且 $\gamma(220)$ 的积分强度也明显增强；同时马氏体衍射峰如 $\alpha'(200)$ 和 $\alpha'(211)$ 的积分强度相比于冷轧态时明显降低。此时试样中奥氏体体积分数约为 64%，表明退火过程中发生了马氏体的逆相变。随着退火温度的升高和保温时间的延长，马氏体的逆相变程度进一步增大，奥氏体的体积分数逐渐增多。退火温度为 550℃时，延长保温时间至 40min，试样中奥氏体体积分数并未明显增加。退火温度为 580℃，分别保温 20min 和 30min 后，对应试样中奥氏体体积分数分别是 77% 和 85%。进一步提高温度至 650℃，保温 10min 后试样中奥氏体体积分数约为 91%。这说明退火温度比保温时间对马氏体逆相变的影响更大。较高的退火温度能提供更多的热能来克服形核壁垒，而较长的保温时间可以促进扩散的进行，来促进逆相变的完成。

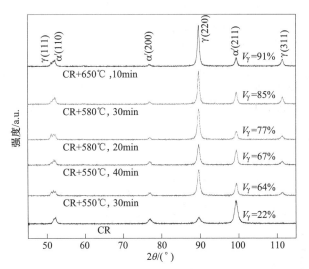

图 7-7　实验钢经三阶段冷轧及退火后的 XRD 图谱

实验钢在不同状态时的工程应力-工程应变曲线如图 7-8 所示，具体的力学性能指标如表 7-2 所示。热轧态试样具有优异的塑性，其断后伸长率达到了90%，但其屈服强度极低，约为 330MPa。经过前两阶段的冷轧及再结晶退火处理，实验钢组织得到明显细化，如图 7-3 所示。相比于热轧态，此时实验钢的屈服强度略有提升，分别为 370MPa 和 430MPa。经过第三阶段的冷轧及逆相变退火处理，实验钢的屈服强度大幅提升，但断后伸长率明显降低。550℃和 580℃保温 30min 试样的屈服强度极高，达到 1000MPa 以上。相比于热轧实验钢，屈服强度提高了 3~4 倍，但断后伸长率下降至 10% 左右，对应的拉伸曲线分别如图 7-8 中（d）和（e）所示。结合组织观察（见图 7-5 和图 7-6）可知，此时实验钢的组织构成包括部分未转变的 α'-马氏体、未再结晶的残余奥氏体和等轴的逆相变奥氏体，由于退火温度和保温时间的不同致使组织中各组分所占比例略有不同。随着退火温度的提高，如图 7-8（f）所示，650℃退火 10min 试样的屈服强度略有下降，为 885MPa 左右，但断后伸长率有所恢复，达到约 20%。这是因为温度的升高促进了马氏体逆相变的进行，组织中"硬相"的减少是其强度下降的直接原因。此外，虽然组织中并未观察到残余奥氏体发生明显的再结晶，但温度的提高也必定促进了冷轧组织的回复，使得残余奥氏体中的位错密度大幅降低。由以上实验结果可知，利用晶粒细化能大幅提高 304 不锈钢的屈服强度，且通过调整退火温度和保温时间，可以实现实验钢屈服强度和塑性的良好匹配。关于实验钢在等温退火过程中显微组织演变规律及其力学性能的研究将在后面的章节详细介绍。

表 7-2　热轧态和各阶段退火试样的拉伸性能

阶段	状态	屈服强度/MPa	抗拉强度/MPa	伸长率/%
原始阶段	热轧（图 7-8（a））	330	765	90
第一阶段	850℃，10min（图 7-8（b））	370	835	79
第二阶段	750℃，10min（图 7-8（c））	430	820	72
第三阶段	550℃，30min（图 7-8（d））	1055	1480	10
	580℃，30min（图 7-8（e））	1120	1440	12
	650℃，10min（图 7-8（f））	885	1160	20

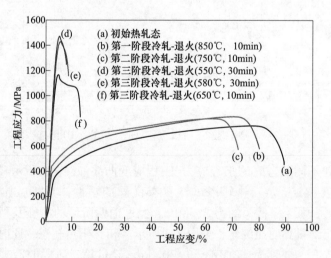

图 7-8　不同状态的实验钢的工程应力-工程应变曲线

Tomimura[8] 和 Takaki[7] 指出在亚稳态奥氏体不锈钢中，马氏体向奥氏体的逆相变机制有两种：扩散型（即形核和长大）和马氏体切变机制。逆转变机制的选择主要与实验钢的化学成分（即 Ni/Cr 比值）和退火温度相关。马氏体向奥氏体转变的吉布斯自由能差（$\Delta G^{\alpha \to \gamma}$）会随着 Ni/Cr 比值的减小而降低。Tomimura

等[8]给出了马氏体通过切变机制向奥氏体转变的临界 $\Delta G^{\alpha\to\gamma}$ 约为-500J/mol，并利用 Kaufman 等[10]给出的热力学数据推导出适用于 Fe-Cr-Ni 三元合金的经验公式（7-1），建立了马氏体→奥氏体逆相变机制与实验钢合金成分和退火温度的关系模型。

$$\Delta G^{\alpha\to\gamma} = 10^{-2}\Delta G_{Fe}^{\alpha\to\gamma}(100 - Cr - Ni) - 97.5Cr + 2.02\,Cr^2 -$$
$$108.8Ni + 0.52Ni^2 - 0.05CrNi + 10^3 T(73.3Cr -$$
$$0.67Cr^2 + 50.2Ni - 0.84Ni^2 - 1.51CrNi) \qquad (7\text{-}1)$$

式中，$\Delta G_{Fe}^{\alpha\to\gamma}$是纯 Fe 中 BCC 和 FCC 相的吉布斯自由能差，J/mol；T 为温度，K。Ni 和 Cr 分别为对应元素的质量分数。

由于实验钢中还包含其他合金元素（如 C、Si、Mn、Mo 等）对显微组织也有重要的作用。因此采用以 Cr_{eq} 和 Ni_{eq} 来取代公式（7-1）中的 Cr 和 Ni，计算公式[11]如下：

$$Ni_{eq} = Ni + 0.6Mn + 20C + 4N - 0.4Si \qquad (7\text{-}2)$$
$$Cr_{eq} = Cr + 0.45Mo \qquad (7\text{-}3)$$

根据上述公式，计算出实验钢的 $\Delta G^{\alpha\to\gamma}$ 随温度的变化关系如图 7-9 所示。由图 7-9 可以看出，当实验钢的 $\Delta G^{\alpha\to\gamma}=-500$J/mol 时，对应的温度约为 1000K（约 727℃）。因此，可以推测当退火温度低于 700℃时，实验钢中马氏体的逆相变机制为扩散型；而当温度高于 727℃时，马氏体向奥氏体的转变则可能以切变机制进行。在本实验中，选定的退火温度区间为 550~650℃，因此理论上马氏体向奥氏体的逆相变过程应以形核长大的方式进行。结合 TEM 组织观察，可以发现冷轧实验钢经逆相变退火后形成了等轴的纳米/亚微米奥氏体晶粒，且位错密度较低，这是典型的扩散机制的组织特征[4]。

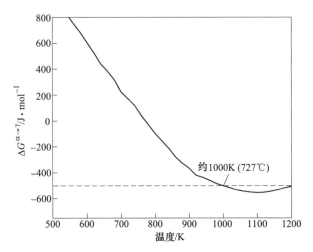

图 7-9 实验钢中马氏体与奥氏体的吉布斯自由能差随温度的变化

本小节中，前两阶段冷轧变形的压下量相对较小（<30%），因此相应的冷轧组织以轻微变形的奥氏体为主，包含的 α′-马氏体较少。随后选用的中间退火温度相对较高（750~850℃），接近实验钢的再结晶温度。因此，在等温退火过程中组织的演变以残余奥氏体的再结晶为主，这也是前两阶段冷轧退火组织细化程度有限的原因。此外，根据图 7-9 可知，实验钢在 727℃ 以上退火时，马氏体的逆相变机制可能为切变形式。由文献［4］发现：通过切变机制形成的奥氏体组织会保留冷轧马氏体的形态，同时具有较高的位错密度。随着退火的进行，这些切变形成的逆相变奥氏体同样会发生再结晶。利用前两阶段冷轧退火对实验钢组织进行了初步细化。随后进行第三阶段冷轧变形，变形组织中包含约 78% 体积分数的 α′-马氏体。为了避免晶粒长大，选用了较低的退火温度，组织观察并未发现残余奥氏体发生再结晶的迹象。因此，在第三阶段的退火过程中，以马氏体逆相变为主，对比组织观察和理论分析可知逆相变机制为扩散类型。

7.1.2　一阶段冷轧及退火制备纳米/亚微米晶 304 不锈钢薄带

本小节所使用实验钢厚度约为 5mm 的热轧板。为了消除热轧过程中可能的碳化物析出和偏析带，对实验钢进行固溶处理，退火温度为 1050℃，保温时间为 30min，随后淬火至室温。将固溶处理后的钢板进行酸洗以去除表面的氧化铁皮，随后在室温进行一阶段多道次严重冷轧变形，中间不进行退火处理。冷轧板最终厚度约为 0.3mm，总的压下量约为 93%。结合 7.1.1 小节中的组织观察，本次选用退火温度为 650~700℃，保温时间为 2~30min。

实验钢在不同冷轧压下量的 OM 显微组织如图 7-10 所示。实验钢固溶处理后的 OM 形貌如图 7-10a 所示，为完全奥氏体组织，晶粒呈等轴状。当冷轧压下量为 20% 时，原奥氏体晶粒发生了轻微变形，个别奥氏体晶粒中出现了明显的剪切带，如图 7-10b 中箭头所指。随着压下量的加大，奥氏体的变形加剧，原奥氏体晶粒被严重拉长，部分晶界已不可见，如图 7-10c 所示。当压下量为 93% 时，原奥氏体晶粒已难以辨认，冷轧组织呈纤维状，如图 7-10d 所示。Rajasekhara 等[4]指出，亚稳态奥氏体不锈钢在冷轧初期，增强的平面滑移使奥氏体晶粒中形成剪切带，而 α′-马氏体优先在剪切带交割处形核[12]。随着变形量的增加，奥氏体晶粒中更多的剪切带发生交割，为 α′-马氏体提供了更多的形核点，因此促进了变形诱导马氏体相变的进行。

实验钢的显微硬度随冷轧压下量的变化如图 7-11 所示。实验钢的显微硬度随冷轧压下量的增大逐渐增加，说明在轧制过程中实验钢的冷作硬化现象越来越明显。XRD 结果表明，当冷轧压下量为 20%、40%、60% 和 80% 时，实验钢中 α′-马氏体体积分数分别是 27%、37%、54% 和 73%。因此，硬度的增加与组织中位错密度的升高以及 α′-马氏体的形成有关。当压下量较小时，组织中 α′-马氏体

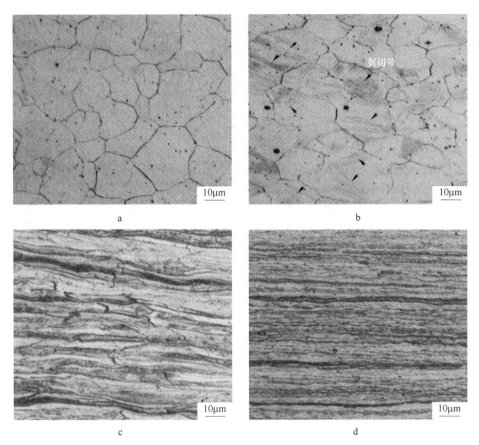

图 7-10 实验钢在不同冷轧压下量时的 OM 形貌

a—固溶处理组织；b—压下量为 20%；c—压下量为 60%；d—压下量为 93%

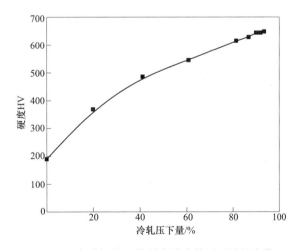

图 7-11 实验钢的显微硬度随冷轧压下量的变化

较少，变形主要集中在奥氏体中，此时加工硬化主要源于奥氏体的位错强化以及部分马氏体相变。随着压下量的增大，组织中 α′-马氏体增多，同时残余奥氏体发生进一步变形，此时强化效果得益于马氏体相变以及残余奥氏体的位错强化。因此，随着压下量的增大，实验钢的加工硬化逐渐由奥氏体的位错强化转变为马氏体相变强化。

当冷轧压下量为 93% 时，实验钢的 XRD 图谱如图 7-12 所示。严重的冷轧变形使大部分奥氏体发生了马氏体相变。图中奥氏体衍射峰 γ(220) 的出现表明组织中存在少量的残余奥氏体。利用经验公式计算出 α′-马氏体体积分数约为 84%，残余奥氏体的体积分数为 16%。

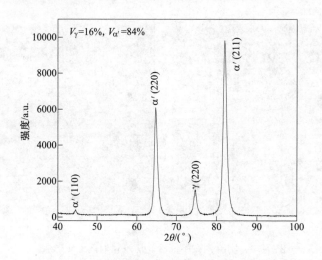

图 7-12　压下量为 93% 的冷轧实验钢的 XRD 图谱

冷轧试样中 α′-马氏体和残余奥氏体的 TEM 形貌分别如图 7-13 和图 7-14 所示。经过 93% 的严重冷轧变形，马氏体形貌以位错胞状为主，局部区域呈板条状，如图 7-13a～c 所示。Takaki 等[9] 关于 Fe-18Cr-8Ni 钢的研究表明，冷轧变形初期马氏体形貌多为板条状，随着压下量的增大，板条马氏体逐渐向位错胞状马氏体转变，这种形态上的改变与滑移带的形成有关。Misra 等[7,13] 关于 301LN 和 Fe-16Cr-10Ni 不锈钢的研究表明，随着变形量的增大，板条马氏体的严重变形导致位错胞状马氏体的形成，并给出了马氏体板条破碎成小板条的证据。如前所述，位错胞状马氏体具有更高的缺陷密度，能为逆相变奥氏体的形成提供更多的形核点，因此更有利于纳米/亚微米晶奥氏体的获得。另外，如图 7-13d 所示，在局部区域观察到了变形孪晶，它们以孪晶束的形式存在，如图中白色圆圈所示，具有不同取向的两组孪晶束互相交割。图 7-14 给出了变形组织中残余奥氏体的明、暗场像，其弥散地分布在位错胞状马氏体组织中，位错密度较高。

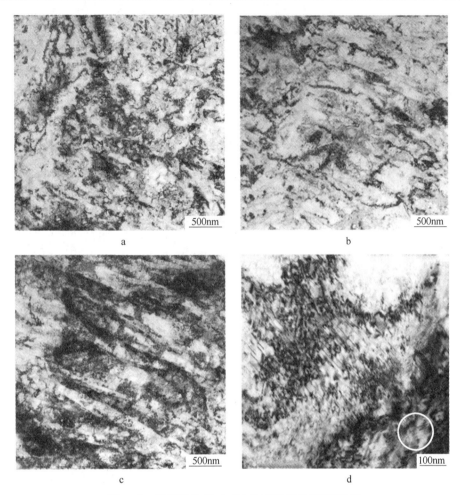

图 7-13 压下量为 93%时冷轧实验钢的 TEM 形貌
a，b—位错胞马氏体；c—板条状马氏体；d—变形孪晶

冷轧实验钢在 650℃和 700℃退火后的 XRD 图谱如图 7-15 所示，退火实验钢的典型 TEM 形貌如图 7-16 所示。根据 XRD 实验结果可知，实验钢经 650℃保温 10min、30min 以及 700℃保温 2min 后，组织中 α'-马氏体的体积分数分别是 9%、4%和 4%。650℃退火 10min 试样的显微组织中包含位错密度较低的等轴纳米/亚微米奥氏体晶粒以及少量的位错胞状亚结构，如图 7-16a 所示。逆相变奥氏体的平均晶粒尺寸约为 150nm，包含部分尺寸小于 100nm 的纳米晶及晶粒尺寸为 100~250nm 的亚微米晶粒。延长保温时间至 30min，退火组织中形成了更多的等轴奥氏体晶粒，如图 7-16b 所示。在此期间，未转变的马氏体继续向奥氏体转变，而先形成的逆相变奥氏体晶胚则发生了轻微的长大，平均晶粒尺寸为 230nm，部分奥氏体晶粒中出现了明显的退火孪晶。退火温度的提高，明显加快

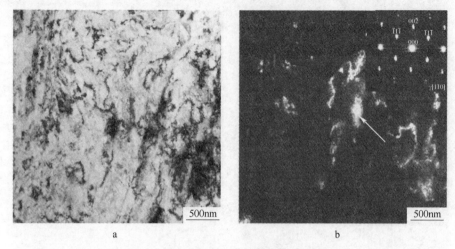

图 7-14   冷轧组织中残余奥氏体的 TEM 形貌
a—明场像；b—暗场像

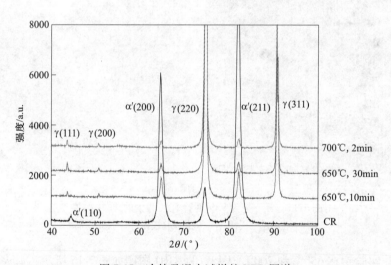

图 7-15   冷轧及退火试样的 XRD 图谱

了马氏体向奥氏体的逆相变过程。当退火温度为 700℃时，经过 2min 的短时退火，冷轧组织中的 α′-马氏体已基本完成向奥氏体的转变。退火组织中除了平均晶粒尺寸为 200nm 的等轴奥氏体外，也包含部分位错胞状亚结构，如图 7-16c 所示。延长保温时间至 5min，组织中的位错密度进一步降低，逆相变奥氏体晶粒发生轻微长大。以上组织观察表明，随着退火温度的提高和保温时间的延长，马氏体逆相变程度增大，且奥氏体晶粒发生轻微长大，这是典型的扩散机制的特征。Rajasekhara[4]指出，若 α′-马氏体通过扩散机制向奥氏体转变，则需要有足够的驱动力来克服奥氏体形核的激活能壁垒。因此，低温退火时，需要较长的保温时间来促进逆相变过程的完成；而较高的退火温度可以提供更多的热能来克服形核激活能壁垒，提高了马氏体→奥氏体逆相变的热动力学，因此只需较短的时间即可完成马氏体向奥氏体的逆相变。

图 7-16　退火试样的典型 TEM 形貌

a—650℃保温 10min；b—650℃保温 30min；c—700℃保温 2min；d—700℃保温 5min

7.1.3　工业化生产与应用的可行性分析

以往用于制备块体纳米/亚微米晶钢的工艺方法主要为以 ECAP、HPT、MDF 等为主的 SPD 技术。然而，这些工艺所能加工的坯料尺寸一般较小且形状固定（如 ECAP 可加工的坯料横截面一般为圆形或方形，横截面直径或对角线一般不大于 20mm，坯料长度约为 70~100mm），而且在加工过程中需要对坯料引入极大的应变（大于 4），因此对设备要求严格，功耗较大，且制备工艺复杂。这些要求超出了钢厂现有设备的实际生产能力，因此很难实现大尺寸规格的纳米/亚微米晶钢的大批量工业化生产。本章所采用的两种制备纳米/亚微米晶 304 不锈钢板带的工艺方法很好地解决了上述问题，利用钢厂现有的冷轧及退火设备即可实现，而且工艺简单，利于提高生产效率、降低生产成本。

通常采用冷轧的方式生产不锈钢薄板，成品不仅板型良好而且表面质量较高，同时还能满足不同情况下对力学性能的要求。由于不锈钢中合金成分较高，在冷轧过程中会产生较大的变形抗力，为了保证轧制效率和精度，一般采用多辊冷轧机组进行轧制。典型的冷轧工艺流程主要包括：热轧钢卷连续退火与酸洗→修磨→冷轧→冷卷连续退火与酸洗→精磨抛光→平整→拉矫与剪切→成品。由于初始板材厚度与成品厚度的不同，一个轧程往往包括多次冷轧及中间退火过程。压下制度是影响冷轧过程的重要因素，通常根据轧机特点确定。不锈钢厂往往通过提高压下率和减少轧程来提高生产效率，但是多道次小压下量变形有利于改善板形，因此需要制定合理的压下制度。冷轧带钢的退火方式主要有两种：连续式退火和罩式退火。连续光亮退火是指在 H_2 保护氛围下对冷轧带钢进行热处理，可使带钢具有无氧化的光亮表面。

利用不锈钢厂现有的 12 辊冷轧机组或 20 辊森吉米尔轧机经单道次轧制即可实现压下量小于 30% 的变形，较大的冷轧压下量则可通过多道次连续冷轧实现，中间退火或最终退火可在立式全氢保护氛围连续光亮退火机组中进行。因此，本章所开发的两种纳米/亚微米晶奥氏体不锈钢薄板/带的生产工艺，在钢厂现有设备的能力范围之内完全可以实现。此外，细晶强化可使奥氏体不锈钢的屈服强度得到大幅提高（由 250MPa 左右提至 1GPa 以上）。将所开发的纳米/亚微米晶奥氏体不锈钢用于制造铁路和城轨不锈钢车辆的车体，可有效实现大幅减重、降低生产成本。另外，所开发的纳米/亚微米晶 304 不锈钢还具有低温（$<0.5T_m$）超塑性，这在一定程度上解决了超高强钢不易成形的难题，有利于精密及具有复杂形状零部件的制造，进一步拓宽了超高强奥氏体不锈钢的应用。

7.2　冷轧 304 不锈钢等温退火组织演变及其力学性能

实验钢的化学成分如表 7-1 所示。将厚约 5mm 的热轧板置于箱式电阻炉中于 1050℃保温 30min 进行固溶处理，随后淬火至室温。利用盐酸溶液去除表面氧化铁皮，随后进行两阶段多道次室温冷轧。实验工艺示意图如图 7-17 所示。实验钢经过第一阶段冷轧变形后，进行一次中间退火，退火温度和保温时间分别是 850℃和 15min，目的是对奥氏体晶粒进行初步细化；第二阶段冷轧压下量为 66.7%。冷轧实验钢最终板厚约 1mm，总的冷轧压下量约为 80%。冷轧实验钢的等温退火处理在管式炉进行，保温温度为 650~850℃，保温时间为 15s~60min。

冷轧实验钢的 XRD 图谱如图 7-18 所示。马氏体衍射峰如 $\alpha'(110)$、$\alpha'(200)$

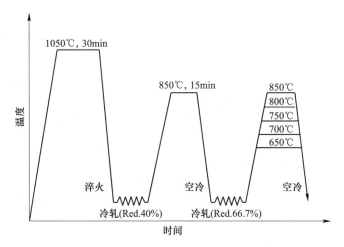

图7-17 两阶段冷轧及退火工艺示意图

和 α′(211) 的出现表明冷轧过程中发生了变形诱导马氏体相变，而奥氏体衍射峰如 γ(111) 和 γ(220) 则表明组织中残余奥氏体的存在。XRD 实验结果表明，冷轧组织由 47% 的变形诱导马氏体和 53% 的残余奥氏体组成。

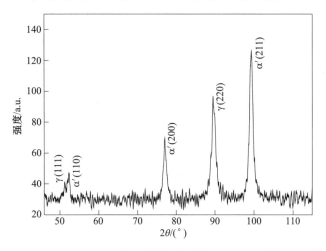

图7-18 经两阶段冷轧后实验钢的 XRD 图谱

冷轧实验钢在 700~850℃ 等温退火的显微组织特征如图 7-19~图 7-22 所示。退火温度为 700℃ 时，不同保温时间下的 OM 和 SEM 显微形貌如图 7-19 所示。退火组织中包含许多亮白色沿轧向被拉长的带状粗晶组织，如图中箭头所指，这些组织是未发生马氏体相变的残余奥氏体。这些被拉长的残余奥氏体变形相对较小，经过短时退火后仅发生回复。随着退火时间的延长，如图 7-19c~f 所示，这种白色带状组织逐渐减少，表明残余奥氏体发生了再结晶。此外，图 7-19a 中还存在部分难以辨认微观组织特征的区域。利用 SEM 在高倍下进行观察，发现这些区域中包含大量的纳米/亚微米晶奥氏体，如图 7-19b 所示。这表明经过 1min 的退火，马氏体已经开始向奥氏体转变。

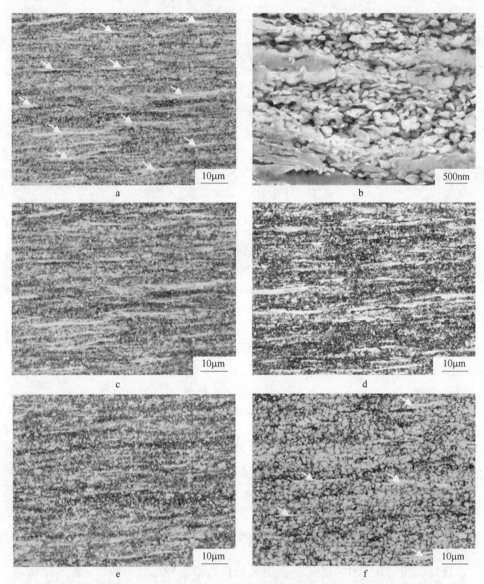

图 7-19 冷轧实验钢在 700℃保温不同时间的 OM 和 SEM 形貌
a—OM, 1min；b—SEM, 1min；c—OM, 5min；d—OM, 10min；e—OM, 20min；f—OM, 60min

图 7-20 是冷轧实验钢在 700℃保温不同时间的显微组织的 EBSD 分析图。如图 7-20a 所示，EBSD 并未检测出马氏体的存在，这表明实验钢在 700℃退火

5min 后冷轧组织中的马氏体就已完成了向奥氏体的转变。此时，退火组织中包含两种类型的奥氏体：由逆相变形成的等轴纳米/亚微米奥氏体晶粒和部分未再结晶的奥氏体组织。图 7-20a 的左上角出现了一个较大的奥氏体晶粒，这代表着残余奥氏体再结晶的开始。随着保温时间的延长，如图 7-20b 和 d 所示，组织中除了非常细小的逆相变奥氏体晶粒外，还出现了越来越多的粗晶奥氏体，这表明残余奥氏体的再结晶程度进一步加大。其中，超细晶奥氏体是由马氏体通过扩散机制转变而来的，而粗晶奥氏体的形成与残余奥氏体的再结晶有关。退火时间延长至 60min，晶粒长大明显，但部分残余奥氏体区依然未完成再结晶，如图 7-20d 所示，这些区域包含较多的小角晶界。由上述组织观察可知，退火温度为 700℃时，经过 5min 的保温后冷轧组织中的马氏体即可基本完成向奥氏体的逆相变，根据逆转变奥氏体的组织特征可以断定其逆相变机制为扩散型。然而，残余奥氏体再结晶的完成则需经过 1h 以上的长时间保温，这表明 700℃退火不足以诱发再结晶的快速发生。

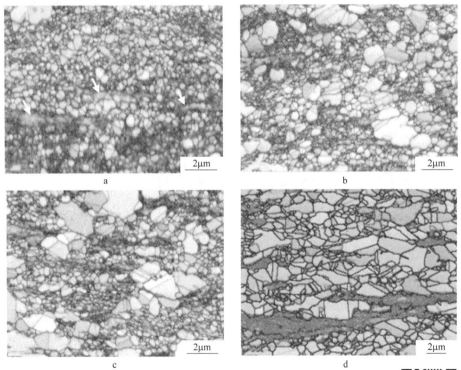

图 7-20 冷轧实验钢在 700℃保温不同时间的 EBSD 分析图

a—5min；b—15min；c—20min；d—60min

扫描二维码
看彩图

　　冷轧实验钢在 750℃退火时显微组织的 EBSD 分析图如图 7-21 所示。实验钢经 750℃退火 1min，冷轧组织中的马氏体已基本完成

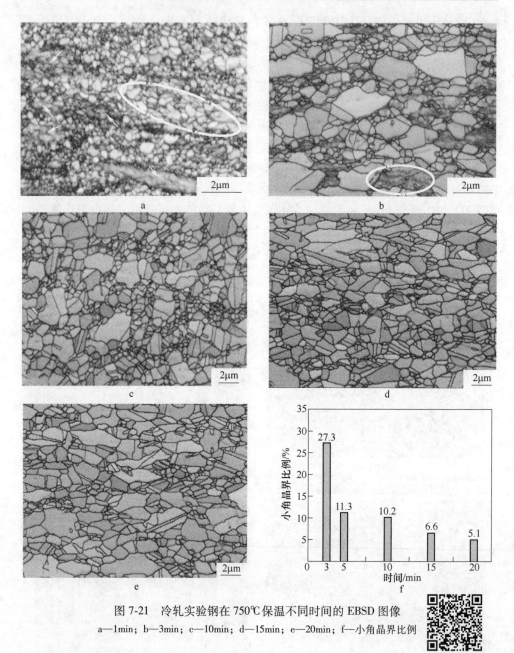

图 7-21 冷轧实验钢在 750℃保温不同时间的 EBSD 图像
a—1min；b—3min；c—10min；d—15min；e—20min；f—小角晶界比例

扫描二维码
看彩图

了向奥氏体的逆相变，这表明温度的提高大大促进了马氏体的逆相变。此时退火组织中包含三种类型的奥氏体：尚未长大的逆相变奥氏体超细晶、再结晶奥氏体和未再结晶的残余奥氏体组织。如图 7-21a 中椭圆形所标记，该区域已发生再结晶，但依然保留着拉长的残余奥氏体的痕迹。图中白色箭头所指区域未发生静态再结晶。随着保温时间的延长，再结晶奥氏体比例增加。750℃退火 3min 的组织由尺寸约为 2μm 的再结晶奥氏体粗晶及在其周围分布的纳米/亚微米晶粒组成,如图 7-21b 所示,部分残余奥氏体区的再结晶过程依然未完成,由图中椭圆形所标记区域可以观察到细小的晶粒在变形奥氏体区形核。进一步延长保温时间,残余奥氏体的再结晶已基本完成,但由于晶粒发生长大导致组织中纳米/亚微米级奥氏体晶粒比例逐渐降低。由图 7-21c~e 可以看出,残余奥氏体区再结晶的完成和逆相变奥氏体的长大使退火组织逐渐由混晶或不均匀的状态逐渐转变为均匀分布的状态。图 7-21f 为不同保温时间下组织中小角晶界的比例。随着保温时间的延长,小角晶界的比例逐渐降低。以上观察表明,750℃退火时马氏体逆相变和残余奥氏体的再结晶均有所加快,经过 1min 的保温,马氏体逆相变已基本完成,退火 10~15min 后残余奥氏体的再结晶也基本完成。

图 7-22 为冷轧实验钢在较高温度(800~850℃)退火后显微组织的 EBSD 表征。800℃退火 1min 和 850℃保温 45s 后的组织中均未检测出马氏体的存在,这表明此时马氏体已完全转变成奥氏体。如图 7-22a 和 b 所示,奥氏体组织可分为 4 种类型:(1)晶粒尺寸大于 1μm 的再结晶奥氏体;(2)未发生再结晶的奥氏体区;(3)通过形核长大的方式形成的扩散型奥氏体,呈等轴状,晶粒尺寸约为 200~500nm(图中白色椭圆形所标记区域);(4)马氏体切变形成的奥氏体组织,由于位错密度较高,因此这些区域的 EBSD 识别率较低(图中黑色椭圆形标记区域)。由图 7-9 可知,实验钢在 800~850℃退火时,$\Delta G^{\alpha' \to \gamma} < -500 \text{J/mol}$,因此马氏体可能通过切变机制向奥氏体转变。然而,图 7-22a 和 b 中部分区域的奥氏体晶粒显示出扩散机制的特征,这说明两种逆相变机制同时控制着马氏体向奥氏体的转变。进一步延长保温时间,扩散型逆相变奥氏体逐渐发生长大,而切变型奥氏体则会发生再结晶。经 800℃保温 3min 或 850℃保温 1min后,退火组织为完全再结晶组织,如图 7-22c 和 d 所示。随着残余奥氏体和切变型逆相变奥氏体再结晶的完成以及晶粒的长大,退火组织趋于均匀,如图 7-22e 和 f 所示。

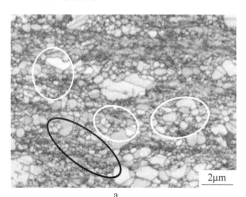

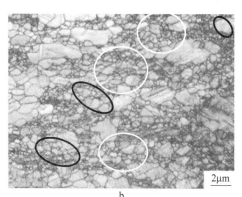

a　　　　　　　　　　　　　　　b

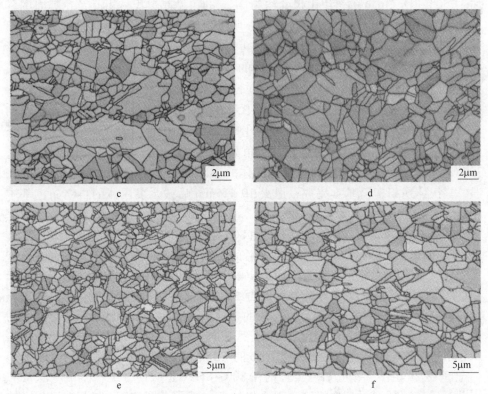

图 7-22　冷轧实验钢在 800~850℃退火不同时间的 EBSD 图像

a—800℃保温 1min；b—850℃保温 45s；c—800℃保温 3min；
d—850℃保温 1min；e—800℃保温 10min；f—850℃保温 10min

扫描二维码
看彩图

　　根据 EBSD 实验结果，统计出不同温度下，奥氏体平均晶粒尺寸随保温时间的变化趋势如图 7-23 所示。在退火初期，马氏体向奥氏体的逆相变优先发生，组织中形成了大量的纳米/亚微米奥氏体晶粒，而此时残余奥氏体尚未再结晶或部分再结晶，使得平均晶粒尺寸较小。随着保温时间的延长或退火温度的升高，奥氏体晶粒尺寸开始增大，这主要源于两方面：一是逆相变奥氏体晶粒出现轻微的长大，二是残余奥氏体或切变型逆相变奥氏体逐渐发生再结晶。由图 7-23 可以看出，退火温度越高，晶粒尺寸越大。保温时间为 5min 时，当退火温度由 750℃提高到 850℃，晶粒尺寸由 0.4μm 增大到 1.3μm 左右。晶粒长大是通过晶界迁移实现，这就涉及原子的扩散过程，而温度越高，原子扩散越快，因此晶粒长大速度就越快[14]。当再结晶完成后，继续延长退火时间，晶粒尺寸并未发生明显的增大。

　　以上组织观察表明：冷轧实验钢在 700~850℃等温退火时，马氏体的逆相变先于残余奥氏体的再结晶发生和完成。一般情况，奥氏体不锈钢中的再结晶温度

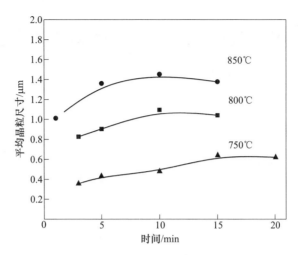

图7-23　不同退火温度下平均晶粒尺寸随保温时间的变化

要比马氏体发生逆相变的温度高100℃左右[15]，因此，再结晶的完成需要在较高的温度或经过长时间保温才能实现。低温（750℃以下）退火时，奥氏体在马氏体基体上随机形核长大，形成位错密度较低的等轴纳米/亚微米晶粒，逆相变机制以扩散型为主；退火温度较高时，相变驱动力的增大促进部分马氏体以切变形式向奥氏体转变，形成位错密度较高的切变型奥氏体组织，因此在退火初期扩散机制和马氏体切变机制同时存在。由于马氏体逆相变和奥氏体发生再结晶的驱动力不同，因此冷轧实验钢在低温退火或高温退火初期会形成混晶组织。其中，等轴的纳米/亚微米奥氏体晶粒是由马氏体通过扩散机制转变而来，而相对粗大的奥氏体晶粒源于残余奥氏体的再结晶。随保温时间的延长和退火温度的升高，逆相变奥氏体出现长大，奥氏体的再结晶也逐渐完成，使得组织趋于均匀。

退火实验钢的工程应力-工程应变曲线如图7-24所示。根据拉伸曲线的特点，可以将其分为3种不同的类型。第一类曲线（Ⅰ）的特点是，流变应力快速增加，在较小的应变下即达到峰值，随后应力快速软化，直至断裂。这类曲线没有表现出任何的加工硬化，类似于冷轧试样的拉伸曲线。第二类曲线（Ⅱ）具有明显的不连续屈服，同样在较低的应变下达到峰值应力，随后缓慢下降至某一应力水平，表现出不同程度的吕德斯应变，塑性流动几乎在恒定的应力下进行，直至试样发生颈缩断裂。与前两种拉伸曲线明显不同，第三类曲线（Ⅲ）表现出连续屈服且具有优异的加工硬化能力，类似于传统粗晶状态的奥氏体不锈钢的拉伸曲线。

如图7-24所示，第一类和第二类拉伸曲线均具有明显的屈服下降（Yield drop）。这是由于显微组织中缺乏足够的可动位错，因此需要较大的应力来开动位错以满足施加的应变速率[16]。800℃退火30s试样的显微组织由部分逆相变奥

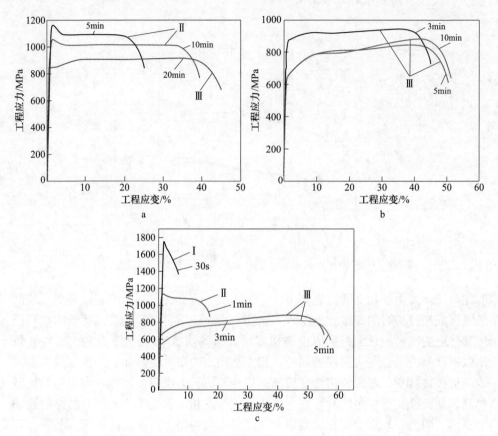

图 7-24　冷轧实验钢经不同退火处理后的工程应力-工程应变曲线
a—700℃；b—750℃；c—800℃

氏体+未转变的马氏体+未再结晶的残余奥氏体组成，因此组织中的初始位错密度较高。位错强化导致试样具有极高的强度，峰值应力接近 1800MPa；同时高位错密度使试样在变形过程中的位错增殖严重受阻，而且由于屈服应力过高，引起塑性失稳，导致断后伸长率较低。冷轧试样经 700℃保温 5min、10min 和 800℃保温 1min 后，马氏体逆相变已基本完成，残余奥氏体也发生了不同程度的再结晶，因此试样中的位错密度大幅降低，这是引起屈服强度下降的主要原因。值得注意的是，试样发生屈服之后，出现了不同程度的吕德斯应变，即变形在几乎恒定的应力水平下进行。吕德斯变形是一种不均匀变形，常见于超细晶材料的拉伸曲线[17~19]。实验钢在室温拉伸变形过程中会产生马氏体相变，即发生 TRIP 效应。当马氏体相变引起的加工硬化足以补偿由 TRIP 效应造成的应变软化时，材料即表现出吕德斯变形；当应变硬化不足以维持变形向周围未变形基体扩展时，材料即发生断裂。随着保温时间的延长，残余奥氏体的再结晶和逆相变奥氏体的长大致使实验钢的强度继续降低，但晶粒尺寸的增大使位错易于在晶内发生塞积和便于有效储存，增强了试样的加工硬化能力，因此大大提高了试样的伸长率。这些试样在拉伸过程中表现出连续屈服，如图 7-24b 和 c 所示。

通过调整退火工艺，可获得多种强塑性匹配组合。由图 7-24 可以发现，冷轧实验钢经 750℃保温 3min 后，可以获得最佳的力学性能，即同时具有较高的强度和良好的塑性。750℃退火 3min 试样的屈服强度和抗拉强度分别是 846MPa 和 945MPa，断后伸长率达到 45%。由图 7-21b 可知，残余奥氏体的再结晶在纳米/亚微米（晶粒尺寸小于 500nm）逆相变奥氏体基体上引入了部分尺寸大于 1μm 的再结晶奥氏体，形成了多尺度纳米/亚微米晶奥氏体组织，此外还有部分未再结晶的奥氏体组织。虽然此时显微组织中并未发现有马氏体的存在，但各组分奥氏体的硬度有所差异，因此发生屈服的先后顺序不同。由于"软相"和"硬相"之间的机械不相容，使试样在塑性变形过程中，"两相"界面处产生一种长程应力，即背应力。此外，不同组分的奥氏体具有不同的机械稳定性，在塑性变形过程中诱发马氏体相变所需的应力和应变也不同。因此背应力强化以及连续的 TRIP 效应使得具有多尺度组织的实验钢具有优异的强塑性匹配。

参 考 文 献

[1] Schino A D, Barteri M, Kenny J M. Development of ultra fine grain structure by martensitic reversion in stainless steel [J]. Journal of Materials Science Letters, 2002, 21 (9): 751~753.

[2] Ma Y, Jin J E, Lee Y K. A repetitive thermomechanical process to produce nanocrystalline in a metastable austenitic steel [J]. Scripta Materialia, 2005, 52 (12): 1311~1315.

[3] Eskandari M, Najafizadeh A, Kermanpur A, et al. Potential application of nanocrystalline 301 austenitic stainless steel in lightweight vehicle structures [J]. Materials & Design, 2009, 30 (9): 3869~3872.

[4] Rajasekhara S, Karjalainen L P, Kyröläinen A, et al. Microstructure evolution in nano/submicron grained AISI 301LN stainless steel [J]. Materials Science and Engineering A, 2010, 527 (7-8): 1986~1996.

[5] Xu D M, Li G Q, Wan X L, et al. The effect of annealing on the microstructural evolution and mechanical properties in phase reversed 316LN austenitic stainless steel [J]. Materials Science and Engineering A, 2018, 720: 36~48.

[6] Kumar B R, Sharma S. Recrystallization behavior of a heavily deformed austenitic stainless steel during iterative type annealing [J]. Metallurgical and Materials Transactions A, 2014, 45 (13): 6027~6038.

[7] Takaki S, Tomimura K, Ueda S. Effect of pre-cold-working on diffusional reversion of deformation induced martensite in metastable austenitic stainless steel [J]. ISIJ International, 1994, 34 (6):

522~527.

[8] Tomimura K, Takaki S, Tokunaga Y. Reversion mechanism from deformation induced martensite to austenite in metastable austenitic stainless steels [J]. ISIJ International, 1991, 31 (12): 1431~1437.

[9] Misra R D K, Nayak S, Mali S A, et al. On the significance of nature of straininduced martensite on phase-reversion-induced nanograined/ultrafine-grained austenitic stainless steel [J]. Metallurgical and Materials Transactions A, 2010, 41 (1): 3~12.

[10] Kaufman L, Clougherty E V, Weiss R J. The lattice stability of metals—Ⅲ. Iron [J]. Acta Metallurgica, 1963, 11 (5): 323~335.

[11] Somani M C, Juntunen P, Karjalainen L P, et al. Enhanced mechanical properties through reversion in metastable austenitic stainless steels [J]. Metallurgical and Materials Transactions A, 2009, 40 (3): 729~744.

[12] Shrinivas V, Varma S K, Murr L E. Deformation-induced martensitic characteristics in 304 and 316 stainless steels during room-temperature rolling [J]. Metallurgical and Materials Transactions A, 1995, 26 (3): 661~671.

[13] Misra R D K, Zhang Z, Venkatasurya P K C, et al. Martensite shear phase reversion-induced nanograined/ultrafine-grained Fe-16Cr-10Ni alloy: The effect of interstitial alloying elements and degree of austenite stability on phase reversion [J]. Materials Science and Engineering A, 2010, 527 (29-30): 7779~7792.

[14] 崔忠圻, 覃耀春. 金属学与热处理 [M]. 北京: 机械工业出版社, 2007: 205.

[15] Padilha A F, Plaut R L, Rios P R. Annealing of cold-worked austenitic stainless steels [J]. ISIJ International, 2003, 43 (2): 135~143.

[16] Tian Y Z, Gao S, Zhao L J, et al. Remarkable transitions of yield behavior and Lüders deformation in pure Cu by changing grain sizes [J]. Scripta Materialia, 2018, 142: 88~91.

[17] Yu C Y, Kao P W, Chang C P. Transition of tensile deformation behaviors in ultrafine-grained aluminum [J]. Acta Materialia, 2005, 53 (15): 4019~4028.

[18] Tomota Y, Narui A, Tsuchida N. Tensile behavior of fine-grained steels [J]. ISIJ International, 2008, 48 (8): 1107~1113.

[19] Tsuchida N, Masuda H, Harada Y, et al. Effect of ferrite grain size on tensile deformation behavior of a ferrite-cementite low carbon steel [J]. Materials Science and Engineering A, 2008, 488 (1-2): 446~452.

8 加热速率对不锈钢马氏体/奥氏体逆转变机制的影响

利用冷轧及退火方式制备块体纳米/亚微米晶奥氏体不锈钢的一个非常重要的环节是马氏体→奥氏体的逆相变。Moser 等[1] 提出马氏体逆相变机制分为扩散型和切变型，并基于热力学数据建立了适用于 Fe-Cr-Ni 系不锈钢用来判定逆相变机制的模型。综合考虑其他元素（如 C、N、Mo、Si、Mn）对显微组织的影响，Somani 等[2] 提出以 Ni_{eq} 和 Cr_{eq} 来替代公式（7-1）中的 Ni 和 Cr。上述模型综合考虑了合金成分和退火温度对奥氏体不锈钢逆相变机制的影响。目前，关于奥氏体不锈钢中逆相变机制的研究多基于上述模型展开，常常结合逆相变奥氏体的显微组织特征来分析。然而，加热速率也是影响马氏体向奥氏体逆相变的重要因素。Han 等[3] 发现在中 Mn 钢中，随着加热速率的提高，逆相变机制逐渐由扩散型转变为切变机制。Lee 等[4] 研究了马氏体不锈钢在不同加热速率下的组织演变规律。目前，在奥氏体不锈钢中关于加热速率对逆相变机制影响的研究开展较少。近年来，Lee 等[5] 以一种 Cr-Ni-Mn 奥氏体钢为研究对象，发现实验钢在加热过程中的逆相变机制为切变型，与加热速率无关，而在等温退火过程中马氏体则以扩散机制向奥氏体转变，但并未对其力学性能进行研究。因此本章对冷轧 304 不锈钢在加热过程中的逆相变机制及其组织演变规律进行分析，并研究加热速率对逆相变奥氏体显微织构及其力学性能的影响。

本章所使用 304 不锈钢的化学成分为 Fe-0.075C-0.28Si-1.58Mn-17.42Cr-8.21Ni（质量分数，%），初始状态为热轧态。经酸洗去除表面氧化铁皮后，将 5mm 厚的热轧板在四辊可逆式冷轧试验机上进行室温冷轧，总冷轧压下量为 80%，最终板厚约为 0.9mm。

利用 DIL 805A/D 变形热膨胀相变仪测定实验钢的温度-膨胀量变化曲线，利用切线法确定相变温度。实验工艺如下：以不同加热速率（0.5~100℃/s）将试样加热至 1000℃并保温 10s，随后利用氮气快速冷却至室温。此外，为研究实验钢在加热过程中的组织演变规律，将部分试样分别以 2℃/s、20℃/s、100℃/s 的速率加热至 700℃，随后立即冷却至室温。

8.1 加热速率对逆相变温度的影响

图 8-1a~c 为冷轧实验钢在不同加热速率下的热膨胀曲线，利用切线法确定

马氏体逆相变开始（A_s）和结束（A_f）温度点。图 8-1d 为测定的逆相变温度随加热速率的变化规律。如图 8-1d 所示，逆相变温度随加热速率的变化趋势可以分为三个阶段。当加热速率小于 10℃/s（阶段 I），逆相变温度 A_s 和 A_f 均随着加热速率的提高而快速增大。速率由 0.5℃/s 提高至 10℃/s，A_s 点由约 600℃ 增大至 640℃，而 A_f 点则由 650℃ 提高到 710℃。加热速率由 10℃/s 提高至 40℃/s，逆相变温度略有升高（阶段 II）。当加热速率大于 40℃/s（阶段 III），随着加热速率的提高，逆相变温度基本保持不变，A_s 和 A_f 点分别为 650℃ 和 730℃ 左右。Lee 等[4] 指出：A_s 和 A_f 随加热速率的提高而增大是扩散机制的特点，而当二者随加热速率的提高保持不变则为切变机制。因此，从相变仪实验结果可以推测出实验钢在连续加热过程中，当加热速率小于 10℃/s 时，逆相变以扩散机制进行；当加热速率大于 40℃/s 时，马氏体主要以切变机制向奥氏体转变；而在中等加热速率下（10~40℃/s），马氏体的逆相变过程由扩散和切变机制协调完成。

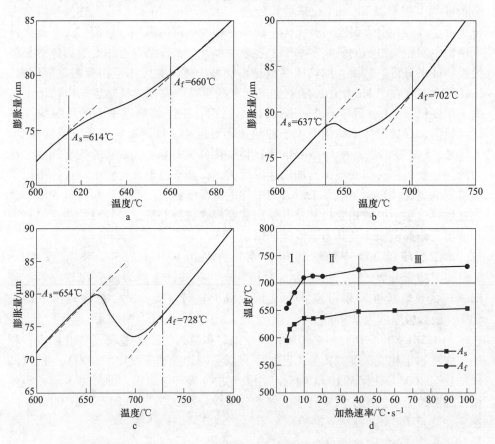

图 8-1 实验钢在不同加热速率下的热膨胀曲线和逆相变温度随加热速率的变化规律
a—2℃/s；b—20℃/s；c—100℃/s；d—A_s 和 A_f 温度随加热速率的变化

8.2　加热速率对奥氏体体积分数的影响

冷轧实验钢及不同加热速率下的 XRD 图谱如图 8-2a 所示，对应的奥氏体体积分数如图 8-2b 所示。由图 8-2a 可以看出，随着加热速率的升高，马氏体衍射峰 $\alpha'(110)$、$\alpha'(200)$、$\alpha'(211)$ 逐渐减弱或消失，而奥氏体衍射峰 $\gamma(111)$、$\gamma(200)$、$\gamma(220)$、$\gamma(311)$ 开始出现并逐渐增强。XRD 结果表明冷轧组织中 α'-马氏体的体积分数约为 53%。将冷轧实验钢分别 2℃/s、20℃/s、100℃/s 的速率加热至 700℃，在不保温的情况下，对应组织中奥氏体体积分数分别是 87.5%、92.3%、98.9%。

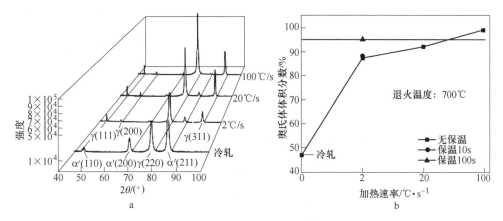

图 8-2　冷轧及退火试样的 XRD 实验结果

a—冷轧和退火试样的 XRD 图谱；b—不同试样中奥氏体体积分数

XRD 结果表明，加热速率的提高促进了马氏体向奥氏体的逆相变。当加热速率为 100℃/s，马氏体向奥氏体的逆相变在加热过程中就已基本完成，而慢速加热时（如 2℃/s），大部分马氏体组织也已转变成奥氏体。这必定与逆相变机制的改变有关。慢速加热时，实验钢中马氏体的逆相变以扩散机制进行，原子在加热过程中有充足的时间来进行短程扩散，促进逆相变奥氏体的形核长大。由于快速加热提高了马氏体向奥氏体逆相变的驱动力，因此逆相变以切变形式进行。此外，由图 8-2b 可知，以 2℃/s 的速率将冷轧实验钢加热至 700℃，分别保温 0s、10s、100s 后奥氏体的体积分数分别是 87.5%、88%、95.5%。这说明加热速率较慢时，大部分马氏体可在加热过程中完成向奥氏体的逆相变，其余未转变的马氏体则在后续保温过程中向奥氏体转变。随保温时间的延长，组织中马氏体体积分数越来越低，这是典型的扩散机制的特征。实验钢在 700℃ 等温退火时，逆相变机制为扩散类型，与本章实验结果一致。需要指出的是，实验钢在 700℃ 退火，分别保温 0s 和 10s 时，组织中的马氏体含量基本一致，从侧面反映出马氏体向奥氏体的等温转变需要一定的孕育时间。

8.3 加热速率对显微组织的影响

冷轧实验钢以不同加热速率加热至 700℃时组织的 EBSD 表征如图 8-3 所示,图中蓝色代表未转变的马氏体组织。加热速率为 2℃/s 时,显微组织由等轴的纳米/亚微米奥氏体(晶粒尺寸为 100~500nm)和弥散分布的细小马氏体组成,如图 8-3a 所示。实验钢经 700℃保温 100s 后,EBSD 并未检测出马氏体,说明此时马氏体向奥氏体的逆相变已完成,这与 XRD 结果一致。此时,组织中除了等轴的纳米/亚微米奥氏体外,还出现了一些尺寸大于 1μm 的再结晶奥氏体晶粒,如图 8-3b 所示。由于马氏体组织中包含更多的缺陷和变形储能,因此在加热或保温的过程中,马氏体的逆相变先于残余奥氏体的再结晶发生。等轴的超细晶奥氏

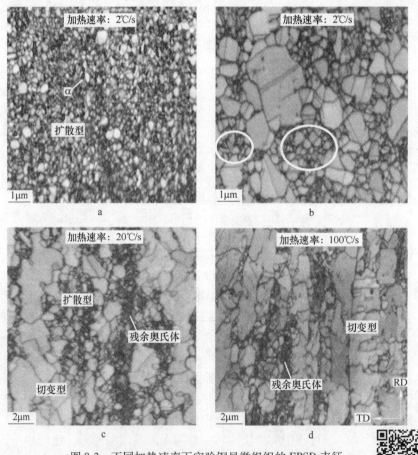

图 8-3 不同加热速率下实验钢显微组织的 EBSD 表征

a—2℃/s,700℃保温 0s; b—2℃/s,700℃保温 100s;

c—20℃/s,700℃保温 0s; d—100℃/s,700℃保温 0s

扫描二维码

看彩图

体是由马氏体通过扩散机制形成，而粗晶奥氏体则与残余奥氏体的再结晶有关。当加热速率为20℃/s时，显微组织中除了部分等轴细小奥氏体晶粒，还出现了一些相对粗大的沿轧向分布的带状奥氏体组织，然而残余奥氏体并未发生明显的再结晶，如图8-3c所示。因此，显微组织的差异应归因于逆相变机制的改变。等轴的纳米/亚微米奥氏体晶粒是通过形核长大的方式形成，而粗大的带状奥氏体则由马氏体通过切变机制形成。Somani等[2]也发现，若奥氏体不锈钢的逆相变机制为马氏体切变时，将形成带状逆相变奥氏体粗晶。当加热速率为100℃/s，显微组织中的带状奥氏体明显增多，如图8-3d所示，逆相变机制为切变类型。

冷轧和退火实验钢的典型TEM组织形貌如图8-4所示。冷轧组织中的马氏体多为板条状，且位错密度较高，马氏体板条宽度为100~350nm，如图8-4a和b所示。将冷轧实验钢以不同速率加热至700℃不保温，对应显微组织的TEM照片如图8-4c和d所示。当加热速率为2℃/s时，显微组织主要由等轴的纳米/亚微

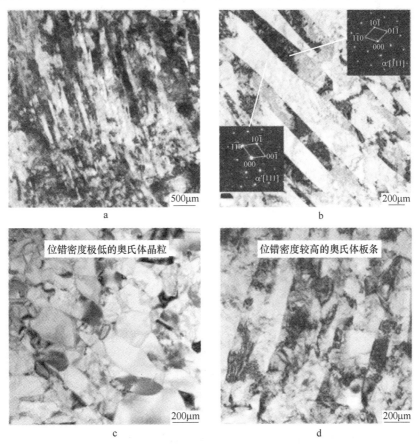

图 8-4 冷轧和退火试样的 TEM 组织

a，b— 冷轧组织；c—2℃/s，700℃保温 0s；d—100℃/s，700℃保温 0s

米奥氏体晶粒组成，多数奥氏体晶粒被大角晶界包裹，晶内位错密度较低。当速率为100℃/s时，逆相变奥氏体依然呈板条状，且位错密度较高，组织中包含大量的位错胞和亚晶界，如图8-4d所示。奥氏体板条的宽度为100~200nm，与冷轧组织中马氏体板条宽度基本一致。

　　结合XRD分析、EBSD和TEM组织观察，给出实验钢在加热过程中马氏体逆相变机制的示意图如图8-5所示。总的来说，加热速率较慢时（如2℃/s），马氏体通过扩散机制向奥氏体转变，形成等轴的纳米/亚微米逆相变奥氏体，且晶内位错密度极低，如图8-3a和图8-4c所示。随着加热速率的提高，马氏体逆相变机制逐渐由扩散型向切变机制转变。当加热速率为100℃/s，马氏体逆相变机制为切变型，形成的逆相变奥氏体继承了冷轧马氏体的形貌，呈板条状，且具有较高的位错密度。

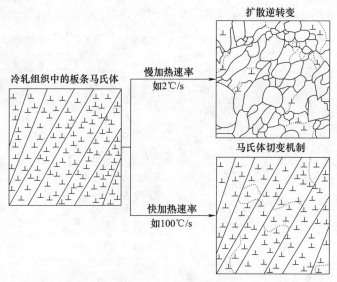

图8-5　实验钢在加热过程中不同加热速率下组织演变示意图

8.4　加热速率对显微织构的影响

　　将冷轧实验钢分别以2℃/s、20℃/s、100℃/s的速率加热至700℃不保温，对应试样中奥氏体相显微织构的ODF截面图（$\varphi_2 = 45°$）如图8-6所示。当加热速率为2℃/s时，奥氏体的显微织构组成为Brass（{110}<112>）和Goss（{110}<001>）取向，其中Brass织构的取向密度明显较强。随着加热速率的增大，奥氏体相的织构组分并未明显改变，依然以Brass和Goss织构为主，只是取向密度略有不同，如图8-6b和c所示。虽然加热速率的改变引起了马氏体逆相变机制的变化，但对退火组织中的奥氏体相显微织构组分并无太大影响。这表明逆相变机制的改变并不影响逆相变奥氏体的织构类型。

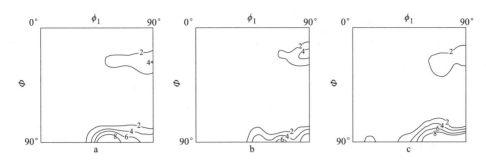

图 8-6 不同加热速率下 700℃退火试样中奥氏体相的微观织构（$\varphi_2 = 45°$）

a—2℃/s；b—20℃/s；c—100℃/s

8.5 加热速率对力学性能的影响

冷轧实验钢及以不同速率加热至 700℃不保温试样的工程应力-应变曲线如图 8-7a 所示。抗拉强度，屈服强度及伸长率随加热速率的变化趋势如图 8-7b 所示。

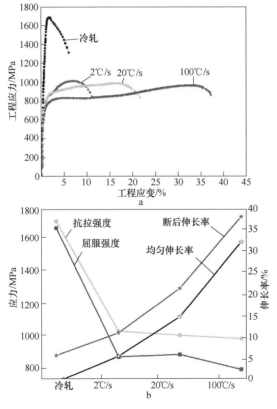

图 8-7 冷轧和退火试样的拉伸曲线和力学性能

a—工程应力-应变曲线；b—力学性能变化趋势

统计的具体力学性能见表 8-1。冷轧实验钢具有极高的强度，但由于过早的塑性失稳导致其伸长率极低。冷轧试样在拉伸变形初期，流变应力快速增加，并在很小的应变下达到峰值应力（1690MPa），随即发生应变软化。相比于冷轧试样，退火试样的强度明显降低，但塑性有所恢复，且表现出不同程度的加工硬化。由图 8-7b 可以看出，随着加热速率的提高，试样的强度变化不大，但断后伸长率和均匀伸长率均大幅提高。退火试样的屈服强度在 778~870MPa，抗拉强度在967~1013MPa。当加热速率分别为 2℃/s、20℃/s、100℃/s 时，对应试样的断后伸长率分别是 11%、21%、37%，强塑积也大幅提高，由约 11GPa·%（2℃/s）增加至约 36GPa·%（100℃/s）。

表 8-1　冷轧和退火实验钢的力学性能

加热速率/℃·s⁻¹	加热时间/s	屈服强度/MPa	抗拉强度/MPa	伸长率/%
冷轧试样	—	1650	1690	6
2	340	856	1013	11
20	34	870	988	21
100	6.8	778	967	37

实验钢的真应力-真应变曲线及对应的加工硬化率曲线如图 8-8 所示。随着加热速率的升高，实验钢的应变硬化行为显著增强。结合组织观察可知，加热速率对组织的影响主要是因为加热速率引起了逆相变机制的改变。当速率为 20℃/s时，扩散机制和马氏体切变同时控制着加热过程中马氏体向奥氏体的逆相变；当速率为 100℃/s 时，马氏体的逆相变主要以切变形式进行。如图 8-4c 和 d 所示，通过扩散机制形成的逆相变奥氏体呈等轴状且位错密度较低，晶粒尺寸在 100~500nm 之间；而切变形成的逆相变奥氏体组织则继承了冷轧马氏体的形态，呈板

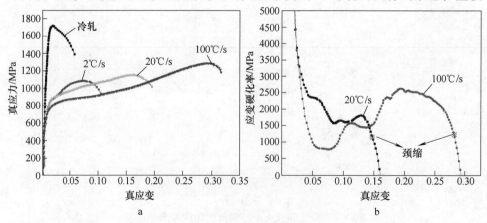

图 8-8　冷轧和退火实验钢的真应力-真应变曲线和加工硬化率曲线

a—真应力-真应变曲线；b—加工硬化率曲线

条状且具有较高的位错密度。随着加热速率的增大，组织中通过切变机制形成的粗大的带状奥氏体增多，形成一种不均匀的层状组织，如图 8-3 所示。由于残余奥氏体和逆相变奥氏体的硬度不同，因此发生屈服的先后顺序不同。由于应力的不协调，在软硬相界面处产生应变梯度，促进几何必须位错的产生和增殖，产生强大的背应力导致实验钢具有较高的屈服强度。进入塑性变形，切变型逆相变奥氏体中较高的位错密度降低了奥氏体的稳定性[2]，促进了应变诱导马氏体相变。连续的 TRIP 效应和背应力强化增强了试样的加工硬化能力，提高了均匀伸长率。

图 8-9 为冷轧和不同加热速率下退火试样的拉伸断口的 SEM 形貌。如图 8-9a

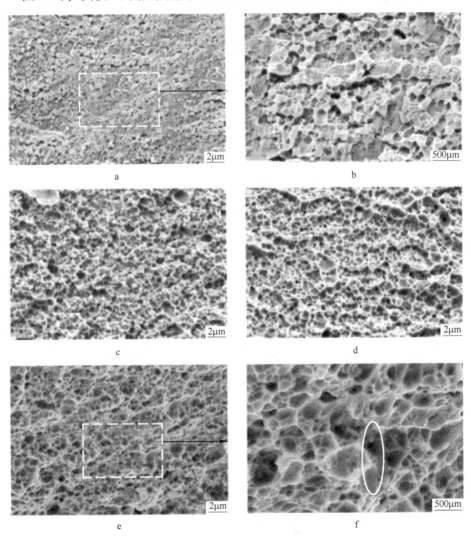

图 8-9　冷轧试样及不同加热速率下退火试样的拉伸断口 SEM 形貌

a，b—冷轧试样；c—2℃/s；d—20℃/s；e，f—100℃/s

和图 8-9b 所示，冷轧试样的断口形貌较为平坦，部分区域出现了一些小而浅的韧窝，表明其断裂方式为准解离断裂。对于退火试样而言，对应的断口形貌中充满了韧窝，表明其断裂方式均为韧性断裂。随着加热速率的升高，如图 8-9c ~ e 所示，韧窝逐渐变深变大。这说明当加热速率较高时，试样的塑性更好，与拉伸实验结果一致。当加热速率为 100℃/s 时，试样的断口形貌中出现了撕裂脊，如图 8-9f 所示，一些大的韧窝周围出现了呈网状分布的细小韧窝。Das 等[6]认为这些细小韧窝的形核与应变诱导马氏体相变有关，马氏体的形成导致这些细小的孔洞形核后不能立即相互连接，使得试样具有良好的塑性。

以上研究分析表明，加热速率的提高致使冷轧实验钢中的马氏体以切变机制向奥氏体转变，逆相变奥氏体继承了冷轧马氏体的形态，形成不均匀的层状奥氏体组织且具有较高的位错密度。在塑性变形过程中，由于位错强化，背应力强化和连续的 TRIP 效应的共同作用，因此实验钢同时具有较高的屈服强度（约 800MPa）和良好的均匀伸长率（>30%），而且表现出优异的加工硬化能力。这表明组织细化并不是获得高强高韧性的必要条件。此外，随着加热速率的提高，加热时间大大缩短（如表 8-1 所示），不仅能提高实际生产效率，还能有效避免等温氧化行为的发生。

参 考 文 献

[1] Moser N H, Gross T S, Korkolis Y P. Martensite formation in conventional and isothermal tension of 304 austenitic stainless steel measured by X-ray diffraction [J]. Metallurgical and Materials Transactions A, 2014, 45 (11): 4891~4896.

[2] Somani M C, Juntunen P, Karjalainen L P, et al. Enhanced mechanical properties through reversion in metastable austenitic stainless steels [J]. Metallurgical and Materials Transactions A, 2009, 40 (3): 729~744.

[3] Han J, Lee Y K. The effects of the heating rate on the reverse transformation mechanism and the phase stability of reverted austenite in medium Mn steels [J]. Acta Materialia, 2014, 67: 354~361.

[4] Lee Y K, Shin H C, Leem D S, et al. Reverse transformation mechanism of martensite to austenite and amount of retained austenite after reverse transformation in Fe-3Si-13Cr-7Ni (wt-%) martensitic stainless steel [J]. Materials Science and Technology, 2003, 19 (3): 393~398.

[5] Lee S J, Park Y M, Lee Y K. Reverse transformation mechanism of martensite to austenite in a metastable austenitic alloy [J]. Materials Science and Engineering A, 2009, 515 (1-2): 32~37.

[6] Das A, Sivaprasad S, Chakraborti P C, et al. Correspondence of fracture surface features with mechanical properties in 304LN stainless steel [J]. Materials Science and Engineering A, 2008, 496 (1-2): 98~105.

❾ 变形组织对不锈钢奥氏体再结晶行为的影响及组织性能调控

前期研究发现：马氏体的逆相变优先于残余奥氏体的再结晶发生，但并未对其内在原因进行分析。另一方面，冷轧诱导马氏体相变和马氏体的逆相变被认为是在亚稳态奥氏体不锈钢中实现晶粒细化的重要环节，但针对马氏体逆相变对晶粒细化作用的研究相对较少。

本章基于前期研究，设计了一组对比实验（室温冷轧和200℃温轧），探究马氏体逆相变对304不锈钢晶粒细化程度的影响以及在低温退火时部分残余奥氏体组织难以发生再结晶的内在原因。研究表明304不锈钢的M_d温度约为80℃[1]。因此，在室温进行变形时，实验钢的变形机制以变形诱导马氏体相变为主。提高变形温度至M_d点以上时，马氏体相变将受到抑制，变形机制势必发生改变。本章选用200℃作为温轧变形温度，既高于实验钢的M_d点，同时又不至于引起变形组织的动态再结晶和过度的动态回复。通过对比研究，本章还系统分析了304不锈钢在冷轧和温轧过程中的变形机制，讨论了冷轧和温轧试样中变形织构类型、等温退火过程马氏体逆相变对奥氏体织构的影响以及再结晶织构的演变，并结合组织构成分析了显微硬度和拉伸性能变化规律。

实验钢的化学成分如表9-1所示，初始状态为热轧态，板厚约为6mm。将热轧板在1050℃保温30min进行固溶处理，随后淬火至室温。经酸洗去除表面氧化铁皮后，将实验钢在RAL实验室四辊直拉可逆式冷轧试验机上进行室温冷轧和200℃温轧。总压下量为85%，最终冷轧板和温轧板的板厚约为0.9mm。对于温轧实验，首先将初始板材在箱式电阻炉中于200℃保温30min，随后进行轧制，每轧制一道次，便将实验钢重新放入炉中保温10min，然后进行下一道次轧制变形。对冷轧和温轧板的退火处理在管式电阻炉中进行。本章的实验工艺示意图如图9-1所示。为了便于表达，对不同状态的实验钢进行编号，冷轧、温轧试样分别简写为CR和WR，冷轧试样经700℃保温20min则简记为CR-700-20，依此类推。

表 9-1 实验钢的化学成分 （质量分数，%）

C	Si	Mn	Cr	Ni	Mo	P	S	Fe
0.062	0.38	1.57	17.18	8.50	0.09	0.026	0.006	Bal.

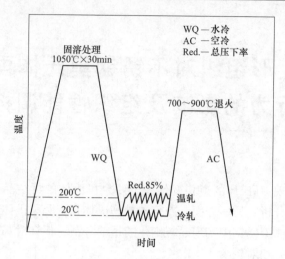

图 9-1　实验工艺示意图

9.1　冷轧和温轧组织

如图 9-2a 所示，固溶处理后实验钢的组织为完全再结晶状态，奥氏体晶粒呈

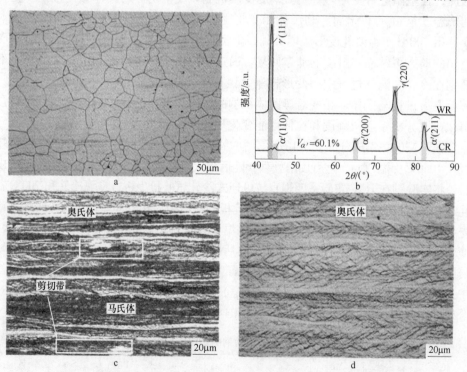

图 9-2　固溶处理及冷轧、温轧实验钢的 OM 显微组织和 XRD 图谱

a—固溶处理试样；b—冷轧和温轧试样的 XRD 图谱；c—冷轧试样；d—温轧试样

等轴状。冷轧、温轧实验钢的 XRD 图谱如图 9-2b 所示，对应金相组织如图 9-2c、d 所示。XRD 结果表明冷轧试样中包含约 60% 的 α′-马氏体，而温轧试样中几乎全为奥氏体组织。冷轧试样的 XRD 图谱中出现了马氏体衍射峰如 α′（200）和 α′（211），表明冷轧过程中发生了马氏体相变，而奥氏体衍射峰 γ（220）则说明组织中含有残余奥氏体。由图 9-2c 可以发现冷轧组织由马氏体（黑色）和未转变的残余奥氏体（白色）组成。经过 85% 压下量的冷轧变形，初始的粗大等轴奥氏体晶粒逐渐变成不均匀的层状组织，马氏体和拉长的奥氏体粗晶相间分布。另外，由图 9-2c 中白色矩形框所标记区域，可以清晰的观察到微剪切带的存在，而在微剪切带中也出现了 α′-马氏体。温轧试样的显微组织为全奥氏体组织，与 XRD 结果一致，其中也包含大量的剪切带，如图 9-2d 所示。

对冷轧、温轧实验钢的显微组织进行 EBSD 表征，如图 9-3 所示。虽然严重塑性变形引入了较高的内应力和应力集中，导致 EBSD 识别率较低，但从图中依然可以得出一些关键的信息。图 9-3a~c 分别对应冷轧试样的相图、残余奥氏体的取向图和 α′-马氏体的取向图。图 9-3a 中红色代表残余奥氏体，灰色是 α′-马氏体，并未检测出任何的 ε-马氏体。文献 [2~4] 表明，304 不锈钢在塑性变形的过程中，若变形温度低于 M_d 点，则可能发生多种马氏体相变机制，如 γ→α′、γ→ε、γ→ε→α′。在塑性变形初期，ε-马氏体作为过渡相出现；随着变形量的增加，ε-马氏体将逐渐转变成 α′-马氏体。本实验的压下量为 85%，ε-马氏体早已转变为 α′-马氏体，因此 XRD 和 EBSD 均未检测到 ε-马氏体的出现。如图 9-3c 所示，残余奥氏体的取向主要为 {110} <uvw>（绿色）取向，而 α′-马氏体的取向以 {100} <uvw>（红色）和 {111} <uvw>（蓝色）为主。这些都是奥氏体不锈钢经大塑性变形后典型的取向织构组分，这在其他相关研究中均有报道[5~7]。温轧变形组织如图 9-3d 所示，除了与轧向保持 45° 角的剪切带（如白色小箭头标记），在一些奥氏体区出现了大量的变形孪晶（如图中白色虚线框标记）。根据对应的取向图（图 9-3e）可以发现包含变形孪晶的这些区域属于同一奥氏体晶粒，取向接近 {110} <uvw>。由图 9-3e 可知，温轧变形的奥氏体相的取向主要为 {110}//ND（绿色）和 {112}//ND（紫色）两种。图 9-3f 和 g 分别是基于 {111}<110> 滑移系和 {111} <112> 孪生系计算的 Schmid 因子图，其对应的 Schmid 因子分布分别如图 9-3h 和 i 所示。图 9-3f~i 中蓝色和红色分别对应最小和最大数值的 Schmid 因子。如图 9-3f 所示，包含变形孪晶的奥氏体区域的 Schmid 因子数值均偏小，表明这些晶粒在温轧的过程中向 "硬取向" 转动。一般而言，取向越 "硬"，滑移系越不容易开动。因此，需要通过孪生来协调进一步变形。基于 {111}<112> 孪生系计算的 Schmid 因子（图 9-3g）显示这些区域具有较高的 Schmid 因子，表明易于诱发孪生变形。

冷轧和温轧试样的典型 TEM 形貌如图 9-4 所示。冷轧试样的显微组织呈板条

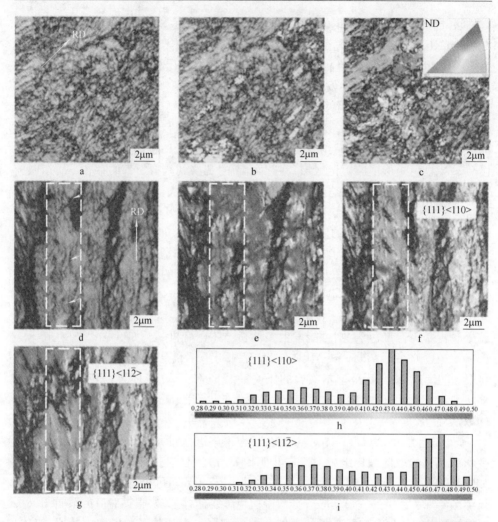

图 9-3　冷轧和温轧试样显微组织的 EBSD 表征

a—冷轧试样的相图；b—冷轧试样中残余奥氏体的取向图；c—冷轧试样中
α′-马氏体的取向图；d—温轧试样的质量图；e—温轧试样的相图；
f—基于 {111}<110>滑移系的 Schmid 因子图；
g—基于 {111}<112>孪生系的 Schmid 因子图；h, i—f, g 中 Schmid 因子图

扫描二维码
看彩图

状且具有较高的位错密度。通过选区电子衍射（SAED）花样可知，这些板条组织中既包含马氏体，也有残余奥氏体。如图 9-4a 中字母 A 和 B 所标记的板条状组织，分别是 FCC 和 BCC 结构，且二者之间保持 K-S 关系，即（110）α′//（111）γ，<$\bar{1}\bar{1}1$>α′//<110>γ。对于温轧试样，其 TEM 组织中可以观察到大量的变形孪晶束。另外，从图 9-4b 中还可以观察到一些胞状亚结构，这可能与温轧过程中的动态回复有关。

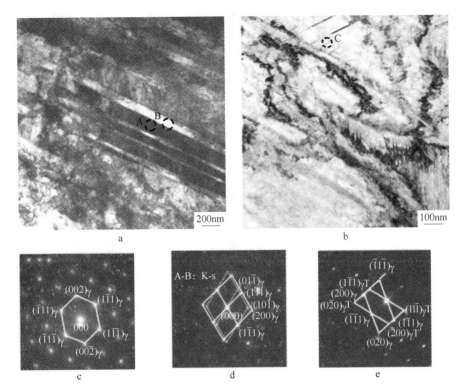

图 9-4　冷轧和温轧试样的 TEM 组织形貌

a—冷轧试样；b—温轧试样；c—A：FCC B = [110]；d—B：BCC B = [111]；e—C：FCC—变形孪晶

基于以上观察和分析，可以发现实验钢在室温冷轧过程中的变形机制以马氏体相变为主，而在温轧过程中则通过孪生来协调变形。众所周知，层错能（SFE）和奥氏体向马氏体转变的化学驱动力是两个影响亚稳态奥氏体钢变形机制的重要因素。文献［8］表明，奥氏体能否发生马氏体相变主要取决于合金的SFE。低 SFE 有利于平面变形组织的形成，为马氏体相变提供能量上有利的形核点[9,10]。较高的 SFE 会降低扩展位错的可动性，因此抑制马氏体相变的发生[11]。根据经验式（9-1）和式（9-2）[12]，可估算出实验钢在室温和 200℃时的 SFE 大小，分别是 17.6mJ/m² 和 26.6mJ/m²。

$$\gamma_{SFE}^{RT}(mJ/m^2) = -53 + 6.5\%Ni + 0.7\%Cr + 3.2\%Mn + 9.3\%Mo \tag{9-1}$$

$$\gamma_{SFE} = \gamma_{SFE}^{RT} + 0.05(T - 293) \tag{9-2}$$

式中，RT 代表室温（20℃）；T 是开尔文温度，K。

一般来说，SFE 越低，不全位错的分解宽度越宽，两个不全位错之间的层错也就越宽[2,13]。层错是形成孪晶和 ε-马氏体的前驱，当层错在相邻的 {111} 密排面上每层都扫一下形成孪晶，而在 {111} 密排面上隔一层扫一下则形成 ε-马氏体。文献［14］表明随着变形的进行，α′-马氏体通过消耗 ε-马氏体长大。在本研究中，并未发现 ε-马氏体，这归因于大变形量。在 200℃ 温轧时，变形温度的升高导致实验钢的 SFE 升高，提高了马氏体形核的驱动力，抑制了变形诱导马氏体相变，从而促进了变形孪晶的出现。

9.2　退火组织演变

9.2.1　马氏体逆相变

冷轧实验钢经 700℃ 和 750℃ 保温 1~20min 后，退火试样的 XRD 图谱如图 9-5a 所示，α′-马氏体的体积分数如图 9-5b 所示。退火温度为 700℃ 时，随着保温时间的延长，马氏体衍射峰（α′(110)、α′(200)、α′(211)）的衍射强度逐渐降低，而奥氏体衍射峰（如 γ(111)、γ(220)、γ(311)）强度逐渐增强，且出现了新的奥氏体衍射峰（γ(200)），如图 9-5a 所示。XRD 实验结果表明实验钢在冷轧过程中形成了约 60% 的 α′-马氏体。经 700℃ 退火 1min、5min 和 20min 后，试样中 α′-马氏体的体积分数分别降低至 46.2%、7.6% 和 4.5%，如图 9-5b 所示。这反映了等温退火过程中的 α′-马氏体发生了逆相变，且经过 20min 的保温马氏体的逆相变已基本完成。当退火温度提高至 750℃，相变驱动力变大，经过 2min 的短时保温，α′-马氏体的体积分数已快速降低至 3.9%。这说明相比保温时间，退火温度对马氏体逆相变过程有更大的影响。

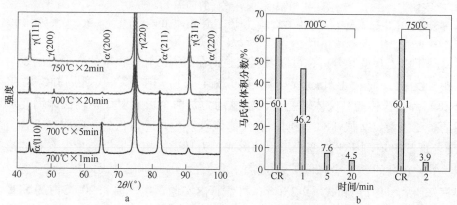

图 9-5　冷轧试样经不同退火处理的 XRD 图谱及对应的 α′-马氏体体积分数
a—XRD 图谱；b—α′-马氏体体积分数

9.2.2　组织演变规律

为了研究退火温度和保温时间对马氏体逆相变和变形奥氏体再结晶行为的影响，利用 EBSD 对冷轧、温轧试样在 700℃ 和 800℃ 经短时保温后的组织特征进行观察，如图 9-6 所示。

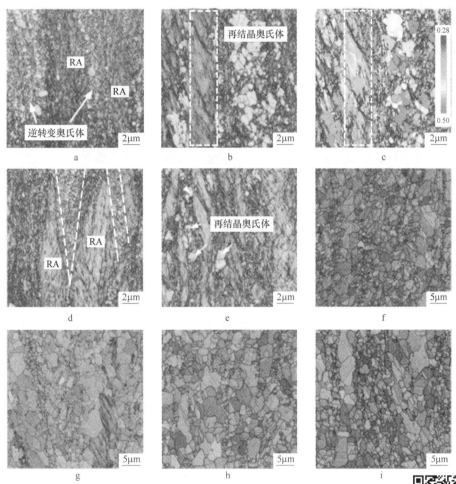

图 9-6　冷轧和温轧试样经 700℃和 800℃退火后显微组织的 EBSD 表征
a—质量图，CR-700-20；b—质量图，WR-700-20；c—Schmid 因子图，WR-700-20；
d—质量图，CR-750-2；e—质量图，WR-750-2；f—质量图，CR-800-2；
g—质量图，WR-800-2；h—质量图，CR-800-5；i—质量图，WR-800-5

扫描二维码
看彩图

　　图 9-6a 和 b 分别是冷轧和温轧试样经 700℃保温 20min 后组织的 EBSD 质量图。EBSD 结果显示二者中均未检测到马氏体的出现，这与 XRD 实验结果一致。通过对比可以发现二者的组织特征上有明显的区别。试样 CR-700-20 中部分区域出现了等轴纳米/亚微米奥氏体晶粒，而温轧退火试样中（图 9-6b），部分区域已经发生了再结晶，其组织由部分等轴的再结晶奥氏体晶粒和未再结晶奥氏体组成。一般来说，静态再结晶优先在剪切带或变形严重的区域发生。图 9-6b 中白色虚线框所标记的未再结晶区包含了相互平行的变形孪晶束。说明温轧过程中，这部分区域通过变形孪生来协调变形。通过计算这部分区域的 Schmid 因子（基

于｛111｝<110>滑移系），可以发现这部分区域的 Schmid 因子较低，如图 9-6c 所示。较低的初始位错密度和变形储存能导致这部分区域再结晶驱动力较低，因此需要延长保温时间或提高退火温度来促进再结晶的完成。提高退火温度至750℃，冷轧试样经 2min 保温就几乎完成了马氏体向奥氏体的逆相变。如图 9-6d 所示，此时组织由等轴的纳米/亚微米逆相变奥氏体和未再结晶的残余奥氏体区组成。温轧试样经 750℃保温 2min 后，其显微组织特征如图 9-6e 所示，早期的再结晶优先在剪切带处形核，如图中箭头所示。进一步提高退火温度至 800℃，经过 2min 的保温就足以使冷轧试样中的马氏体完成逆相变和残余奥氏体完成再结晶，如图 9-6f 所示。但是对于温轧试样，2min 的保温并不足以使其变形组织完全再结晶，如图 9-6g 所示。经 800℃退火 5min，可以发现冷轧和温轧组织均已完全再结晶，如图 9-6h 和 i 所示。冷轧和温轧试样经 800℃退火 2min 和 5min 后的奥氏体晶粒尺寸分布图如图 9-7 所示。虽然再结晶组织中的奥氏体晶粒尺寸分布有轻微的差别，但平均晶粒尺寸几乎一致，约为 0.7μm。

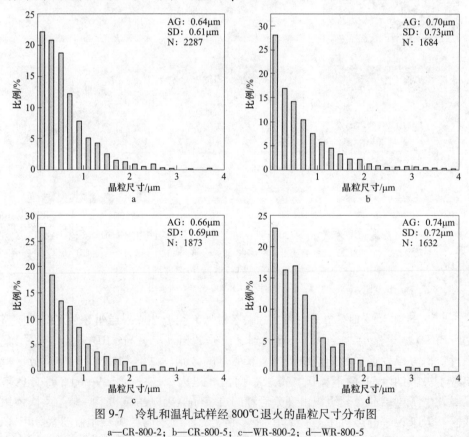

图 9-7 冷轧和温轧试样经 800℃退火的晶粒尺寸分布图

a—CR-800-2；b—CR-800-5；c—WR-800-2；d—WR-800-5

图 9-8 为冷轧和温轧试样在 700℃保温 2h 后显微组织的 EBSD 分析图。此时，组织中的变形奥氏体依然未完成再结晶。为了探究这些奥氏体区域或带再结

晶滞后的内在原因，利用 EBSD 分析了相关区域 ND 和 RD 两个方向的取向。对于试样 CR-700-2h（见图 9-8a、d、g），如图中白色虚线框所标记区域，未再结晶的残余奥氏体带为典型的 {110}<112>取向。同样的取向在试样 WR-700-2h 中

图 9-8 冷轧和温轧试样 700℃保温 2h 后显微组织的 EBSD 分析图
a—质量图，CR-700-2h；b—质量图，WR-700-2h-1；c—质量图，WR-700-2h-2；
d—取向图-ND，CR-700-2h；e—取向图-ND，WR-700-2h-1；
f—取向图-ND，WR-700-2h-2；g—取向图-RD，CR-700-2h；
h—取向图-RD，WR-700-2h-1；i—取向图-RD，WR-700-2h-2

扫描二维码
看彩图

也存在，如图 9-8b 和 c 中白色虚线框中所标记的区域。同时，部分奥氏体组织表现为 {110}<100>取向，如图 9-8b 中椭圆形所标记区域。Poulon 等[7]发现，变形奥氏体在较低温度退火时，静态再结晶首先发生在 {123}<412>织构带中，

然后在 {110}<112>和 {110}<100>织构带中形核长大。一般来说，冷轧和温轧过程中形成的取向差比较大的剪切带处可以优先作为再结晶的形核点。图 9-8a 和 b 中沿黑色直线的相邻点间的取向差分布如图 9-9 所示，结果表明这些未再结晶的奥氏体带中点对点的取向差小于 3°。因此，奥氏体带再结晶的延迟应源于这些织构带中相邻点的取向差较小。另外，温轧退火试样中部分包含变形孪晶奥氏体晶粒也没有完成再结晶，如图 9-8c 中椭圆形所标记。这些奥氏体组织的再结晶被推迟必定与其内部相对较低的位错密度有关。如图 9-3f 和图 9-6c 所示，包含变形孪晶区域 Schmid 因子较低，说明温轧过程中这些晶粒向"硬"取向转动，导致滑移系不易开动。因此，需要进一步延长退火时间或提高退火温度才能使变形组织完全再结晶。

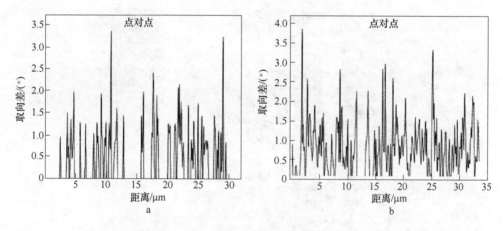

图 9-9 图 9-8 中沿黑色直线的取向差分布

a—CR-700-2h；b—WR-700-2h

冷轧和温轧试样在较高的温度（750~900℃）退火后的金相组织照片如图 9-10 和图 9-11 所示。由图 9-10 可以发现，750℃退火 20min 后冷轧组织已基本完成再结晶，而温轧试样则需保温 30min 以上。尽管实验钢在 200℃温轧变形时，难以发生动态再结晶过程，但可能产生动态回复。低温回复造成的晶体空位的运动，将大大降低空位密度。相对于冷轧变形，温轧过程中的变形储能也有所降低，因此降低了变形奥氏体组织发生再结晶的驱动力。在 800~900℃退火时，冷轧试样中马氏体的逆相变和残余奥氏体的再结晶均快速发生并完成，且退火温度越高越有利于均匀组织的获得。如图 9-10c 和 d 所示，冷轧、温轧组织经 800℃保温 20min 后，均能获得完全再结晶的组织，除了一些在较大的奥氏体变形带中形核的晶粒较大（晶粒尺寸为 4~8μm），绝大多数奥氏体晶粒尺寸范围在 1~2μm。提高退火温度至 900℃，如图 9-11 所示，冷轧试样中组织的变化可以总结

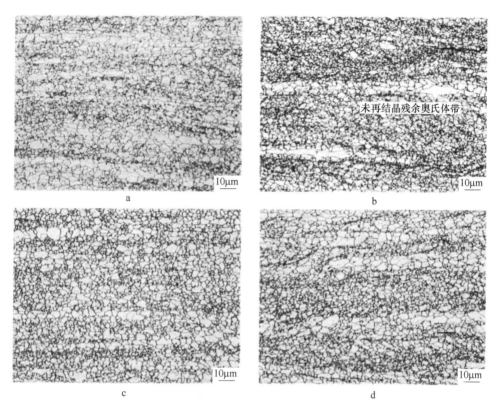

图 9-10　冷轧和温轧试样经 750℃和 800℃长时间退火后的 OM 形貌
a—CR-750-20；b—WR-750-30；c—CR-800-20；d—WR-800-20

为快速的马氏体逆相变同时伴随残余奥氏体的再结晶，随后是晶粒的轻微长大。对于温轧试样，变形奥氏体组织的再结晶也能在较短的保温时间内完成。此外，900℃退火试样的组织更加均匀，且晶粒长大速率略有提高。

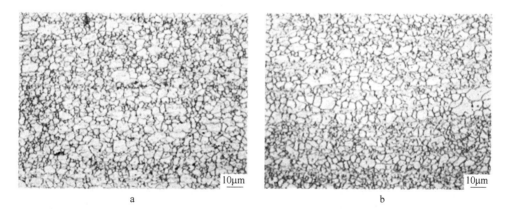

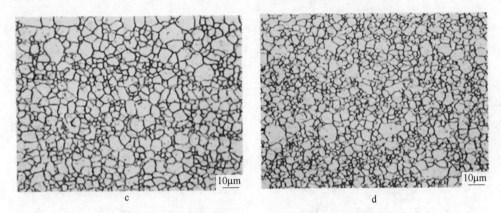

图 9-11　冷轧和温轧试样在 900℃退火时的 OM 组织形貌
a—CR-900-1；b—WR-900-1；c—CR-900-10；d—WR-900-10

9.3　显微织构演变

9.3.1　变形织构

冷轧和温轧试样中奥氏体（FCC）和 α′-马氏体（BCC）的 ODF 截面图（$\varphi_2 = 0°$和 45°）如图 9-12 所示。冷轧试样中残余奥氏体相的织构组分包括 Brass{110}<112>和 Goss{110}<001>织构，其取向密度分别约为 13 和 20，如图 9-12a 所示。Brass 织构的形成从侧面反映出变形奥氏体中缺乏大量的交滑移，主要是因为实验钢的 SFE 较低，约为 $18mJ/m^2$。一般而言，SFE 越低，层错易形成，层错的宽度也越宽，交滑移就越难以进行。冷轧试样中 BCC 相的织构包括{112}<110>，{001}<110>，{334}<483>，{332}<113>四种，其对应的取向密度分别是 8.7、5.2、4.6、2.9，如图 9-12b 所示。图 9-4a 中的 TEM 组织观察表明马氏体板条与奥氏体之间遵循 K-S 晶体学取向关系，因此马氏体相织构的形成与奥氏体母相的织构必定有着密不可分的联系。按照 K-S 取向关系[15]，马氏体相织构中的{001}<110>和{332}<113>取向源自奥氏体母相中的 Brass 织构，而{112}<110>织构则与奥氏体相中的 Goss 变形织构相关。对于温轧试样，只检测出一个非常强的 Brass 织构，其取向密度达到了 33，这与温轧过程中的孪生现象有关[16]，如图 9-12c 所示。

9.3.2　逆相变对奥氏体织构的影响

实验钢在 700℃和 750℃等温退火过程中，冷轧试样中的 α′-马氏体通过扩散机制向奥氏体转变，这对于退火织构的发展有着重要的影响。由于扩散过程中原子的长程移动导致新相和母相中原子排列发生改变，致使原子间原本的对应关系不复存在，因此逆相变奥氏体的取向可能发生改变。根据 XRD 结果和 EBSD 组

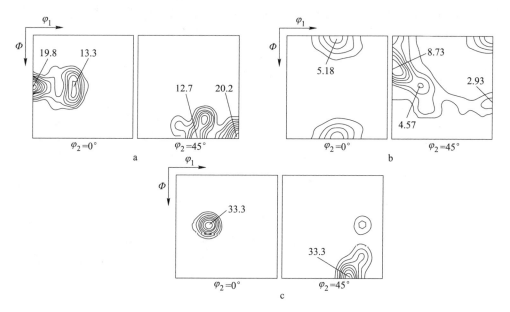

图 9-12 冷轧和温轧试样中奥氏体和马氏体相的 ODF 截面图（$\varphi_2 = 0°$和 45°）

a—CR-FCC；b—CR-BCC；c—WR-FCC

织观察可知，经 700℃保温 20min 或 750℃保温 2min，冷轧试样中的马氏体基本完成了向奥氏体的逆相变，而此时残余奥氏体并未发生明显的再结晶。

  试样 CR-700-20 和 CR-750-2 中奥氏体相的 ODF 截面图（$\varphi_2 = 0°$和 45°）如图 9-13 所示。对应试样中奥氏体的主要的织构组分为 Brass 织构，取向密度分别是 17 和 22 左右。与图 9-12a 进行对比可以发现，冷轧试样中 FCC 相的 Goss 织构消失不见，但 Brass 织构明显增强，这说明马氏体的逆相变过程增强了 Brass 织构的取向密度。相关研究[17]表明，逆相变奥氏体和母相马氏体之间存在 K-S 关系，因此马氏体相中的 {001}<110>取向和 {332}<113>取向会转变成逆相变奥氏体

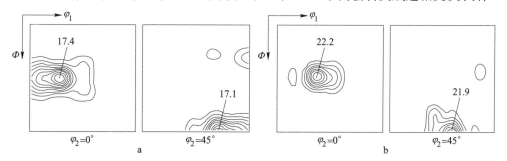

图 9-13 冷轧退火试样中奥氏体相的 ODF 截面图（$\varphi_2 = 0°$和 45°）

a—CR-700-20；b—CR-750-2

的 Brass 取向。Poulon 等[7]在 15Cr-9Ni 奥氏体不锈钢中也观察到了同样的现象，并将此归因于以下两点：（1）变形奥氏体中这种取向的显著形核和长大；（2）超细晶奥氏体在马氏体区随机形核长大。此外，Brass 织构的增强还应该和退火过程中变形奥氏体的回复有关。Polytechnic 等[18]指出回复能强化相关变形奥氏体织构。

9.3.3　再结晶织构

随着退火温度的升高和保温时间的延长，变形奥氏体的再结晶程度逐渐增大。冷轧和温轧试样中奥氏体相的织构随再结晶程度增加的变化趋势如图 9-14 所示。试样 CR-750-5 中主要的织构组分是 Brass 和 Copper ｛112｝<111>织构，二者的取向密度接近。随着再结晶程度的增加，Brass 织构一直存在。试样 CR-800-2 为完全再结晶的组织，其织构主要包括 Brass 和 ｛113｝<211>取向。对于温轧试样，经 750℃保温 10min，此时变形奥氏体尚未完成再结晶，组织中除了 Brass 和 Copper 织构外，还出现了几乎具有相同取向密度的 Goss 织构。当温轧奥氏体完成再结晶后，即试样 WR-800-5，其再结晶织构类型与冷轧试样的再结晶织构一样，为 Brass 和 ｛113｝<211>取向。在相关研究中，｛113｝<211>取向也被认为是再结晶织构的一种。Dickson 和 Green[17]发现，｛113｝<211>织构可以通过 Brass 织构沿<111>旋转 40°获得，并以此作为取向长大机制的证据。

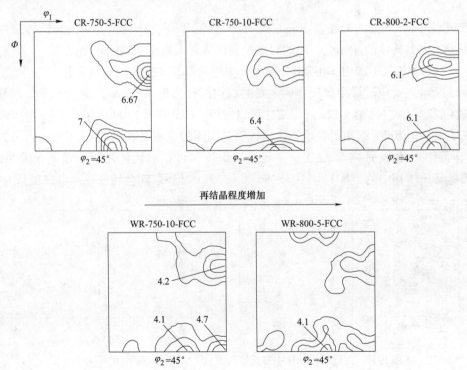

图 9-14　再结晶对退火试样中奥氏体相显微织构的影响

9.4 力学性能

9.4.1 显微硬度

冷轧和温轧试样在退火过程中显微硬度的变化趋势如图 9-15 所示。作为对比，图 9-15 中给出了冷轧和温轧试样的硬度，分别标记为 CR 和 WR。如上所述，冷轧试样的显微组织由约 60% 的 α′-马氏体和残余奥氏体组成，位错密度较高；而温轧组织为温变形的奥氏体，同时温轧过程中的动态回复也降低了温轧组织中的位错密度。因此，由于显微组织及位错密度的不同，使得冷轧试样的硬度（510）高于温轧试样的硬度（430）。

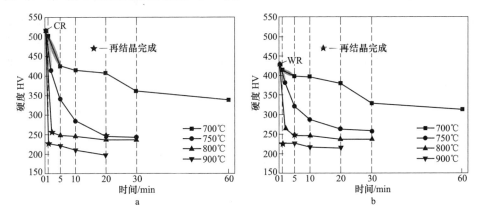

图 9-15 冷轧和温轧试样在退火过程中显微硬度的变化趋势
a—CR 退火试样；b—WR 退火试样

在随后的等温退火过程中，随着退火温度的升高和保温时间的延长，冷轧和温轧试样的硬度均随之下降。当冷轧和温轧试样在 700℃ 退火时，随着保温时间从 1min 延长到 60min，试样的硬度下降趋势较为缓慢。当退火温度高于 750℃ 时，由于逆相变和再结晶热驱动力提高，冷轧和温轧组织经过短时保温后硬度快速下降，随着保温时间的进一步延长，硬度下降变缓。不同温度下完成再结晶所需时间以五角星符号标记在图 9-15 中。

总的来说，冷轧和温轧试样在退火过程中的硬度变化趋势基本类似。然而，通过仔细对比图 9-15a 和 b，可以捕捉到一些微小的差异。冷轧试样经过 700℃ 保温 5min 和 750℃ 保温 2min 后，硬度值迅速下降至 425 和 410；而温轧试样的硬度由变形态的 430 分别降低至 400 和 380。相比较而言，冷轧试样在低温退火初始阶段软化现象更加明显，如图 9-15 中椭圆形所标记的区域所示。对比二者的组织演变特征，可以推断出这部分硬度的下降必定和马氏体的逆相变相关。如图9-5所示，试样 CR-700-5 和 CR-750-2 中马氏体的体积分数分别是 7.6% 和 3.9%，表明此时大多数马氏体已基本完成逆相变。此外，组织中并没有观察到残余奥氏体的再结晶。而对于试样 WR-750-2，此时已经出现了初始再结晶。因此，冷轧试样在退火初期硬度的快速大幅下降主要和马氏体的逆相变有关，而温轧试样中硬度的略微下降主要和静态回复和初始再结晶有关。当退火温度为 800~900℃时，马氏体的逆相变和变形奥氏体的再结晶过程均被加快，因此硬度变化趋势基本一致。

9.4.2　拉伸性能

冷轧、温轧试样及其退火试样的工程应力-工程应变曲线如图 9-16a~c 所示，测得的屈服强度、抗拉强度、断后伸长率及屈强比等力学性能指标如表 9-2 所示。为了更好的阐述组织-性能关系，部分试样的显微组织如图 9-16d 所示。由图 9-16a 可以看出，冷轧和温轧试样的拉伸曲线特征基本类似，即当应变极小时（约为 0.016）流变应力就达到峰值，随后快速软化，直至断裂。这是奥氏体不锈钢经过严重塑性变形典型的拉伸曲线特点[19~21]。冷轧试样具有极高的强度

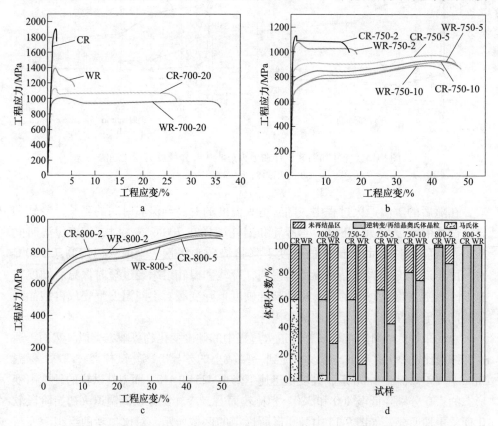

图 9-16　实验钢的工程应力-工程应变曲线和部分试样的显微组织构成示意图

a~c—实验钢的工程应力-工程应变曲线；d—部分试样的显微组织构成示意图

但塑性极差，屈服强度和抗拉强度分别为 1830MPa 和 1900MPa，断后伸长率为
1.8%。温轧试样的强度相对略低，屈服强度和抗拉强度分别是 1300MPa 和
1395MPa，但塑性相对较好，断后伸长率为 7.1%。如上所述，冷轧试样中包括
60%体积分数的 α'-马氏体和残余奥氏体，具有较高的位错密度。其高强度主要
源于位错强化，而过早的塑性失稳则是因为可动位错不足和缺乏足够的空间来储
存位错。温轧试样的组织中并没有马氏体，且温轧过程中的轻微动态回复使其变
形组织的位错密度相对较低，因此其强度较低。此外，温轧组织中具有相当数量
的变形孪晶，这是其获得高屈服强度的另一重要原因。研究表明，孪晶界可以作
为阻碍位错运动的有效屏障，还能为位错塞积提供更多的空间[22~24]。因此，温
轧试样的塑性相对较好。

表 9-2 实验钢的拉伸力学性能

试样	屈服强度/MPa	抗拉强度/MPa	断后伸长率/%	屈强比
CR	1830	1900	1.8	0.96
WR	1300	1395	7.1	0.93
CR-700-20	1010	1124	27.2	0.90
WR-700-20	890	1010	36	0.88
CR-750-2	1020	1130	16.5	0.90
WR-750-2	965	1075	18.6	0.90
CR-750-5	775	971	46.7	0.80
WR-750-5	715	930	45.3	0.77
CR-750-10	600	919	48	0.65
WR-750-10	640	891	43.2	0.72
CR-800-2	575	917	54.4	0.63
WR-800-2	600	902	52.6	0.66
CR-800-5	510	899	52.7	0.57
WR-800-5	540	887	51.7	0.61

随着退火温度的升高和保温时间的延长，静态回复、马氏体逆相变、变形奥
氏体的再结晶、晶粒长大等过程陆续发生。退火试样的强度有所降低，但其塑性
则有不同程度的恢复。通过调整退火温度和保温时间，冷轧和温轧试样经退火后
均能实现强度（屈服强度为 540~1020MPa）和塑性（总伸长率为 16.5%~
54.4%）的良好匹配，屈强比在 0.6~0.9 较大范围内可控。结合组织观察可知，
冷轧退火试样 CR-700-20 和 CR-750-2 的显微组织主要由等轴的纳米/亚微米逆相
变奥氏体和回复的残余奥氏体组成；而温轧退火试样 WR-700-20 和 WR-750-2 的
显微组织由部分初始再结晶奥氏体和回复的变形奥氏体组织组成，如图 9-16d 所
示。这些试样的微观组织中的初始位错密度较高，流变应力在变形初期快速累
积，到达最大值后，大量的不可动位错突然释放，造成屈服下降的出现，随后伴

随着不同程度的屈服点延伸，如图 9-16a 和 b 所示。随着退火温度的升高和保温时间的进一步延长，变形奥氏体的再结晶过程逐渐增大，同时伴随着部分逆相变奥氏体的长大。退火温度为 750℃，将保温时间由 2min 延长至 10min，试样的加工硬化能力明显增强。当试样在 800℃退火时，马氏体的逆相变和变形奥氏体的再结晶均能在较短时间内完成，因此组织相对均匀，其拉伸曲线表现为连续屈服，屈服强度相对较低（500~600MPa），但塑性得到进一步提升（断后伸长率大于 50%），如图 9-16c 所示。

参 考 文 献

[1] Moser N H, Gross T S, Korkolis Y P. Martensite formation in conventional and isothermal tension of 304 austenitic stainless steel measured by X-ray diffraction [J]. Metallurgical and Materials Transactions A, 2014, 45 (11)：4891~4896.

[2] Shen Y F, Li X X, Sun X, et al. Twinning and martensite in a 304 austenitic stainless steel [J]. Materials Science and Engineering A, 2012, 552：514~522.

[3] De A K, Speer J G, Matlock D K, et al. Deformation-induced phase transformation and strain hardening in type 304 austenitic stainless steel [J]. Metallurgical and Materials Transactions A, 2006, 37 (6)：1875~1886.

[4] 史金涛，侯陇刚，左锦荣，等. 304 奥氏体不锈钢超低温轧制变形诱发马氏体转变的定量分析及组织表征 [J]. 金属学报，2016, 52 (8)：945~955.

[5] Kumar B R, Singh A K, Das S, et al. Cold rolling texture in AISI 304 stainless steel [J]. Materials Science and Engineering A, 2004, 364 (1-2)：132~139.

[6] Kumar B R, Singh A K, Mahato B, et al. Deformation-induced transformation textures in metastable austenitic stainless steel [J]. Materials Science and Engineering A, 2006, 429 (1-2)：205~211.

[7] Poulon A, Brochet S, Vogt J B, et al. Fine grained austenitic stainless steels：the role of strain induced α'-martensite and the reversion mechanism limitations [J]. ISIJ International, 2009, 49 (2)：293~301.

[8] Talonen J, Hänninen H. Formation of shear bands and strain-induced martensite during plastic deformation of metastable austenitic stainless steels [J]. Acta Materialia, 2007, 55 (18)：6108~6118.

[9] Lo K H, Shek C H, Lai J K L. Recent developments in stainless steels [J]. Materials Science and Engineering R, 2009, 65 (4-6)：39~104.

[10] Naghizadeh M, Mirzadeh H. Microstructural evolutions during reversion annealing of cold-rolled AISI 316 austenitic stainless steel [J]. Metallurgical and Materials Transactions A, 2018：1~9.

[11] Mumtaz K, Takahashi S, Echigoya J, et al. Temperature dependence of martensitic transforma-

tion in austenitic stainless steel [J]. Journal of Materials Science Letters, 2003, 22 (6):
423~427.

[12] Galindo-Nava E I, Rivera-Díaz-del-Castillo P E J. Understanding martensite and twin formation in austenitic steels: a model describing TRIP and TWIP effects [J]. Acta Materialia, 2017, 128: 120~134.

[13] Martin S, Wolf S, Martin U, et al. Deformation mechanisms in austenitic TRIP/TWIP steel as a function of temperature [J]. Metallurgical and Materials Transactions A, 2016, 47 (1): 49~58.

[14] Hedayati A, Najafizadeh A, Kermanpur A, et al. The effect of cold rolling regime on microstructure and mechanical properties of AISI 304L stainless steel [J]. Journal of Materials Processing Technology, 2010, 210 (8): 1017~1022.

[15] Butron-Guillen M P, Jonas J J, Ray R K. Effect of austenite pancaking on texture formation in a plain carbon and a Nb microalloyed steel [J]. Acta Metallurgica et Materialia, 1994, 42 (11): 3615~3627.

[16] Dillamore I L, Roberts W T. Rolling textures in f. c. c. and b. c. c. metals [J]. Acta Metallurgica, 1964, 12 (3): 281~293.

[17] Tomimura K, Takaki S, Tanimoto S, et al. Optimal chemical composition in Fe-Cr-Ni alloys for ultra grain refining by reversion from deformation induced martensite [J]. ISIJ International, 1991, 31 (7): 721~727.

[18] Dickson M J, Green D. The cold-rolling and primary-recrystallisation textures of 18% chromium steels containing 10%, 12% and 14% nickel [J]. Materials Science and Engineering, 1969, 4 (5): 304~312.

[19] Odnobokova M, Belyakov A, Enikeev N, et al. Annealing behavior of a 304L stainless steel processed by large strain cold and warm rolling [J]. Materials Science and Engineering A, 2017, 689: 370~383.

[20] Odnobokova M, Belyakov A, Kaibyshev R. Effect of severe cold or warm deformation on microstructure evolution and tensile behavior of a 316L stainless steel [J]. Advanced Engineering Materials, 2015, 17 (12): 1812~1820.

[21] Li J, Cao Y, Gao B, et al. Superior strength and ductility of 316L stainless steel with heterogeneous lamella structure [J]. Journal of Materials Science, 2018, 53 (14): 10442~10456.

[22] Huang C X, Yang G, Gao Y L, et al. Influence of processing temperature on the microstructures and tensile properties of 304L stainless steel by ECAP [J]. Materials Science and Engineering A, 2008, 485 (1-2): 643~650.

[23] Huang C X, Hu W P, Wang Q Y, et al. An ideal ultrafine-grained structure for high strength and high ductility [J]. Materials Research Letters, 2015, 3 (2): 88~94.

[24] Zhao Y H, Liao X Z, Cheng S, et al. Simultaneously increasing the ductility and strength of nanostructured alloys [J]. Advanced Materials, 2006, 18 (17): 2280~2283.

10 纳米晶/超细晶奥氏体不锈钢的变形机制及低温超塑性

众所周知,面心立方金属在变形过程中的协调变形机制主要包括位错滑移、孪生以及马氏体相变,这与材料的 SFE 有着密不可分的关系。研究[1]表明,当材料的 SFE 小于 $18mJ/m^2$ 时,变形机制以马氏体相变为主;当 SFE 处于 $18\sim45mJ/m^2$ 范围时,孪生起到协调变形的作用;当 SFE 大于 $45mJ/m^2$ 时,位错滑移起主导作用。材料的 SFE 大小主要依赖于其合金成分。对于亚稳态奥氏体不锈钢而言,SFE 一般较低,因此变形过程中马氏体相变起着至关重要的作用。此外,晶粒尺寸是影响变形组织演变的另一个重要因素。随着晶粒尺寸的减小,奥氏体的机械稳定性升高,变形过程中的应变诱导马氏体相变将被抑制[2,3]。Maréchal 以 301LN 奥氏体不锈钢为对象,系统研究了奥氏体晶粒尺寸对马氏体相变的影响,发现随晶粒尺寸的减小,马氏体相变速率先减小后增大,并将此归因于形核机制的转变[4]。Misra 等[5,6]研究了晶粒尺寸对 301LN、16Cr-10Ni 不锈钢应变硬化行为及变形机制的影响,结果表明随着晶粒尺寸的减小,加工硬化机制逐渐由应变诱导马氏体相变转变成变形孪生,这主要是因为晶粒尺寸的减小增强了奥氏体的稳定性。然而,Somani 等[7]和 Huang 等[8]的研究表明纳米/亚微米奥氏体组织促进了拉伸变形过程中的马氏体相变,但并没有对其变形组织演变及加工硬化行为进行详细的研究。因此,有必要展开系统的工作,来研究亚稳态奥氏体不锈钢在拉伸变形过程中,晶粒尺寸对加工硬化行为、变形组织特征及变形机制的影响。

此外,随着纳米晶制备技术的发展,纳米晶金属的超塑性也备受关注。晶界滑移被认为是超塑性变形过程中的最重要的变形机制。晶界滑移具有尺寸效应,表现在流变应力随着晶粒尺寸的减小而降低,因此材料的超塑性有可能在较高的应变速率或较低的温度下实现。晶粒越细小,超塑性变形过程中参与滑移的晶界数量就越多,扩散或滑移的距离越小,那么晶粒转动和晶界滑移就更易进行。此外,关于超细晶奥氏体不锈钢超塑性的研究相对较少,且变形温度多在 $0.5T_m$ 以上。因此,低温($<0.5T_m$)超塑性的研究日益受到人们的关注。

本章以 304 不锈钢为对象,首先,利用冷轧及控制退火的方式获得具有不同晶粒尺寸的初始组织,系统研究了不同晶粒尺寸实验钢在拉伸变形过程中的应变诱导马氏体相变、组织演变规律、加工硬化机制以及断口形貌等。同时,对制备的纳米/亚微米晶304不锈钢的低温超塑性行为进行了研究与分析。

10.1 纳米晶/超细晶304不锈钢的变形机制研究

将厚度约为3mm的小块热轧实验钢板于箱式电阻炉中进行固溶处理，保温温度和时间分别为1050℃和30min，随后淬火至室温。利用盐酸水溶液酸洗去除表面氧化铁皮后，在RAL四辊可逆式冷轧试验机上进行多道次室温冷轧，道次压下量约为5%，总压下量约为80%，最终板厚约为0.56mm。为了获得不同的晶粒尺寸，将冷轧板分别在650~1000℃进行等温退火，随后空冷至室温，试样的EBSD分析如图10-1所示。

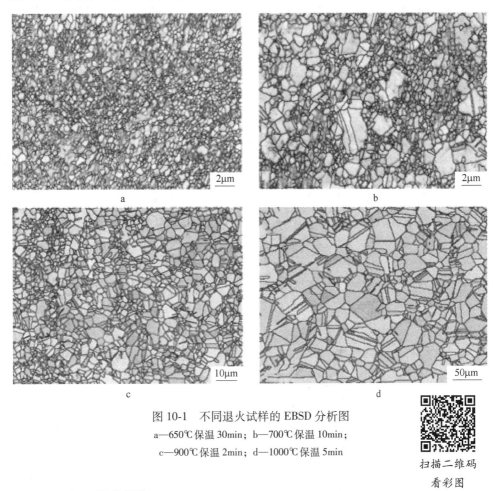

图10-1 不同退火试样的EBSD分析图
a—650℃保温30min；b—700℃保温10min；
c—900℃保温2min；d—1000℃保温5min

扫描二维码
看彩图

10.1.1 加工硬化行为

具有不同晶粒尺寸的退火试样的工程应力-应变曲线和真应力-应变曲线如图10-2所示。总的来看，FG和CG试样具有较低的屈服强度和优异的伸长率；而

SMG 和 NG/UFG 试样具有良好的强塑性匹配，既具有较高的强度同时能保持良好的塑性。随着晶粒尺寸的减小（CG→FG→SMG→NG/UFG），屈服强度和抗拉强度分别由 CG 状态的 235MPa 和 680MPa 提高至 NG/UFG 状态的 1032MPa 和 1060MPa，屈服强度提高了近 4 倍。虽然 SMG 和 NG/UFG 试样的断后伸长率有所降低，但依然非常可观，分别约为 42% 和 33.6%。由图 10-2a 可以看出，晶粒尺寸对实验钢的流变行为有很大的影响。CG、FG、SMG 试样的拉伸曲线均表现为连续屈服，流变应力随着应变的增加而增大，并表现出不同程度的加工硬化行为。SMG 试样的拉伸曲线中在工程应变约为 10% 和 19% 处存在明显拐点，这必定与塑性变形过程中组织的改变有关。而 NG/UFG 试样在拉伸过程中表现为不连续屈服，流变应力在极小的应变（工程应变约 1.5%）下即达到峰值（1056MPa），随即出现了明显的屈服下降，工程应力由 1056MPa 下降至 1030MPa，随后表现出很长的吕德斯应变（工程应变为 1.5% ~ 24%），随即又表现出轻微的加工硬化行为，并很快在工程应变约为 31% 时达到最大应力值 1060MPa。

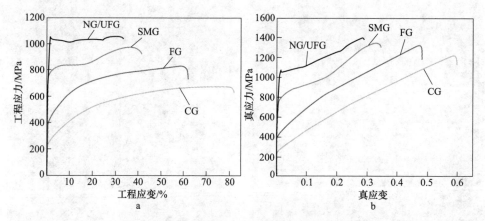

图 10-2　不同晶粒尺寸实验钢的拉伸曲线
a—工程应力-工程应变曲线；b—真应力-真应变曲线

　　屈服下降和吕德斯变形是超细晶金属材料或合金中常见的拉伸变形特征[8~10]。研究表明，屈服下降是由于缺乏足够的可动位错来满足所施加的应变速率。当应力达到某一临界值时，大量的可动位错突然释放造成应力的突然下降，出现明显的屈服下降。吕德斯变形是 NG/UFG 试样在拉伸变形过程中非常重要的变形模式，很大程度地提高了断后伸长率，如图 10-2a 所示，屈服点延伸占总伸长率的 50% 以上。吕德斯带的形成与材料的高屈服应力、低应变硬化率及滑移系难开动等有关。本实验中所制备的 NG/UFG 试样的平均晶粒尺寸约为 200nm，如图 10-1a 所示，组织中大量的晶界能有效阻碍位错的运动，大幅提高了屈服强度。也有人认为，大量的小角晶界也可能是造成吕德斯变形的原因。目前普遍认为，吕德斯变形的直接原因是材料变形过程中局部区域位错密度的"雪崩式"增加[11]。Huang 等[8]利用 ECAP+退火的方式制备出超细晶 301 不锈钢，研究发现吕德斯变形随着晶粒尺寸的减小而增加。大量的研究表明，吕德斯带形成的主要机制是纯剪切变形[10,11]。作为一种不均匀变形，吕德斯变形本质上与塑性失稳引起的颈缩相一致[12]，由于应变硬化能力较低，因此颈缩常出现在超细晶材料的吕德斯变形期间。拉伸变形过程中，吕德斯带优先在拉伸试样的局部区域诱发，随着应变的增加逐渐向周围未变形区域扩展，直至充满整个平行段，最终发生断裂。

根据图 10-2b 所示的真应力-真应变曲线计算出不同晶粒尺寸试样的瞬时加工硬化率曲线如图 10-3 所示。随着实验钢晶粒尺寸的改变，其加工硬化率曲线表现出不同的阶段，对应的真应变范围统计如表 10-1 所示。阶段 A，加工硬化率快速下降，在极小的真应变（<0.03）下达到最小值，代表着拉伸变形过程中屈服的开始，试样进入塑性变形阶段。随后，SMG、FG 和 CG 试样的加工硬化出现阶段 B，即加工硬化率随真应变的增加开始缓慢下降，且随着晶粒尺寸的增大，坡度逐渐变平缓。由图 10-3b 可见，CG 试样只包含 A 和 B 两个加工硬化阶段，阶段 B 占据了很大的应变范围（0.028~0.58），直至试样发生断裂。SMG 和 FG 试样的加工硬化均包含 4 个阶段，加工硬化率随真应变的增加缓慢下降至最小值后（阶段 B），继而又出现了不同程度的增加（阶段 C），随即又缓慢下降（阶段 D），最终断裂。Talonen[13]认为，B 阶段与马氏体的开始形核有关，α′-马氏体体积分数的增加会引起离散强化作用，同时 α′-马氏体相变会产生动态软化效应，当马氏体相变引起的这种"窗口效应"达到短暂的平衡即出现了加工硬化率的

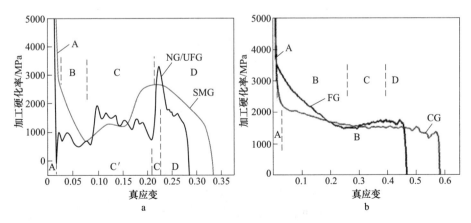

图 10-3 不同晶粒尺寸退火试样的加工硬化率曲线

a—NG/UFG 试样和 SMG 试样；b—FG 试样和 CG 试样

最小值。SMG 和 FG 试样加工硬化 B 阶段的最小值分别是 687MPa 和 1501MPa，说明 SMG 试样在变形初期，马氏体相变速率更快。随着晶粒尺寸的增大，B 阶段最小值所对应的应变向右发生偏移，分别约为 0.076 和 0.26，这表明马氏体相变的开始需要堆积一定的应变，而晶粒越细小，所需应变越小。当 α′-马氏体含量进一步增加，马氏体相变造成的强化作用强于其所引起的动态软化效应，就使得加工硬化率随塑性应变的增大而增加，因此出现了 C 阶段。C 阶段中加工硬化率的最大值与 α′-马氏体含量有关。SMG 和 FG 试样 C 阶段的最大值分别是 2670MPa 和 1742MPa，对应的真应变分别是 0.21 和 0.40。NG/UFG 试样的加工硬化过程也可分为 4 个阶段，如图 10-3a 所示。A 阶段，加工硬化率快速下降至负值，这对应于其工程应力-工程应变曲线中出现的屈服下降。A 阶段之后并没出现 B 阶段，这与其不连续屈服行为有关，加工硬化率下降至最小值后随即开始增大，达到最大值后便开始逐渐下降，直至断裂。加工硬化率的增大过程又可分为两阶段：波段上升阶段 C′和快速上升阶段 C。阶段 C′的出现与吕德斯变形有关，其开始和结束对应的应变值分别为 0.015 和 0.21，对应于吕德斯应变的开始与结束。阶段 C 对应于吕德斯应变结束后出现的轻微的加工硬化现象。

表 10-1　不同晶粒尺寸试样的各个加工硬化阶段对应的真应变

试样	A	B	C′	C	D
NG/UFG	<0.015	—	0.015~0.21	0.21~0.22	0.22~0.28
SMG	<0.022	0.022~0.076	—	0.076~0.21	0.21~0.32
FG	<0.013	0.013~0.26	—	0.26~0.40	—
CG	<0.028	0.028~0.58	—	—	—

10.1.2　变形诱导马氏体相变

不同晶粒尺寸的实验钢在拉伸变形过程中不同工程应变处的 XRD 图谱如图 10-4 所示。随着应变的增加，α′-马氏体衍射峰开始出现并逐渐增强，而奥氏体衍射峰则逐渐减弱，这表明在塑性变形过程中，所有试样均发生了不同程度的应变诱导马氏体相变。

不同晶粒尺寸的试样中，α′-马氏体体积分数随真应变的变化规律统计如图 10-5 所示。整体来看，拉伸变形过程中，无论是 NG/UFG 试样还是 CG 试样，组织中 α′-马氏体体积分数均随着真应变的增加呈单调递增的趋势。由图 10-5 可以得出以下几点：（1）随着真应变的增加，α′-马氏体相变速率（即 α′-马氏体增加的快慢）不同，且随着晶粒尺寸的减小而增大；（2）随着晶粒尺寸的减小，α′-马氏体相变开始的应变值越来越小；在 CG、FG 和 SMG 试样中，当真应变分别大于 0.3、0.2、0.1 时，α′-马氏体体积分数明显增加，而 NG/UFG 试样在极小

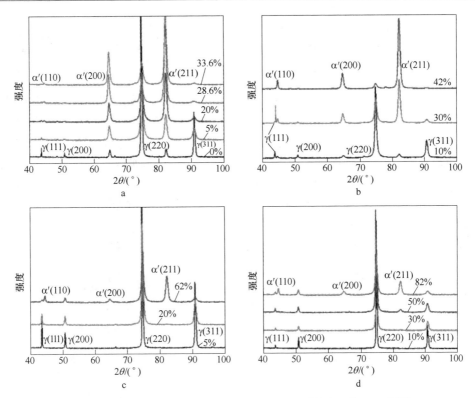

图 10-4　不同晶粒尺寸退火试样经拉伸变形不同应变后的 XRD 图谱

a—NG/UFG 试样；b—SMG 试样；c—FG 试样；d—CG 试样

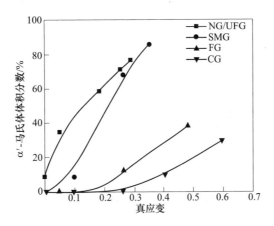

图 10-5　实验钢中 α'-马氏体体积分数随真应变的变化规律

的应变时 α'-马氏体便开始大量形核；（3）NG/UFG、SMG、FG 和 CG 试样中 α'-马氏体体积分数的最大值分别是 77%、86%、39%、30%。这表明 α'-马氏体只有在一定的应变条件下才开始形核，且晶粒细化大大促进了应变诱导马氏体相变。

10.1.3　变形组织演变

10.1.3.1　NG/UFG 试样

由图 10-1 可知，NG/UFG 试样在拉伸变形过程中存在很长的吕德斯应变，其真应变范围约为 0.015~0.21。为了研究吕德斯变形过程中的组织演变规律以及马氏体相变对吕德斯带传播的作用，利用 EBSD 对比研究了工程应变为 5% 和 20% 时吕德斯变形带内部和外部的组织特征，如图 10-6 所示。当工程应变约为 5% 时，吕德斯变形带内外微观组织的相图分别如图 10-6a 和 b。相比于初始组织（图 10-2a），吕德斯变形带内部组织中蓝色区域明显增多，表明变形过程中发生了应变诱导马氏体相变。由于应变较小，多数奥氏体晶粒仍保持等轴状，少量晶粒被拉长。而此时吕德斯变形带外部的微观组织仍未参与塑性变形，与初始组

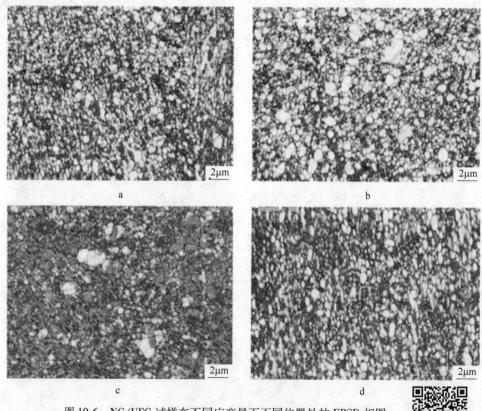

图 10-6　NG/UFG 试样在不同应变量下不同位置处的 EBSD 相图

a—工程应变为 5%，吕德斯带内部；b—工程应变为 5%，吕德斯带外部；
c—工程应变为 20%，吕德斯带内部；d—工程应变为 20%，吕德斯带外部

扫描二维码

看彩图

织基本相同，如图 10-6b 所示。当工程应变增加到 20% 时，吕德斯变形已基本扩展到整个平行段区域，α′-马氏体大量增加，如图 10-6c 所示。XRD 结果表明此时 α′-马氏体体积分数约为 60%。也就是说，在吕德斯带传播期间，约 50% 体积分数的奥氏体发生了马氏体转变。在吕德斯带外部区域的组织中（图 10-6d），α′-马氏体依然很少，与初始组织相差不大。不同的是，此时多数奥氏体晶粒也开始变形，被明显拉长。由以上分析可知，吕德斯带传播的过程中伴随应变诱导马氏体相变。

图 10-7 为 NG/UFG 试样在不同应变条件下变形组织的典型 TEM 形貌。相比于初始组织，经过工程应变为 5% 的塑性变形，NG/UFG 晶粒中引入了大量的位错，晶界开始变得模糊不清，如图 10-7a 所示。位错密度的增加主要与奥氏体的变形以及应变诱导马氏体相变有关，这也说明纳米/亚微米晶粒在塑性变形的初始阶段仍以位错运动为主。除了 α′-马氏体，层错（SFs）和变形孪晶也是 NG/UFG 试样在拉伸变形过程中典型的显微组织。如图 10-7b 所示，在一个晶粒尺寸约为 200nm 的奥氏体晶粒中出现了 SFs，这从侧面反映出实验钢的 SFE 较低。此外，如图 10-7b 中圆圈所标记，晶粒内部出现了一些较短的 SFs，这可能与由纳米晶晶界处发出的 Shockley 不全位错有关[14]。细小的变形孪晶是另一种典型的组织特征，如图 10-7b~d 所示，变形孪晶多以单个或相互平行的孪晶簇的形式存

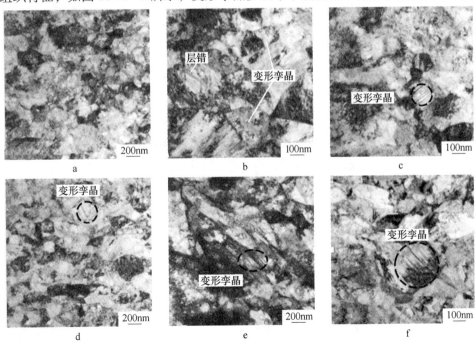

图 10-7 NG/UFG 试样在不同应变下的典型 TEM 显微组织

a~d— 工程应变为 5%；e, f—工程应变为 20%

在，源于晶界，止于晶粒内部或横穿整个晶粒止于相对的晶界处，并与位错相互作用。此外，在个别晶粒内部观察到沿不同方向生长的孪晶相互交割，如图10-7d所示。由图10-5和图10-6c可知，随着应变的增加，更多的奥氏体转变成α′-马氏体。当工程应变为20%时，组织中α′-马氏体体积分数约为60%。此时变形组织的典型TEM形貌如图10-7e所示，组织中的位错密度进一步提高，部分未转变的奥氏体被拉长，而且变形孪晶明显增多，呈束排列。如图10-7f所示，稠密的孪晶充满了整个奥氏体晶粒。

10.1.3.2　SMG试样

SMG试样在不同应变下显微组织的EBSD相图如图10-8所示。当工程应变为10%时，由图10-8a可以发现，组织中仅出现少量的α′-马氏体，且大多数奥氏体依然保持等轴状，并没有表现出明显变形，表明此阶段变形以位错滑移为主。值得注意的是，此时组织中并未发现ε-马氏体的形成。α′-马氏体在细晶区

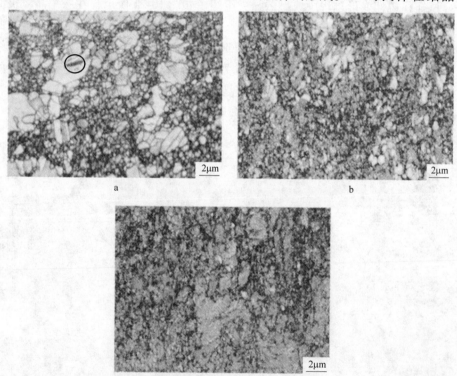

图 10-8　SMG试样在不同工程应变条件下变形组织的EBSD相图

a—工程应变为10%；b—工程应变为30%；c—工程应变为40%

扫描二维码

看彩图

和粗晶区均有出现，但形态有所不同。在细晶区，α′-马氏体在晶界处形核并能很快扩充到整个晶粒，呈块状；而在粗晶奥氏体中，α′-马氏体在晶内的剪切带内形核，呈透镜状，如图 10-8a 中圆圈所标记。随着应变的增加，α′-马氏体体积分数快速增加。由 XRD 结果可知，当工程应变增大至 30% 和 40% 时，SMG 试样中 α′-马氏体体积分数由 9% 快速增加到 68% 和 86%。这说明应变诱导马氏体相变主要集中在 10%~30% 的应变范围内，对应于其加工硬化曲线中的 C 阶段。同时，随着应变的增加，组织中缺陷密度大幅增加，较高的内应力使得 EBSD 识别率明显下降，图 10-8b 和 c 中黑色区域为不识别的点。当工程应变为 30% 时，粗晶奥氏体内明显观察到剪切带的存在，α′-马氏体沿剪切带处形核长大。

　　SMG 试样的拉伸变形组织的典型 TEM 形貌如图 10-9 所示。如图 10-9a 所示，

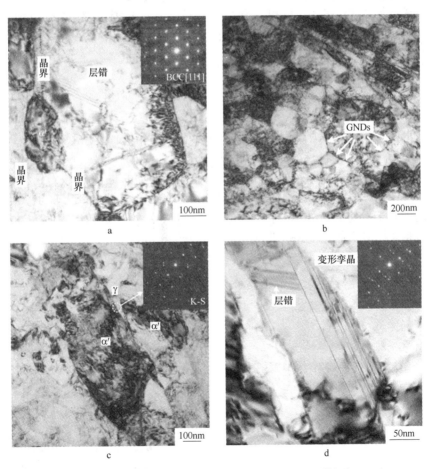

图 10-9　SMG 试样在不同工程应变下的 TEM 显微组织

a，b—工程应变为 10%；c，d—工程应变为 30%

一个尺寸约 500nm 的奥氏体晶粒中出现了 SFs，晶界处存在明显的位错塞积。同时，横向尺寸约为 150nm 的块状 α′-马氏体出现在三叉晶界处，给出了马氏体在晶界处形核长大的直接证据。结合图 10-1b 和图 10-8a 可知，SMG 试样的显微组织是由晶粒尺寸为 100~400nm 的超细晶奥氏体和晶粒尺寸约为 1~2μm 的粗晶奥氏体组成的多尺度组织。这种多尺度组织具有机械不兼容性，在变形过程中会引入应变梯度，为了协调进一步塑性变形，在"软相"（粗晶）和"硬相"（超细晶）界面处将产生几何必须位错（Geometrically Necessary Dislocations，GNDs）。如图 10-9b 所示，晶粒尺寸约为 1μm 的粗晶奥氏体内产生了大量位错，与之相邻的一些尺寸约 100~300nm 超细晶奥氏体仍保持无缺陷的状态，同时界面处产生了严重的位错塞积。文献 [15] 指出，GNDs 的塞积会产生一种长程应力，即背应力，不仅能提高材料的屈服强度，还能显著增强应变硬化能力。随着塑性变形的进行，马氏体相变快速进行。母相奥氏体与 α′-马氏体基体间存在经典 K-S 位向关系，如图 10-9c 所示。同时，组织中出现了细小的变形孪晶，如图 10-9d 所示。

10.1.3.3 FG 和 CG 试样

不同工程应变下的 FG 和 CG 试样的 EBSD 相图分别如图 10-10 和图 10-11 所示，其中红色代表 ε-马氏体。工程应变为 20% 时，FG 试样的变形组织中马氏体较少，其对应的 XRD 图谱中仅出现了 α′(211) 一个马氏体衍射峰（见图 10-4c）。虽然个别奥氏体晶粒中出现了明显的剪切带，但识别出的 α′-马氏体多在晶界处形核，呈块状，如图 10-10a 所示。随着塑性变形的进行，α′-马氏体逐渐增多，如图 10-10b 所示，奥氏体晶粒被明显拉长，部分晶粒内部出现了大量相互平行的剪切带，剪切带处同时出现了 ε-马氏体和 α′-马氏体，这表明 FG 试样在变形过程中，马氏体相变路径为 γ→α′ 和 γ→ε→α′。

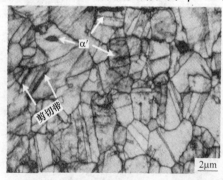 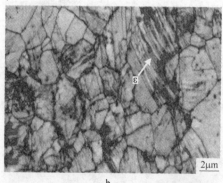

a   b

图 10-10 FG 试样在不同工程应变下的 EBSD 相图

a—工程应变为 20%；b—工程应变为 30%

扫描二维码
看彩图

对于 CG 试样来说，当工程应变大于 30% 时，马氏体相变开始诱发，α'-马氏体体积分数随应变的增大逐渐增加，如图 10-11 所示。应变较低时，粗大的奥氏体晶粒中出现了明显的剪切带，同时在剪切带内出现了少量的 α'-马氏体。将图 10-11a 中白色矩形所标记区域在高倍下以 0.12μm 的步长重新扫描，发现剪切带中明显有 ε-马氏体的存在，如图 10-11b 所示。当工程应变增大到 50% 和 80% 时，晶内的剪切带变得稠密，不同方向的剪切带相互交割，将粗大的奥氏体晶粒分割成许多细小的区域。随着应变的增大，α'-马氏体增多，而 ε-马氏体则逐渐消失。在亚稳态奥氏体不锈钢中，ε-马氏体常作为奥氏体向 α'-马氏体转变的中间相存在，且 ε-马氏体能促进 α'-马氏体在单独的剪切带内形核[16]。

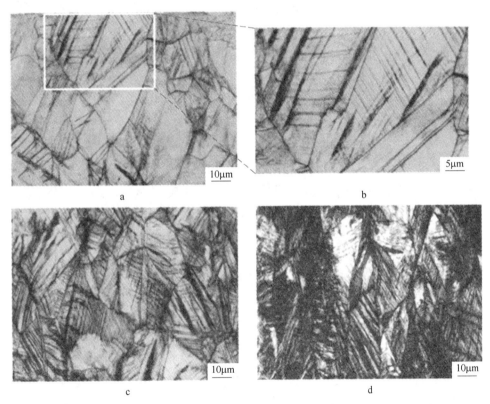

图 10-11 CG 试样在不同工程应变下的 EBSD 相图

a，b—工程应变为 30%；c—工程应变为 50%；d—工程应变为 80%

FG 试样在不同应变下显微组织的典型 TEM 形貌如图 10-12 所示。当工程应变为 5% 时，奥氏体晶粒仍呈等轴状，晶内和晶界处充满了大量的位错（图 10-12a），同时组织中出现了大量的层

扫描二维码

看彩图

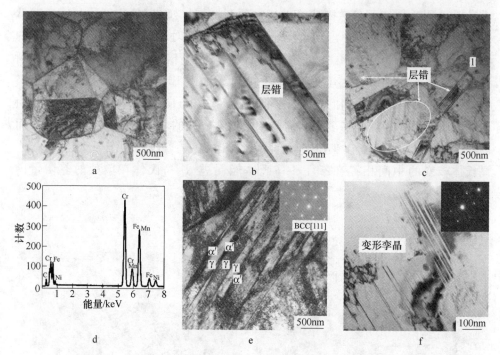

图 10-12　FG 试样在不同工程应变下的 TEM 显微组织和析出物的能谱

a~c—工程应变为 5%；d—点 1 的 EDX；e，f— 工程应变为 30%

错（图 10-12b 和 c），此时并无马氏体产生。此外在奥氏体晶粒内或晶界处分布着许多细小的析出物（图 10-12a 和 c）。能谱分析表明这些析出物主要为由 Fe、Cr、C 组成的 $M_{23}C_6$ 型析出，如图 10-12d。当应变增加至 30%，组织中位错密度大大增加，同时，α'-马氏体在剪切带处形核并长大，呈板条状，宽度约为 100nm，如图 10-12e 所示。在个别的奥氏体晶粒中观察到了少量细小的变形孪晶，如图 10-12f 所示。

10.1.4　断口形貌

不同晶粒尺寸试样的拉伸断口形貌如图 10-13 所示。所有断口形貌中均包含大量的韧窝，表明所有试样的断裂模式均为韧性断裂。韧窝状断口形成的微观机制为微空洞的形成与聚集[17]，是个缓慢撕裂的过程。低倍下，NG/UFG 试样的断口形貌相对平整，除了均匀细小的韧窝外，还出现了相互平行的条纹组织，如图 10-13a 中箭头所指。NG/UFG 试样在高倍下的 SEM 照片如图 10-13b 所示，可以发现这些条纹内部是由相互连接成排的空洞组成。Misra 等[18]在超细晶 301LN 不锈钢（平均晶粒尺寸为 320nm）的断口形貌中也发现了类似的特征，并提出这是纳米/亚微米晶奥氏体组织所特有的断裂行为，认为与变形孪生有关。SMG 试样的断口形貌中的韧窝尺寸虽然依然较小，但深度变大，如图 10-13c 所示。随

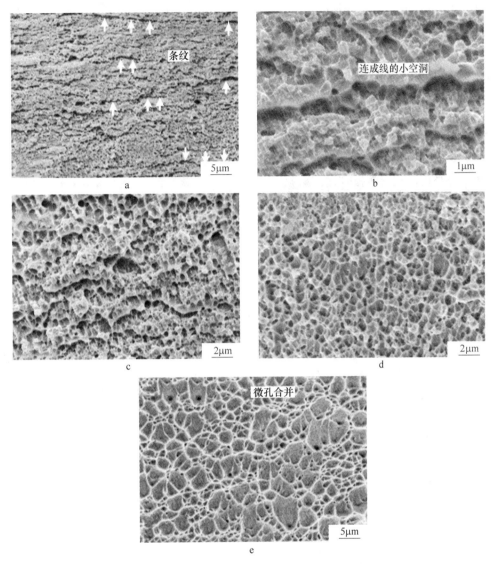

图 10-13　不同晶粒尺寸试样的拉伸断口形貌

a, b—NG/UFG 试样；c—SMG 试样；d—FG 试样；e—CG 试样

着晶粒尺寸的增大，试样的断口形貌也有所不同。FG 和 CG 试样的断口形貌中并未出现空洞互联形成的条纹状组织，而且韧窝密度有所降低，但韧窝尺寸变大，其断裂行为表现为传统的微孔合并，如图 10-13d 和 e 所示。众所周知，空洞可以在晶界、相界、夹杂物、析出、剪切带、位错塞积等处形核。NG/UFG 和 SMG 试样中具有大量的晶界，同时变形过程中还产生了大量的马氏体和变形孪晶，空洞的形核点较多，因此韧窝的密度较大、尺寸较小。在 FG 和 CG 试样中，

晶界大大减少，空洞的形核点相对较少，空洞形核后需进行一定程度的长大才能相互连接。在继续变形的过程中，α′-马氏体在奥氏体晶粒内的剪切带处诱发形核，因此又会诱发出新的空洞，造成韧窝的不均匀分布，如图 10-13e 所示。

10.1.5　讨论分析

10.1.5.1　马氏体相变

大量的研究[2,3,5,19]表明，随着奥氏体晶粒尺寸的减小，奥氏体的机械稳定性增强，马氏体相变将被抑制。根据 Takaki 等[20]提出的经验公式（10-1）可以计算出马氏体在不同晶粒尺寸奥氏体晶粒中形核所需弹性应变能 ΔE_v。

$$\Delta E_v = 1276.1\ (x/d)^2 + 562.6(x/d) \tag{10-1}$$

式中　x——马氏体板条厚度，取 200nm；

　　　d——奥氏体晶粒尺寸，μm。

实验钢中马氏体形核所需弹性应变能与奥氏体晶粒尺寸的关系如图 10-14 所示。可知，随着晶粒尺寸的减小，马氏体形核所需的弹性应变能增大，当晶粒尺寸在 1μm 以下时，ΔE_v 大幅增加。因此单纯来讲，奥氏体机械稳定性随晶粒尺寸的减小而增强。然而实验结果表明，具有不同晶粒尺寸的实验钢在拉伸变形过程中，马氏体相变均是主要的变形机制。由图 10-5 可以看出，随着实验钢初始晶粒尺寸的减小，马氏体相变速率增大，这表明晶粒细化明显增强了马氏体相变，显然与上述理论分析相悖。大量研究[21~23]表明，奥氏体中的高位错密度、C 化物或 N 化物析出等均会降低奥氏体的稳定性，从而促进马氏体相变。此外，马氏体形核位置的改变也是影响马氏体相变的重要因素[24,25]。因此，在分析不同晶粒尺寸实验钢在拉伸变形过程中的马氏体相变时，需综合考虑显微组织特征、马氏体形核位置及变形行为等因素的影响。

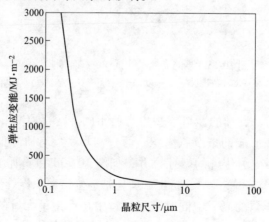

图 10-14　马氏体形核所需弹性应变能与奥氏体晶粒尺寸的关系

　　退火过程中 C 化物或 N 化物析出的出现，会消耗晶粒中的奥氏体稳定性元素，奥氏体的机械稳定性因而降低，从而增强了应变诱导马氏体相变。He 等[22]对比研究了具有不同晶粒尺寸的 321 不锈钢在拉伸变形过程中的变形机制，发现实验钢经 800℃退火后形成了晶粒尺寸为 2.3μm 的细晶组织，且组织中出现了 C 化物析出；而在 1000℃退火后形成的 CG 试样（约 16μm）中不存在析出。结果表明，C 化物析出降低了 FG 试样中奥氏体稳定性，使其在拉伸变形过程中产生了更多的 α′-马氏体。利用 Thermo-Calc 热力学软件模拟计算出实验钢中 $M_{23}C_6$ 型 C 化物体积分数随温度的变化规律，如图 10-15 所示。可知，当实验钢在 1000℃退火时，组织中不会产生 C 化物析出；而当退火温度低于 930℃时，实验钢中存在 C 化物析出。因此，C 化物析出的出现，可以认为是促进 NG/UFG、SMG 和 FG 试样中应变诱导马氏体相变的原因之一。

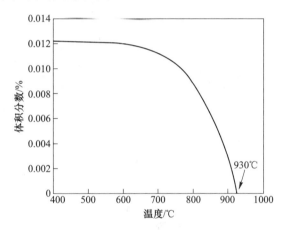

图 10-15　利用 Thermo-Calc 软件计算的实验钢中 $M_{23}C_6$ 的体积分数

　　马氏体形核位置的改变是影响应变诱导马氏体相变的另一个重要的因素[24]。由图 10-6~图 10-9 可以发现，NG/UFG、SMG 试样在拉伸变形过程中，α′-马氏体优先在晶界处形核，并能很快充满整个晶粒。这两种实验钢中均具有大量的晶界，为 α′-马氏体的形成提供了充足的形核点，因而促进了马氏体相变。此外，NG/UFG 和 SMG 试样的变形组织中存在变形孪晶，变形孪晶也能作为 α′-马氏体的有效形核点。FG 和 CG 试样在拉伸变形的过程中，α′-马氏体则主要在奥氏体晶粒内的剪切带处形核，如图 10-10 和图 10-11 所示。这与 Maréchal[4] 的研究结果一致，其实验结果表明当奥氏体晶粒尺寸小于 0.9μm 时，随着晶粒尺寸的减小，马氏体形核速率增强。经分析认为这主要是因为马氏体形核机制的改变，粗晶时马氏体在剪切带处形核，而细晶时马氏体则在晶界或孪晶处形核。

　　此外，NG/UFG 和 SMG 试样中马氏体相变的增强与其拉伸变形行为也有一定的联系。NG/UFG 试样的初始组织由均匀的纳米/亚微米奥氏体晶粒和少量回火马氏体（体积分数约为 9%）组成，如图 10-1a 所示。在拉伸变形过程中，吕德斯变形是非常重要的变形模式，吕德斯应变（约 24%）占总应变（33.6%）的 50% 以上，如图 10-2 所示。在吕德斯带内，当塑性应变累积到某一临界值时，应变诱导马氏体相变开始诱发[12]。递增的应变集中促进了马氏体的形成，而马氏体相变引起的额外的加工硬化反过来又协助阻碍进一步的应变集中，从而促进了吕德斯变形向周围未变形区域扩展。吕德斯变形和增强的马氏体相变的协同作用致使 NG/UFG 试样具有优异的强塑性匹配。吕德斯变形过程中局部区域会产生严重的应变集中，导致该区域的位错密度大大增加，高密度位错的塞积与变形孪晶相互作用，也能为马氏体相变提供大量的形核点，因而促进马氏体相变[8]。另外，初始组织中的残余 α'-马氏体也有可能促进新的 α'-马氏体的形成[26]。

SMG 试样的初始组织中并没有残余 α'-马氏体的存在，而且在 NG/UFG 奥氏体基体上引入了部分尺寸大于 $1\mu m$ 的再结晶奥氏体，形成了多尺度组织。由于再结晶奥氏体和超细晶奥氏体的硬度不同[24]，在塑性变形过程中，其相邻界面处易产生几何必须位错，如图 10-9b 所示。晶粒尺寸之间的梯度会引入应变梯度，产生应变配分，导致部分奥氏体中位错密度的升高，从而促进了马氏体相变。

10.1.5.2　变形孪晶

由图 10-7、图 10-9 和图 10-12 可以看出，变形孪晶是实验钢中一种典型的变形组织。研究表明，当层错 SFs 在连续的 $(111)_\gamma$ 密排面上堆叠时，即形成变形孪晶[1]。变形孪晶的产生与材料的层错能（SFE）密不可分。Allain 等[27]指出：当材料的 SEF 小于 $18mJ \cdot m^2$，马氏体相变为主要的变形机制；当 $12mJ \cdot m^2 < SFE < 35mJ \cdot m^2$ 时，变形孪晶易于形成。本章所使用的 304 不锈钢的 SFE 约为 $18mJ \cdot m^2$，因此在室温拉伸变形的过程中，马氏体相变和变形孪晶均有可能诱发。Byun[28]指出第一个不全位错的产生和滑移需要一定的应力，而且一旦在第一次滑移过程中形成层错，那么在孪生过程中其他位错滑移所需要的应力会更低。因此，这个应力可作为变形诱发孪生所需的临界应力。在单轴应力的情况下，孪生所需要的临界应力 σ_{Twin} 可通过下式[28]估算：

$$\sigma_{Twin} = 6.14 \frac{\gamma}{b_p} \tag{10-2}$$

式中，γ、b_p 分别为 SFE 和柏氏矢量的大小，取 $\gamma = 18mJ \cdot m^2$，$b_p = 0.147nm$。

由式（10-2）可计算出实验钢中形成变形孪晶所需要的临界应力约为 750MPa，这与本文的实验结果基本一致。FG 试样在变形过程中，当工程应变为 5% 时，此时对应的应力约为 520MPa，组织中虽然出现了大量的层错，但并未观察到变形孪晶的形成；当工程应变为 30% 时，对应的应力约为 760MPa，部分奥氏体中开始有变形孪晶的出现，如图10-12所示。

众所周知，Frank-Read位错形核机制，只能在尺寸大于1μm的晶粒中开动。当晶粒尺寸小于1μm，晶界成为必要的位错源。研究表明，无论何种晶体结构的材料中，晶粒尺寸的减小会阻碍变形孪生的诱发[29]。然而，在NG/UFG和SMG试样的变形组织中均观察到大量细小的变形孪晶的存在，如图10-9和图10-11所示。Liao[30]指出，从纳米晶的晶界发射出不全位错是变形孪生的情况之一。Misra等[6]观察到，在301LN奥氏体不锈钢中，当奥氏体晶粒尺寸小于500nm时，变形孪生是主要的变形机制。通过计算全位错（1/2<110>）和肖克莱不全位错（1/6<112>）形成所需的临界切应力，有助于理解NG/UFG晶粒中变形孪晶的形成。Chen等[31]给出了计算相关切应力的经验公式：

$$\tau_s = \frac{2\alpha\mu b}{d} \tag{10-3}$$

$$\tau_T = \frac{2\alpha\mu b_p}{d} + \frac{\gamma}{b_p} \tag{10-4}$$

式中 τ_s，τ_T——分别为诱发孪生不全位错和剪切带形核所需的临界切应力，MPa；

μ，γ——分别为实验钢的剪切模量和SFE，取 $\mu = 78\text{GPa}$，$\gamma = 18\text{mJ} \cdot \text{m}^2$；

α——反应位错特征的参数，此处取1.5；

b，**b**$_p$——分别为全位错和肖克莱不全位错的柏氏矢量。

当 $\tau_s = \tau_T$ 时，可得到理论临界晶粒尺寸约为220nm。当晶粒尺寸减小至临界值，变形方式将从滑移转向孪生，如图10-16所示。需要指出的是，Chen等[31]所提出的经验公式中并未考虑弹性各向异性、派纳力、局部应力集中以及位错与晶界间的相互作用等因素的影响，因此实际的临界晶粒尺寸可能偏大。理论计算

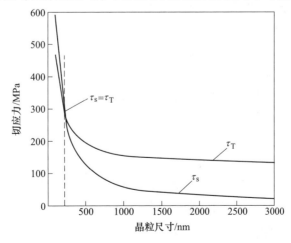

图10-16 理论计算的切应力随晶粒尺寸的变化

与实际观察结果基本一致，如图 10-7f 所示，稠密的孪晶出现在晶粒尺寸约为 300nm 的奥氏体晶粒中。

10.1.5.3   加工硬化机制

结合组织观察和上述分析，可以发现具有不同晶粒尺寸实验钢的变形机制均以马氏体相变为主，而马氏体相变速率的不同导致其表现出不同的应变硬化行为。图 10-3 中 A 阶段的出现主要与位错的运动有关。位错运动是所有变形机制的先决条件，是转移应变的主要机制。加工硬化曲线中的 B 阶段，主要与马氏体相变速率有关。结合图 10-3 和图 10-5 可以发现，马氏体相变越快，B 阶段结束得越早，且此阶段的最小加工硬化率值越低。在 CG 试样中，A 阶段之后，加工硬化率一直缓慢下降，直至发生断裂，这主要是因为变形过程中马氏体相变速率极低，如图 10-5 和图 10-12 所示。而在 NG/UFG 试样的加工硬化曲线中并未出现 B 阶段，这是因为 NG/UFG 试样在塑性变形的过程中 α'-马氏体在晶界处形核，如图 10-6 所示，组织中极高的晶界密度有效促进了 α'-马氏体的形核。随着 α'-马氏体含量的增加，马氏体相变造成的强化作用逐渐强于其引起的动态软化效应，就会引起加工硬化率的升高，导致 C 阶段的出现。在 NG/UFG 试样和 SMG 试样中，α'-马氏体主要在晶界处形核，并能快速充满整个晶粒，组织中充足的形核点能有效促进马氏体相变的进行。对于 NG/UFG 试样，在吕德斯变形过程中，组织中产生了相当数量的变形孪晶，孪晶与位错及晶界等的相互作用也能为 α'-马氏体提供额外的形核点，从而进一步促进马氏体相变，这也是吕德斯应变结束之后试样表现出额外加工硬化的原因。随着晶粒尺寸的增大，α'-马氏体形核位置逐渐由晶界变成剪切带，α'-马氏体形核点的减少明显降低了马氏体相变速率。因此相比于 NG/UFG 和 SMG 试样，FG 试样的加工硬化曲线中 C 阶段的加工硬化率最大值最低。

综上所述，FG 和 CG 实验钢的变形机制为应变诱导马氏体相变，而 NG/UFG 和 SMG 实验钢的变形机制为马氏体相变和变形孪生。随着晶粒尺寸的减小，马氏体相变显著增强，主要是因为组织中 $M_{23}C_6$ 型 C 化物的析出降低了奥氏体的稳定性以及马氏体形核位置的改变。NG/UFG 试样具有优异的强塑性匹配，NG/UFG 试样的屈服强度和断后伸长率分别是 1032MPa 和 33.6%，高屈服强度源于细晶强化，而良好的塑性是吕德斯变形和马氏体相变共同作用的结果。细晶强化、背应力强化、马氏体相变及变形孪生的协同作用使 SMG 试样具有良好的强塑性匹配，其屈服强度和抗拉强度分别是 710MPa 和 975MPa，断后伸长率为 42%。此外，SMG 试样中引入的再结晶粗晶有效消除了吕德斯变形，使之具有良好的加工硬化能力。

10.2 纳米晶/超细晶 304 不锈钢的低温超塑性

10.2.1 超塑性行为

本小节研究对象的初始组织如图 7-16 所示。纳米/亚微米晶 304 不锈钢在不同温度下的拉伸曲线如图 10-17 所示，具体的拉伸性能统计如表 10-2 所示。650℃退火 30min 试样在室温具有很高的强度，但伸长率较低，约为 15.4%。在拉伸过程中，流变应力快速增加至 1300MPa，随后又下降至约 1200MPa 附近伴随明显的屈服点延伸，随后发生断裂。由图 10-17 中曲线（a）可以看出，塑性失稳发生在吕德斯变形过程中，并未表现出明显的加工硬化。

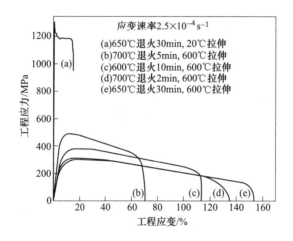

图 10-17　纳米/亚微米晶 304 不锈钢不同拉伸温度下拉伸曲线

当变形温度为 600℃时，所有试样的流变曲线表现出类似的规律：流变应力达到峰值后，缓慢减小，直至断裂。650℃ 保温 10min 试样的抗拉强度为 382MPa，断后伸长率为 117%（曲线（c））。650℃ 保温 30min 试样抗拉强度略有降低（319MPa），而断后伸长率则增大至 153%（曲线（e））。700℃ 保温 5min 试样的强度最高，约为 475MPa，但断后伸长率则减小至 70%（曲线（b））。由此可见，纳米/亚微米晶 304 不锈钢在 600℃以 0.00025s^{-1}的应变速率变形时，表现出了类超塑性变形行为。

如表 10-2 所示，将变形温度提高至 630℃和 650℃，在同样的应变速率下，试样的伸长率大幅增加。在 630℃变形时，650℃保温 10min、30min 试样的断后伸长率分别达到了 268%和 298%；而在 650℃拉伸时，650℃保温 30min 试样的伸长率则超过 300%，说明实验钢在 630℃以上拉伸时具有超塑性。

表 10-2　纳米/亚微米晶 304 不锈钢不同拉伸温度和应变速率下的拉伸力学性能

试样工艺/℃-min	温度/℃	应变速率/s^{-1}	抗拉强度/MPa	总伸长率/%
650-30	20	2.5×10^{-4}	1300	15.4
700-2	600	2.5×10^{-4}	305	135
700-5	600	2.5×10^{-4}	475	70.4
650-10	600	2.5×10^{-4}	382	114
	630	2.5×10^{-4}	277	268.3
	630	1×10^{-3}	359	186.7
650-30	600	2.5×10^{-4}	319	153
	600	1×10^{-3}	515	111.7
	630	2.5×10^{-4}	269	295.8
	630	1×10^{-3}	386	160.7
	650	2.5×10^{-4}	224	>300

　　应变速率敏感性指数 m 的大小是决定材料塑性的重要因素，m 值可通过公式（10-1）进行计算[32]。一般对于超塑性材料，$0.3 < m < 0.8$。

$$m = \frac{\partial \ln \sigma}{\partial \ln \dot{\varepsilon}} \bigg|_{T, \varepsilon} \tag{10-5}$$

式中　σ——流变应力，MPa；

　　　$\dot{\varepsilon}$——应变速率，s^{-1}；

　　　T——拉伸温度，K；

　　　ε——应变。

　　利用公式（10-5）计算可得：当变形温度为 600℃ 时，650℃ 保温 30min 试样的伸长率最大，其 m 值约为 0.22，接近代表超塑性行为的 m 值区域。当变形温度为 630℃ 时，650℃ 保温 10min 和 30min 试样的伸长率均超过了 200%，其对应的 m 分别达到了 0.36 和 0.33。综上所述，制备的纳米/亚微米晶奥氏体不锈钢在 600℃ 拉伸时表现出类超塑性行为，而在 630℃（约 $0.45T_m$）表现出典型的超塑性行为。

10.2.2　超塑性变形机制

　　650℃ 退火 30min 试样在 600℃ 以 $2.5 \times 10^{-4} s^{-1}$ 的应变速率进行拉伸变形时，靠近断口附近区域组织的典型 TEM 形貌如图 10-18 所示。由图 10-18a 和 b 可以发现，断口附近的奥氏体晶粒仍保持等轴状，且晶内位错密度极低，这说明超塑性变形过程中的变形机制为晶界滑动，这也是目前普遍接受的超塑性变形机制。研究表明，在超塑性变形过程中，总应变的 50% 以上皆归因于晶界滑动[33]。相比于初始组织（图 7-16b），奥氏体晶粒在拉伸过程中出现了轻微的长大，平均

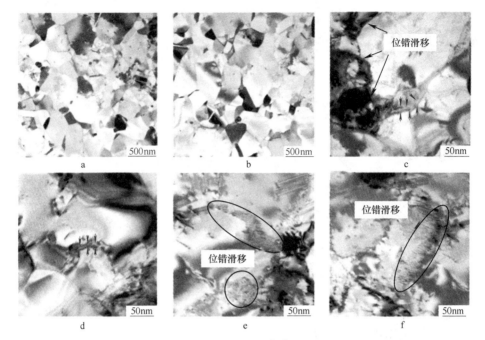

图 10-18　650℃退火 30min 试样在 600℃以 2.5×10⁻⁴s⁻¹拉伸时靠近断口附近区域的 TEM 形貌
a, b—等轴奥氏体晶粒；c, d—晶界迁移；e, f—位错运动

晶粒尺寸约为 500nm，但依然足够细小。这说明制备的纳米/亚微米奥氏体组织在 600℃具有较高的热稳定性，因此有效避免了实验钢组织在拉伸变形过程中发生过度长大。另外初始组织中少量未转变的 α′-马氏体也能起到钉扎晶界阻碍奥氏体晶粒长大的作用[34]。一般而言，晶界滑动的过程中通常需要如晶界迁移、再结晶、扩散流变或位错滑移等的协调变形[35]。图 10-18c 和 d 中箭头所指给出了应变诱导晶界迁移的明显证据，而图 10-18e 和 f 则表明晶界处的位错滑移。这说明制备的纳米/亚微米晶 304 不锈钢在超塑性变形过程中，主导变形机制为晶界滑动，协调变形过程包括晶界迁移和位错运动。

10.2.3　超塑性断裂机制

650℃退火 30min 试样的室温断口形貌如图 10-19 所示。室温拉伸断口形貌中包含大量的韧窝，尺寸细小均匀，这说明纳米/亚微米晶实验钢的断裂模式为韧性断裂。一般认为，韧窝的形成机理是空洞聚集，即空洞的形核、长大、合并直至断裂。晶界或三叉晶界常作为空洞的优先形核点。因此，断口中均匀细小的韧窝与实验钢组织中较高的晶界密度相关。虽然韧窝密度较大，但尺寸较小且相对较浅，这反映出其塑性较差，与拉伸结果一致。另外室温断口形貌中出现了相互平行的条纹，如图 10-19a 中箭头所示，高倍下的 SEM 形貌表明，空洞的相互连

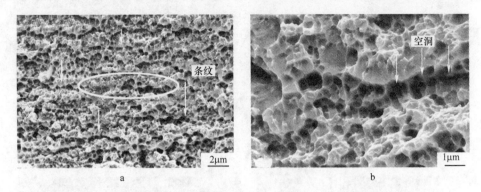

图 10-19   650℃退火 30min 试样在室温以 $2.5×10^{-4}s^{-1}$ 拉伸时的断口形貌

a—低倍下的 SEM 照片；b—高倍下的 SEM 照片

接成排导致了条纹组织的形成。

制备的纳米/亚微米晶 304 不锈钢在 600℃以 $2.5×10^{-4}s^{-1}$ 的应变速率进行拉伸时的断口形貌如图 10-20 所示。除了细小的韧窝外，断口形貌中还出现了大且深的韧窝。相比于实验钢的室温拉伸断口形貌，此时组织中并未出现条纹状组织，而是表现出明显的微孔合并，如图 10-20d 所示。

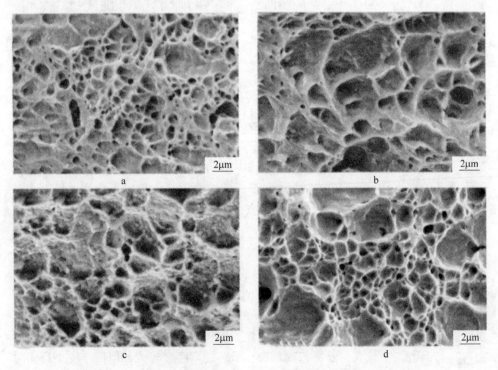

图 10-20   不同退火试样在 600℃以 $2.5×10^{-4}s^{-1}$ 拉伸时的断口形貌

a—650℃保温 10min；b—650℃保温 30min；c—700℃保温 2min；d—700℃保温 5min

　　为了进一步研究实验钢超塑性变形过程中的断裂机制，对靠近拉伸断口附近区域（约400μm处）纵截面的组织形貌进行观察，如图10-21所示。断后组织中奥氏体晶粒仍保持等轴状，晶粒尺寸约为400~600nm，这与TEM观察结果一致，说明初始组织在600℃具有较高的热稳定性。另外，试样的SEM形貌中均出现了沿拉伸方向分布的空洞，成链条状，这些空洞沿着晶界形核。研究表明空洞的形核是由晶界滑动引起的应力集中造成的[33]，可通过晶界处空位连续的凝结形成[36]。空洞的形核并不能立即引起断裂，当这些空洞周围的应力集中达到一定程度才会导致失效。超塑性变形过程中，空洞的长大机制[36]主要有4种：（1）应力辅助的空位扩散；（2）超塑性扩散控制的空洞长大；（3）塑性变形导致空洞长大；（4）空洞互相连接引起的长大。Stowell[37]提出了考虑空洞连接的超塑性断裂准则：假设空洞的形状近球形且其长大由塑性变形控制，当两个空洞合并就会立即形成一个更大的空洞，随着变形的增大，空洞将沿轴向被拉长逐渐形成裂纹，继续变形则导致失效。图10-21中可清晰地观察到空洞连接形成的裂纹，这说明实验钢的超塑性断裂是由空洞互连引起的孔洞长大造成的。

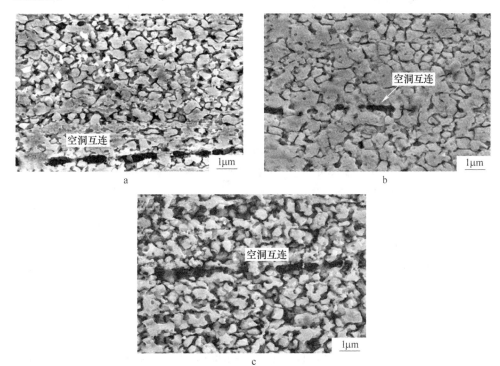

图10-21　不同退火试样在600℃以2.5×10⁻⁴s⁻¹拉伸时断口附近区域纵截面的SEM形貌
a—650℃保温10min；b—650℃保温30min；c—700℃保温2min

参 考 文 献

[1] Olson G B, Cohen M. A general mechanism of martensitic nucleation: Part I. general concepts and the FCC→HCP transformation [J]. Metallurgical Transactions A, 1976, 7 (12): 1897~1904.

[2] Jung Y S, Lee Y K, Matlock D K, et al. Effect of grain size on strain-induced martensitic transformation start temperature in an ultrafine grained metastable austenitic steel [J]. Metals and Materials International, 2011, 17 (4): 553.

[3] Challa V S A, Wan X L, Somani M C, et al. Strain hardening behavior of phase reversion-induced nanograined/ultrafine-grained (NG/UFG) austenitic stainless steel and relationship with grain size and deformation mechanism [J]. Materials Science and Engineering A, 2014, 613: 60~70.

[4] Maréchal D. Linkage between mechanical properties and phase transformations in a 301LN austenitic stainless steel [D]. Vancouver: University of British Columbia, 2011.

[5] Challa V S A, Misra R D K, Somani M C, et al. Strain hardening behavior of nanograined/ultrafine-grained (NG/UFG) austenitic 16Cr-10Ni stainless steel and its relationship to austenite stability and deformation behavior [J]. Materials Science and Engineering A, 2016, 649: 153~157.

[6] Misra R D K, Kumar B R, Somani M C, et al. Deformation processes during tensile straining of ultrafine/nanograined structures formed by reversion in metastable austenitic steels [J]. Scripta Materialia, 2008, 59 (1): 79~82.

[7] Somani M C, Juntunen P, Karjalainen L P, et al. Enhanced mechanical properties through reversion in metastable austenitic stainless steels [J]. Metallurgical and Materials Transactions A, 2009, 40 (3): 729~744.

[8] Huang C X, Yang G, Wang C, et al. Mechanical behaviors of ultrafine-grained 301 austenitic stainless steel produced by equal-channel angular pressing [J]. Metallurgical and Materials Transactions A, 2011, 42 (7): 2061~2071.

[9] Tian Y Z, Gao S, Zhao L J, et al. Remarkable transitions of yield behavior and Lüders deformation in pure Cu by changing grain sizes [J]. Scripta Materialia, 2018, 142: 88~91.

[10] Yu C Y, Kao P W, Chang C P. Transition of tensile deformation behaviors in ultrafine-grained aluminum [J]. Acta Materialia, 2005, 53 (15): 4019~4028.

[11] Moon D W. Considerations on the present state of lüders band studies [J]. Materials Science and Engineering, 1971, 8 (4): 235~243.

[12] Gao S, Bai Y, Zheng R, et al. Mechanism of huge Lüders-type deformation in ultrafine grained austenitic stainless steel [J]. Scripta Materialia, 2019, 159: 28~32.

[13] Talonen J. Effect of strain-induced α'-martensite transformation on mechanical properties of metastable austenitic stainless steels [D]. Helsinki: Helsinki University of Technology, 2007.

[14] Misra R D K, Nayak S, Venkatasurya P K C, et al. Nanograined/ultrafine-grained structure and tensile deformation behavior of shear phase reversion-induced 301 austenitic stainless steel

［J］. Metallurgical and Materials Transactions A, 2010, 41 (8): 2162~2174.

［15］ Li J, Cao Y, Gao B, et al. Superior strength and ductility of 316L stainless steel with heterogeneous lamella structure ［J］. Journal of Materials Science, 2018, 53 (14): 10442~10456.

［16］ Tian Y, Gorbatov O I, Borgenstam A, et al. Deformation microstructure and deformation-induced martensite in austenitic Fe-Cr-Ni alloys depending on stacking fault energy ［J］. Metallurgical and Materials Transactions A, 2017, 48 (1): 1~7.

［17］ Wilsdorf H G F. The ductile fracture of metals: a microstructural viewpoint ［J］. Materials Science and Engineering, 1983, 59 (1): 1~39.

［18］ Misra R D K, Wan X L, Challa V S A, et al. Relationship of grain size and deformation mechanism to the fracture behavior in high strength-high ductility nanostructured austenitic stainless steel ［J］. Materials Science and Engineering A, 2015, 626: 41~50.

［19］ Yoo C S, Park Y M, Jung Y S, et al. Effect of grain size on transformation-induced plasticity in an ultrafine-grained metastable austenitic steel ［J］. Scripta Materialia, 2008, 59 (1): 71~74.

［20］ Takaki S, Fukunaga K, Syarif J, et al. Effect of grain refinement on thermal stability of metastable austenitic steel ［J］. Materials Transactions, 2004, 45 (7): 2245~2251.

［21］ Somani M C, Juntunen P, Karjalainen L P, et al. Enhanced mechanical properties through reversion in metastable austenitic stainless steels ［J］. Metallurgical and Materials Transactions A, 2009, 40 (3): 729~744.

［22］ He Y M, Wang Y H, Guo K, et al. Effect of carbide precipitation on strain-hardening behavior and deformation mechanism of metastable austenitic stainless steel after repetitive cold rolling and reversion annealing ［J］. Materials Science and Engineering A, 2017, 708: 248~253.

［23］ Järvenpää A, Jaskari M, Man J, et al. Austenite stability in reversion-treated structures of a 301LN steel under tensile loading ［J］. Materials Characterization, 2017, 127: 12~26.

［24］ Kisko A, Misra R D K, Talonen J, et al. The influence of grain size on the strain-induced martensite formation in tensile straining of an austenitic 15Cr-9Mn-Ni-Cu stainless steel ［J］. Materials Science and Engineering A, 2013, 578: 408~416.

［25］ Maréchal D. Linkage between mechanical properties and phase transformations in a 301LN austenitic stainless steel ［D］. Vancouver: University of British Columbia, 2011.

［26］ Shen Y F, Jia N, Wang Y D, et al. Suppression of twinning and phase transformation in an ultrafine grained 2 GPa strong metastable austenitic steel: experiment and simulation ［J］. Acta Materialia, 2015, 97: 305~315.

［27］ Allain S, Chateau J P, Bouaziz O. A physical model of the twinning-induced plasticity effect in a high manganese austenitic steel ［J］. Materials Science and Engineering A, 2004, 387: 143~147.

［28］ Byun T S. On the stress dependence of partial dislocation separation and deformation microstructure in austenitic stainless steels ［J］. Acta Materialia, 2003, 51 (11): 3063~3071.

［29］ Zhu Y T, Liao X Z, Wu X L. Deformation twinning in nanocrystalline materials ［J］. Progress in Materials Science, 2012, 57 (1): 1~62.

[30] Liao X Z, Srinivasan S G, Zhao Y H, et al. Formation mechanism of wide stacking faults in nanocrystalline Al [J]. Applied Physics Letters, 2004, 84 (18): 3564~3566.

[31] Chen M, Ma E, Hemker K J, et al. Deformation twinning in nanocrystalline aluminum [J]. Science, 2003, 300 (5623): 1275~1277.

[32] Shen Y F, Lu L, Dao M, et al. Strain rate sensitivity of Cu with nanoscale twins [J]. Scripta Materialia, 2006, 55 (4): 319~322.

[33] Jiang X G, Earthman J C, Mohamed F A. Cavitation and cavity-induced fracture during super-plastic deformation [J]. Journal of Materials Science, 1994, 29 (21): 5499~5514.

[34] Park K T, Hwang D Y, Chang S Y, et al. Low-temperature superplastic behavior of a submi-crometer-grained 5083 Al alloy fabricated by severe plastic deformation [J]. Metallurgical and Materials Transactions A, 2002, 33 (9): 2859~2867.

[35] Hu J, Du L X, Sun G S, et al. Low temperature superplasticity and thermal stability of a nano-structured low-carbon microalloyed steel [J]. Scientific Reports, 2015, 5: 18656.

[36] Misra R D K, Hu J, Yashwanth I V S, et al. Phase reverted transformation-induced nanograined microalloyed steel: low temperature superplasticity and fracture [J]. Materials Science and Engi-neering A, 2016, 668: 105~111.

[37] Stowell M J, Livesey D W, Ridley N. Cavity coalescence in superplastic deformation [J]. Acta Metallurgica, 1984, 32 (1): 35~42.

索　　引